V. 2246.
2. C.

20711

TABLES

BAROMÉTRIQUES

POUR FACILITER

LE CALCUL DES NIVELLEMENTS

ET DES MESURES DES HAUTEURS

PAR LE BAROMÈTRE

PAR

BERNARD DE LINDENAU.

GOTHA,

CHEZ R. Z. BECKER

1809.

PRÉFACE.

La publication des tables barométriques, que j'annonçai il y a trois ans (Corr. Aftronom. d. M. de Zach 1805.) a été retardée, autant par les circonflances dans lesquelles je me trouvais alors que par les événements politiques, qui pendant cette époque n'étaient guère favorables à des entreprifes de librairie. Mais ces obflacles étant levés j'ai crû devoir céder aux follicitations de plufieurs Savants, qui perfuadés de l'utilité, qui pourroit réfulter de pareilles tables, m'ont preffé de les faire paroître. Actuellement donc que fans crainte d'être troublé, je puis me livrer à des occupations litéraires; je me fuis remis à l'ouvrage, et j'ai profité des éléments les plus récents, pour améliorer, rectifier et achever les tables, que j'avois précédemment ebauchées.

Comme ces tables font principalement deflinées aux voyageurs et que leur but efl de faciliter le calcul des obfervations barométriques, on fent bien qu'il auroit été fort mal à propos, de faire entrer dans le plan de cet ouvrage de longues et faflidieufes recherches purement théoriques, ce qui n'auroit fait qu'augmenter le volume de ces tables sans utilité réelle pour le but qu'on se propose en les publiant. Je souhaite que ceux qui prendront la peine de parcourir cet ouvrage, l'envisagent sous ce point de vue, toutes les fois que je passe sous silence des objets, qui ont quelques rapports aux mésures barométriques, et qui quoique fort intéressants par eux-mêmes, tels que la construction du baromètre, la théorie des variations barométriques, etc. ne pouvoient pas entrer dans le plan de l'introduction, attendu qu'il auroit été difficile de dire quelque chose de nouveau et de meilleur à ce sujet, et qu'il auroit fallu plusieurs volumes, pour rapporter seulement les recherches déja faites. C'est pourquoi dans l'introduction qui précéde ces tables, je me suis borné à exposer l'utilité des mesures barométriques en général, à faire connoître la marche qu'on a suivie antérieurement dans le calcul de ces sortes d'observations, et principalement à développer les équations foudamentales, qui constituent la théorie actuelle des mesures des hauteurs par le baromètre. En suite j'ai donné les formules qui m'ont servi pour la construction de ces tables, et je me flatte qu'une explication détaillée et étayée de plusieurs exemples numériques, mettra le lecteur le moins exercé dans les calculs mathématiques, en état de s'en servir, sans la moindre difficulté. Comme les tables logarithmiques ne font pas assez répandues, pour qu'on les puisse supposer entre les mains de tous les amateurs de la géographie physique et encore moins entre celles de tous les voyageurs, j'ai cru devir mettre le lecteur en état de s'en passer dans l'emploi de ces tables, et j'ai taché ramener le calcul des observations barométriques aux opérations arithmétiques les plus simples, c'est à dire à une soustraction et deux additions.

V

Quant au procédé dont on se sert pour mesurer les hauteurs par des observations barométriques isolées, en employant la hauteur moyenne du baromètre au niveau de la mer, j'espere lui avoir donné toute la précision, dont cette méthode est susceptible. Ce qui m'a déterminé à calculer la table, qui donne immédiatement les hauteurs au dessus du niveau de la mer, c'est qu'il me paroit très intéressant pour la plupart des voyageurs qui parcourent des systèmes de montagnes, de connaître au moment même de l'observation, la hauteur absolue de leur station, en jettant un coup d'oeil sur cette table. La dernière table de ce récueil fournit une application nouvelle et importante des observations barométriques. Mrs. de HUMBOLDT, OTTMANNS et le Lieutenant - Colonel du Génie ALLENT, viennent tout récemment de proposer la méthode de déterminer au moyen de l'élévation rélative, et de l'angle observé de hauteur, la distance horizontale de deux lieux. On ne sauroit disconvenir de l'avantage qui peut résulter d'un pareil procédé pour la Géographie, ainsi que de l'application multipliée qu'en peuvent faire les voyageurs. Mais cette méthode intéressante à tous les égards m'a paru être d'une importance plus particulière pour les officiers dans des réconnaissances militaires, attendu qu'il n'existe guère d'autre moyen d'obtenir avec autant de facilité et de promptitude le tableau d'un terrain coupé et montueux. C'est aussi cette dernière considération qui m'a porté à faire le calcul de cette table malgré l'ennui d'un pareil travail.

Mes compatriotes me pardonneront, à ce que j'espère, d'avoir écrit cet ouvrage en français: il suffira pour cela, de leur faire observer, qu'il n'est peut-être pas un seul Allemand, un peu inftruit, qui ne fache cette langue, tandis que la plupart des étrangers, Français, Anglois, Efpagnols et Italiens, n'entendent point la nôtre. J'ai d,abord été tenté d'adopter pour bafe de mes calculs, le nouveau fyftème de méfures introduit en France; mais ayant réflèchi, que ces tables font deftinées à toutes les nations, il m'a paru convenable de préférer les méfures les plus généralement connues et adoptées, je veux dire l'ancien pied-de-Roi pour les divifions du baromètre et le thermomètre de Réaumur.

Il ne me refte qu'à défirer que ces tables obtiennent le fuffrage des Voyageurs et des Amateurs de la Géographie phyfique. Si par la facilité qu'elles donnent de calculer les réfultats d'obfervations barométriques, elles peuvent contribuer à augmenter nos connaiffances dans l'Orographie de nôtre Globe, mon but fera parfaitement rempli et je m'eftimerai amplement récompenfé du travail que m'a couté la confection de ces tables.

A l'obfervatoire du Seeberg le 1. Fevrier 1809.

TABLE DES MATIERES.

INTRODUCTION.

L_E phyſicien, le Géographe, le Mathématicien, le Militaire,
enfin même l'homme d'état, font fous differents rapports, trop
intéreſſés à connaitre les élévations rélatives et abſolues d'un
pays, pour ne pas déſirer vivement de voir augmentés et faci-
lités les moyens de faire ces déterminations. Tout le monde
ſait, que c'eſt en effèt la baſe de la géographie phyſique, les
meſures des hauteurs étant pour cette ſcience ce que les longi-
tudes et les latitudes font pour la Géographie mathématique.
Lorsque, pour parler mathématiquement, la longitude et la
latitude donnent deux coordonnées pour la poſition d'un point
ſur notre globe, la troiſième ne s'obtient que par la connaiſ-
ſance de ſa hauteur abſolue. Ce n'eſt que par la réunion de
ces trois éléments, qu'on peut déterminer exactement la poſition d'un lieu quelconque, car faute du dernier, elle reſte
indéterminée, vû qu'un nombre infini de points dans l'eſpace
peut repondre au même dégré de longitude et de latitude.

Il eſt vrai qu'en général le climat mathématique d'un point
ſur la ſurface de notre terre ſe détermine par ſa poſition géographique proprement dite, mais à parallèle égale il eſt infiniment
modifié dans le rapport de ſa hauteur abſolue et relative, qui a
la plus grande influence ſur le climat et la fertilité, ainſi que
ſur la conſtitution phyſique et morale de l'homme. Une température plus douce, une végétation plus riche, plus variée et
plus brillante, des êtres d'une organiſation plus délicate, font
ordinairement l'apanage des contrées baſſes, tandis que les
ſommèts des montagnes et les plateaux élevés, ſe diſtinguant
par une atmoſphère plus pure, par des végétaux et des ani-

A

maux très différents, font habités par une race d'hommes plus vigoureux, qui, menant une vie nomade, ne vivant que du produit de la chaffe et de leurs troupeaux, endurcis au frimâts et aux âpretés de leur fite élevé font plus propres à braver les dangers et à fupporter les fatigues, qu'à cultiver les arts, fruits d'un haut dégré de civilifation. Si des détails orographiques font néceffaires pour la connaiffance des reffources et des rapports de commerce, qu'un pays peut offrir, s'ils font néceffaires pour juger le parti le plus favorable qu'on peut y tirer de la culture des terres, ces données font encore bien plus importantes, quand il s'agit de mettre à profit les fleuves et les rivières d'une province. L'hydrographie entière, cette partie fi intéreffante et fi peu cultivée de la Géographie phyfique, cette fcience qui nous apprend à creufer des canaux, à régler le cours des fleuves, à prévenir les dégàts que peuvent caufer les inondations, à trouver les moyens de rendre les rivières navigables, à déterminer la rapidité des eaux, enfin toute cette fcience qui a pour but de faire fervir les eaux courantes à l'utilité publique, dépend uniquement de la connaiffance exacte des rapports qui exiftent entre les hauteurs et les pentes des chaines de montagnes et des vallées d'une contrée. Je n'ai pas befoin d'ajouter ici, combien il eft néceffaire à tout militaire fupérieur de connaitre la topographie des montagnes, les campagnes des dernières années ayant mieux prouvé, que je ne pourrais le faire, combien la connaiffance des détails orographiques d'un pays eft importante et fouvent même décifive dans les operations militaires.

Quant à la géologie et généralement à l'hiftoire naturelle de notre Globe, ces fciences auraient fait bien plus de progrès, fi les fiècles paffés nous avaient transmis de bonnes mefures de montagnes, qui auraient pû nous éclairer fur quantités de points problématiques et importants de la Géographie phyfique. Mais foyons juftes; ces données exigent à la fois une théorie trop relevée, et des inftruments trop artiftement compofés, pour qu'on fut en droit de les attendre des Anciens. Malheureufement nous mêmes nous ne fommes pas encore bien avancés dans cette fcience et les générations fuivantes auront plus de raifon de fe plaindre de notre negligence, que nous de celle de nos ancètres. De nos jours, où les fciences exactes ont pris un effort prodigieux, et marchent partout à pas de géants vers la perfection, on ferait fans excufe, fi l'on negligeait cette partie des mathématiques mixtes, dont l'application préfente fous differents rapports des réfultats aussi intéreffants. Il eft bien fingulier, que les recherches et les fyftèmes géologiques, dont le feul fondement exact eft l'orographie de notre Globe, fe foient tant multipliés de nos jours, tandis que l'autre fcience, qui préfente des faits réels, ne trouve que peu d'amateurs. Ce fait n'eft guères à l'avantage de l'esprit humain; et ferait croire que l'étude de la fable eft plus repandue, que celle de l'hiftoire, car tel eft, à ce qu'il nous parait, le rapport de la Géologie à la Géographie phyfique.

Pour fixer les idées des voyageurs et des amateurs de l'orographie fur ce qui nous refte à faire dans ce champ vafte et peu cultivé, il ne fera pas hors de faifon de jeter un coup d'oeil rapide fur nos réfultats actuels, et furtout fur le dégré de confiance qu'ils meritent en égard aux opérations par les quelles ils ont été obtenus. Si je débute par ma patrie, par mes alentours les plus proches, je ne trouve que des détermina-tions rares et ifolées. Dans ce grand fyftème de montagnes qui traverfe la Thuringue, la Franconie et le pays de Bayreuth, il n'y a qu'une petite partie des cimes principales, dont on connoiffe exactement la hauteur. Nulle part dans cette longue chaine de montagnes il n'exifte un feul nivellement complet, et les élévations des grandes routes, qui la traverfent, con-naiffance fi effentielle et pour les communications intérieures et pour les tranfports militairs, font totalement négligées. De profondes ténébres environnent l'hydrographie importante du *St. Gotthardt* du nord, de *l'Ochfenkopf*, ce noyau du *Fich-telgebirge*, qui doit ètre regardé comme le grand refervoir d'une partie de la Saxe, de la Franconie et de la Bohême, et d'où découlent dans toutes les directions des fleuves affez con-fidérables. Il eft vrai que Mrs. DE GERSDORF et DAVID ont

fait des opérations utiles dans ce grand amas de montagnes,
appellé *Riefengebirge*, qui fépare la Bohème de la Silefie, et
qui fe lie aux montagnes de la Franconie et en général à celles
de l'Allemagne occidentale, par les chaines qui parcourent le
Erzgebirge et une partie de la Bohême, mais ce ne font tout
comme dans les contrées mentionnées ci-deffus, que des réfultats ifolés, qui nous laiffent ignorer le vrai fyftème de ces
agroupements. *Villefoffe* vient de nous donner tout récemm-
ment un nivellement barométrique complet pour le *Harz*, et
il eft à fouhaiter que fon exemple foit fuivi de tous les voyageurs naturaliftes. L'orographie de la forêt-noire et du *Hunds-
rück* nous eft presque entièrement inconnue, et ce n'eft qu'en
approchant de la Suiffe que les mefures des hauteurs commencent à fe multiplier. Les travaux baro-trigonométriques de
De Luc, Saussure, Pictet, Schuckburgh, Weiss, Feer et
Tralles ont fourni pour ce pays des réfultats nombreux et
intéreffants. La hauteur de la plupart des fommets principaux
de cette grande chaine européenne eft connue, mais néanmoins
on y a négligé de même l'importante application du baromètre au nivellement des rivières et des grandes routes qui traverfent ces montagnes. C'eft aux voyages et aux recherches
multipliées de De Saussure que nous devons la connaiffance
de la grande élévation où fe trouvent les fources du *Rhône* et
du *Rhin*, mais nous manquons d'obfervations, pour pouvoir
nous former une idée nette et claire du terrain traverfé par ces
fleuves, dont la pente n'eft indiquée, que par leur cours rapide vers les deux grands lacs de la Suiffe. Quoique nous con-
naiffions aujourd'hui la hauteur de toutes les routes qui mè-
nent fur les *Alpes*, perfonne ne nous en a encore donné un
nivellement que l'on puiffe comparer à celui de la route du
Brenner depuis *Munich* jusqu'à *Trente*, que nous devons aux
foins éclairés de Mr. De Buch. Mais cependant tout Géographe inftruit fera obligé de convenir, que ce font principalement ces fortes d'opérations, qui font utiles pour la topographie et qui contribuent réellement aux progrès de la Géographie phyfique en général.

Si nous avançons vers le Sud, nos connaiſſances orographiques ſe trouvent reduites presque à rien. Dans les Appennins, celte branche meridionale des Alpes, c'eſt le ſeul Schuckburgh, qui nous a fait connaitre la hauteur de quelques ſommets élevés, mais la plus grande partie de cette crête eſt encore totalement inconnue.

En ſuivant le cours rapide du *Rhône* au travers de cette vallée, peut être la plus profonde de l'univers, du lac de Genève et de ces rives reſſerrées et eſcarpées, où il ſe perd en mugiſſant, nous entrons en France, dans ce pays, où de grands travaux hydrographiques exécutés depuis long temps ont porté cette ſcience à un haut dégrè de perfection. La multitude de canaux qui traverſent cet empire dans toutes les directions et les immenſes opérations trigonométriques qu'on y a exécutées, ont procuré une maſſe de nivellements et de meſures exactes de hauteurs, ſuffiſante pour le tableau complet de l'Orographie de la France. Quant à la partie françaiſe des Pyrénées les operations baro - trigonométriques de Vidal, Reboul, Mechain et Ramond, ont fourni de bonnes déterminations, mais il n' en eſt pas de - même de la partie qui appartient à l'Eſpagne, et de toutes les autres montagnes de ce royaume ainſi que du Portugal. Il n'y a que des évaluations vagues pour tous ces groupes nombreux de montagnes, qui exiſtent dans cette péninſule occidentale, et dont pluſieurs à ce qu' on aſſure doivent égaler les Pyrénées en hauteur.

Si nous revenons au point central du grand maſſif orographique de l'Europe, c'eſt à dire, au *St. Gotthardt*, pour nous occuper des chaines orientales, deux rangées de montagnes doivent fixer principalement notre attention; l'une qui va au Sud-Eſt, pour former ce ſyſtème de montagnes qui ſe prolonge dans la Turquie européenne, l'autre qui ſe dirige vers le Nord-Eſt, parcourant le Tyrol, le pays de Salzbourg etc. etc. et s'élevant à une grande hauteur, nous préſente les cimes elancées du *Glockner, - Ortler* etc. etc. C'eſt là que les illuſtres Archiducs Jean et Rainier, non contents d'ordonner et de fournir les dépenſes néceſſaires pour un fiftême fuivi de travaux géo - topographiques, exécutés fous leurs aufpices, ne dedaignèrent pas de prendre part eux mêmes aux nivellements et aux mefures barométriques, prifes dans ces pays. C'eft à leur foins que nous fommes redevables de la mefure barométrique de *l'Ortler*; montagne à peu prés égale en hauteur au Mont-blanc. A ces travaux il faut joindre ceux de VIERTHALER, SCHULTESS et MOLL, qui ont été fans ceffe occupés à parcourir le baromètre à la main, les montagnes de ces contrées et ont fourni des renfeignements utiles et intéreffants. Si l'efquiffe que nous venons de tracer de nos connaiffances orographiques dans ces contrées montagneufes de la Monarchie Autrichienne, préfente un tableau favorable au progrés de l'etude géographique, le contrafte qu'il fait avec le manque total de notices exactes fur les autres fiftèmes de montagnes, dans l'Europe, et dans toutes les autres parties du monde, n'en eft que plus frappant. Les *Carpathes*, ce vafte amas de montagnes, fourniffent la premiere preuve de notre affertion. L'Anglois TOWNSON eft le feul qui en a gravi quelques fommets et déterminé leur hauteur. On jugera de leur grande élévation, quand ou faura qu'on y trouve des cimes couvertes d'une neige éternelle.

Plus au fud dans tout ce grand fyftème de montagnes, défigné en partie par le nom générique de mont Hémus, qui parcourt la Bosnie, la Dalmatie, la Servie, et la péninfule de la Gréce, il n'y a pas un feul point dont on connoiffe exactement la hauteur. Même celle du fameux Olympe préfente encore beaucoup d'incertitude. Malheureufement ces contrées fi fameufes dans l'antiquité, et fi favorifées par la nature, mais aujourdhui ou dechirées par des troubles inteftins, ou gémiffant fous le defpotifme d'un peuple barbare et ennemi des fciences, font pour la plupart inacceffibles aux voyageurs Européens.

Quant au nord de notre continent, la fcience dont les progrés nous tiennent fi fort au coeur n'y eft guères mieux cultivée, que dans ces contrées meridionales, que nous venons de parcourir. Les *Dofrines*, ces *Alpes* de la *Scandinavie*, qui d'un centre commun, placé entre la partie feptentrionale de la Norwège et la mèridionale, parcourent en plufieurs branches les contrécs boréales de l'Europe, n'ont pas été vifitées par des Deluc et des Saussures, auffi leur hauteur et leurs formes nous font auffi inconnues, que tous les groupes de montagnes qui exiftent dans l'intérieur du vafte empire ruffe. Les grands voyages litéraires des Académiciens de Petersbourg, qui en ont parcouru les diverfes provinces, à différentes époques, nous ont procuré des renfeignements intéreffants, principalement fur les grandes chaines de montagnes qui féparent l'Europe de l'Afie. Mais l'ufage du baromètre pour la mefure des hauteurs étant encore peu repandu à l'époque de ces voyages, ou ne trouve que bien rarement dans les relations de ces Académiciens des données exactes fur les hauteurs des montagnes, et nos connaiffances fur ces grandes chaines frontieres, fe reduifent à peu prés à la certitude que dans le Ural et le Caucafe il y a des fommets, qui s'élévent à une hauteur de plus de mille toifes.

L'apperçu fuccinct que nous venons de donner, de l'état de nos connaiffances actuelles fur les grands maffifs de montagnes, dans notre continent, fuffira pour prouver à tout amateur de la Géographie phyfique, que nous fommes encore bien éloignés de pouvoir ébaucher un tableau exacte de l'orographie de l'Europe. Partout il y a des lacunes à remplir, mais il refte furtout un vafte champ de découvertes et de déterminations nouvelles et intéreffantes à faire, pour un voyageur inftruit, qui muni d'un baromètre voudrait parcourir ces contrées orientales de la *Hongrie* jusqu'à la *Morée*.

Si en Europe chaque province nous offre au moins quelques traits qui nous donnent un apperçu général de la topographie de fes montagnes, nous rencontrons au contraire dans les autres parties du monde de vaftes contrées, où tout ce qui a rapport à l'Orographie eft totalement inconnu. Tel eft l'état de nos connaiffances par rapport à l'Afrique; à l'exception de quelques mefures trigonométriques faites par La Caille au Cap de bonne Efperance, il n'exifte aucun renfeignement exact, fur les grandes chaines de montagnes qui doivent exifter dans l'intérieur de ce continent. Le fiftême des montagnes dans l'Afie eft des plus remarquables, et par fa vafte étendue et par fa grande influence fur la nature du climat de ces contrées. Le froid rigoureux de la Siberie, et l'écoulement d'un grand nombre de fleuves dans la mer glaciale, font des preuves évidentes de la pente feptentrionale de cette province, et il devient fort probable que c'eft dans le plateau élevé du defert aride de Chobi, que la nature a fixé le point de féparation des températures oppofées, qui caracterifent l'Afie. La connaiffance de la hauteur de ce *Plateau* feroit bien intéreffante pour la Géographie phyfique, mais malheureufement ces contrées àpres et fauvages n'ont jamais été vifitées par un voyageur inftruit, de maniere que leur élévation ainfi que toute leur ftructure, nous font également inconnues. Quoique la partie méridionale de l'Afie foit plus vifitée par les Européens, nos connaiffances orographiques n'y font guères plus avancées. Notre célebre compatriote Alexandre de Humboldt, paroit avoir eu le deffein de parcourir les regions boréales de l'Afie; puiffe-t-'il pour l'avantage des fciences exécuter ce plan et devenir le *Colomb orographique* de cet ancien continent, comme il l'a été du nouveau.

Dans ce vafte amas d'îles comprifes fous la dénomination générale de terres auftrales, il n'y a que deux à trois fommets élevés dont la hauteur foit connue. Nous ne favons rien de ce grand fyftême de montagnes, dans l'interieur de la nouvelle Hollande, de ce pays fans pareil, comme l'appellent avec raifon les Anglois, et le petit nombre de notices, que Péron dans fon voyage intéreffant aux terres auftrales, nous a donné des phénomenes finguliers produits par le grand Plateau, qui paroit exifter dans l'intérieur de ce continent eft plus propre à éveiller notre curiofité, que de la fatisfaire. L'hydrographie de l'Afrique fera pour nous un enigme inexplicable, auffi longtemps que nous manquerons de notices, fur le noyau de fes montagnes, et fes differentes chaines. Si Houghton, Mungo Park, Hornemann, ces voyageurs hardis, qui ont eu le bonheur de pénétrer dans l'intérieur de l'Afrique, avaient porté des baromètres avec eux, nous aurions peut être déja actuellement, quelques éclairciffements fatisfaifants fur les phenoménes finguliers, qui caractérifent les fleuves de ce continent.

C'eft à HUMBOLDT que nous fommes redevables de l'Orographie d'une partie de l'Amérique, et principalement du Mexique. Avant lui de profondes ténèbres enveloppaient toute la Géographie phyfique du nouveau continent, mais il a fourni lui feul plus de réfultats, que tous les voyageurs qui avant lui avaient vifité l'Amérique. Le Baromètre à la main il a traverfé ce continent d'un océan à l'autre, et de cette manière nous a fourni un nivellement unique en fon efpèce, dont fa carte du Mexique nous préfente les réfultats intéreffants. Malheureufement ce n'eft qu'une petite partie de ce vafte continent, que HUMBOLDT a pu vifiter et un voile épais recouvre encore toutes les autres parties. Les plateaux d'où découlent tant de fleuves majeftueux, *le Marannon*, *l'Orenocko*, *la Plata etc.*, la pente méridionale des *Cordillères*, la grande chaine de montagnes, en partie couverte d'une neige éternelle, qui borde les côtes occidentales de l'Amérique feptentrionale et fe prolonge jufqu'au cercle antarctique, nous font également inconnues. Quant à la triple chaine des *Alleghany's*, aux *Stony - Mountains*, et généralement à l'hydrographie fi étendue de l'Amérique feptentrionale, nous n'avons là-deffus, que des notices vagues et inexactes.

Le précis que nous venons de donner de l'état actuel de nos connaiffances orographiques, dans toutes les parties du monde, fuffira pour faire naitre à tout amateur de la Géographie phyfique le vif defir, de voir augmenté le nombre de nos mefures de hauteur. Mais ce n'eft qu'à l'époque où l'ufage du baromètre fera plus généralement repandu, que ces déterminations fe multiplieront affez, pour fournir peu à peu un tableau complet des montagnes de nôtre Globe. En effet les opérations trigonométriques font trop difpendieufes, prennent trop de temps, exigent un appareil d'inftruments trop couteux et enfin une habilité pour l'obfervation et le calcul trop peu commune, pour qu'on puiffe efpérer, que ce moyen de déterminer les hauteurs foit jamais fort en vogue. Même en Europe et dans les contrées les plus civilifées, l'exécution des mefures trigonométriques préfente de grandes difficultés; et dans toutes les autres parties du monde ces difficultés font telles, foit par les obftacles que préfentent les localités, foit par le peu de temps, qu'un voyageur peut confacrer à ces obfervations, qu'elles deviennent totalement impoffibles. Quantité de montagnes, où l'on ne peut transporter des inftruments de mathématique ne font guères inacceffibles pour le voyageur adroit, qui muni d'un baromètre portatif, qui lui fert de baton, gravira fans peine les fommets les plus efcarpés et n'aura befoin que d'une demi-heure pour en fixer la hauteur. En montant il pourra multiplier à volonté ces mefures, et fournir le tableau toujours précieux de la pente d'un plateau, ou d'une montagne ifolée, que les opérations trigonomètriques font incapables de donner. Sans doute, et nous fommes obligés d'en convenir, les réfultats des opérations trigonométriques font en général plus exacts que ceux qu'on obtient par le baromètre: mais j'obferverai à ce fujet premièrement, que les méthodes de calcul et d'obfervation qu'on employe actuellement pour les mefures barométriques font fi foignées, que les réfultats fe trouveront rarement en défaut de quelques toifes, et qu'en outre pour les befoins de la Géographie phyfique, quelques pieds de plus ou de moins, dans la hauteur d'une montagne, ne font pas d'importance. Ajoutons que pour des hauteurs au deffus de deux mille toifes il eft encore fort douteux, fi la réfraction terreftre, dont la théorie s'accorde fi peu avec les obfervations, ne rend pas les mefures trigonomètriques plus fautives que celles qu'on obtient par le baromètre. Je penfe donc que pour le voyageur, et toutes les fois qu'il s'agit de connaitre les hauteurs rélatives de deux points fort eloignés, ou de niveler des pentes étendues de montagnes, l'ufage du baromètre doit être préféré à tout autre moyen, attendu que cet inftrument, peut fournir avec le moins de depenfes, et dans le plus court efpace de temps, le plus grand nombre de réfultats intéreffants.

En publiant ces tables qui faciliteront le calcul des obfervations barométriques, j'efpere en voir augmenter le nombre, et contribuer de cette manière aux progrés de la Géographie phyfique.

Avant que de paffer à l'expofition de la méthode barométrique, telle que La Place vient de la donner dans fa Mécanique célefte, il me femble qu'un apperçu hiftorique des premières tentatives qu'on a faites pour déduire les hauteurs des montagnes d'obfervations barométriques, pourra préfenter quelque intérèt. Il eft fingulier que le pays à qui l'on doit l'invention du baromètre ait fi peu contribué à le perfectionner, et pris fi peu de part aux applications intéreffantes qu'on en fit peu de temps après fa découverte, foit en France foit en Angleterre. On fait que ce fût en 1643 que Torricelli inventa le baromètre. Cette invention fi importante par elle même, l'eft encore bien plus par fon rapport avec la phyfique plus faine, qui fe fit jour à cette epoque à travers les erreurs de la Philofophie d'Ariftote. L'expérience de Torricelli fur la colonne de mercure fufpendu dans fon tube, fit découvrir la pefanteur de l'air, et rejetter pour toujours l'explication ridicule de l'afcenfion de l'eau dans les pompes par *l'horreur de la nature pour le vide.* Quelques partifans de Descartes révendiquent le mérite de cette découverte pour ce philofophe, et effectivement dans trois lettres addreffés à Merfenne. (Renat. Descart. Epift. Amftel. 1672. Tom. II. Epift. 691. 94. 96.) il parle très diftinctement de la pefanteur de l'air. Mais malheureufement ces trois lettres font fans date, de manieve qu'il refte fort douteux, fi Descartes à l'époque qu'il les écrivit, n'étoit pas inftruit des découvertes de Torricelli, ce qui eft d'autant plus vraifemblable, qu'on voit par l'ouvrage de Pascal ,,Traité de l'équilibre des liqueurs et de la pefanteur de la maffe d'air. Paris 1698." que la nouvelle de ces découvertes paffa bientôt d'Italie en France, où elles furent connues dès l'année 1644. Pascal défirant de f'affurer de la pefanteur de l'air, par

par une expérience directe, propofa d'obferver la hauteur du
même baromètre, tantôt au bas tantôt au fommet d'une montagne élevée pour le moins de 5 à 600 toifes. Il engagea fon
beaufrere Perrier à faire cette obfervation, et le 19 Sept. 1648
l'expérience fe fit dans le Jardin des minimes à Clermont et fur
le fommet du Puy - de - Dome. Le réfultat fût tel que Pascal
l'avoit prévu : le mercure s'abaiffa de 3 pouces 1 ligne, en
montant du jardin des minimes au fommet du Puy de Dome,
et c'eft de cette époque qu'on doit dater la premiere mefure
barométrique. Pascal et Perrier ayant repeté ces expériences fur quelques tours, et la différence des hauteurs du mercure fe trouvant conftamment proportionelle à l'élévation rélative des ftations, Pascal en conclut, *que c'eft un moyen de
niveler les lieux, quelque éloignés qu'ils foyent, affez exactement et bien facilement.*" Plufieurs paffages de l'ouvrage de Pascal que nous avons cité plus haut, font voir qu'il connaiffoit
la dilatabilité de l'air et qu'il raifonna fort jufte fur la différence
de preffion dans deux lieux d'une différente élévation. Sans la
théologie et la morale, qui détournerent Pascal de fes recherches intéreffantes en phyfique, il eft à préfumer, que fon
génie fecondé par fa force en géometrie, l'auroit mené à la
découverte de la vraie loi pour la conftitution de notre atmofphère, dont il s'étoit approché de fi près. L'honneur de
trouver ce principe fi important, et pour les mefures barométriques, et pour la théorie des réfractions, favoir, *que les dilatations de l'air font proportionelles au poids, dont il eft com-
primé*" etoit refervé à Boyle, ou plus exactement, à un de
fes difciples nommé Richard Townley, qui préfent aux expériences faites par Boyle, pour demontrer l'élafticité de l'air,
remarqua *que la force élaftique de l'air etoit en raifon inverfe de l'efpace qu'il occupoit.*"

C'eft donc à tort qu'aujourdhui cette lci eft généralement
adoptée fous la dénomination de celle de Mariotte, quoique
on ne puiffe difconvenir, que le phyficien français n'ait de
même de juftes titres à l'honneur de cette découverte, attendu
que des expériences totalement différentes de celles de Boyle

le lui firent entrevoir, fans qu'il eût eu connoiffance des découvertes du Philofophe Anglois. Dans l'ouvrage que MARIOT-
TE publia fur la nature de l'air, il indiqua le premier l'ufage
des logarithmes pour calculer les abaiffements du mercure,
mais craignant la difficulté du calcul, il abandonna cette route
et préféra une méthode approximative, pour le calcul des hauteurs par des obfervations barométriques. Nommant h la difference en lignes des hauteurs du Baromètre aux deux ftations,
on aura felon MARIOTTE, leur hauteur rélative en pieds-de-
roi par la formule,

$$63. \quad h + \tfrac{3}{8} \frac{h - 1}{2}$$

expreffion qui réfulte d'une progreffion arithmétique, et de
l'obfervation faite par MARIOTTE conjointement avec Mrs. Pi-
CARD et CASSINI, qu'il falloit monter de 63 pieds, pour faire
baiffer le mercure d'une ligne. Ce que MARIOTTE avoit ébau-
ché, fût perfectionné par HALLEY. C'eft à ce rare génie, que
nous fommes redevables de la vraie méthode de calcul, pour les
mefures barométriques. Toutes les recherches pofterieures fur
cette matiére, jusqu'à nos jours, n'ont fait qu'ajouter de petites corrections à la méthode de HALLEY, fans la changer au
fond. HALLEY doué d'une fagacité rare pour toutes les recherches phyfico-mathématiques, et fe méfiant avec raifon des
obfervations barométriques de fon temps, n'eut recours pour
le développement de fa méthode, qu'à la feule théorie, et il eft
étonnant combien il a approché de la vérité. Il commence
par chercher le rapport des pefanteurs fpécifiques de l'air et du
mercure, et fuppofant la dilatation de l'air en raifon inverfe
des poids, il démontre par les propriétés de l'hyperbole, que
la dilatation de l'atmofphére à des élévations difiérentes eft
proportionelle aux logarithmes des hauteurs barométriques.
En fuivant le procédé de HALLEY, et réduifant fa formule aux
mefures de France on trouve

$$9719. \quad \log. \frac{h}{H}$$

pour l'expreffion des hauteurs barométriques en toifes. Cetté expreffion eft la meilleure qu'on ait donnée jusqu'au temps de DELUC, et en la comparant à nos nouvelles formules, on voit qu'elle eft parfaitement exacte pour une température de $+$ 6° Réaum, ce qui eft à peu prés la température moyenne de l'Angleterre. Remarquons que HALLEY fût le premier qui dreffa une table fur ces principes. Mais ce qu'il y a de furprenant, ceft qu'après les grands progrés que MARIOTTE et plus encore HALLEY, venoient de faire dans la faine théorie des mefures barométriques, on s'en ecarta en France, et qu'on préféra des procédés purement empiriques et malheureufement appuyés fur des obfervations barométriques très fautives. C'eft ainfi que MARALDI féduit par la comparaifon d'obfervations baro-trigonométriques egalement erronées, prétendoit que la premiere ligne d'abaiffement du baromètre repondait à 6r pieds, la féconde à 62 pieds et ainfi de fuite. Suppofition, qui pour des abaiffements confidérables du mercure, fait les hauteurs des montagnes beaucoup trop grandes. L'erreur de FEUILLÉE qui fuppofait une progreffion de deux en deux pieds, pour chaque ligne d'abaiffement du Mercure, eft encore plus grave. C'eft d'après cette méthode qu'il calcule une table étendue pour les mefures barométriques, mais qui s'écarte fort de la vérité en donnant une élévation de 29242 pieds au deffus du niveau de la mer, pour une colonne de mercure de feize pouces. CASSINI qui compara quelques hauteurs trigonométriques peu exactes avec des obfervations barométriques, et qui n'avoit en vue que de faire accorder les réfultats déduits des deux méthodes, tomba de même dans des erreurs, en fubftituant à la loi exacte de MARIOTTE, celle de la dilatation de l'air en raifon inverfe du carré des poids comprimants. Il avoit l'efprit trop jufte, pour ne pas s'appercevoir qu'il étoit dans l'erreur, ce qui lui fit bientot abandonner ces recherches. Le procédé de SCHEUCHZER n'eft pas moins érroné; une mefure baro-trigonométrique très fautive, d'un rocher efcarpé de 714 pieds de hauteur dans le voifinage du Pfefferbad, lui donna pour les mefures barométriques l'expreffion

$$\text{hauteur en toifes} - 8340. \log. \frac{h'}{H'}$$

formule dout les réfultats font évidemment trop petits. Non-obftant les erreurs graves, auxquelles l'ufage de cette formule expofe, Schfuchzer refta fi perfuadé de la juftefle de fa méthode, qu'il déclara fauffes toutes les déterminations trigonométriques, qui ne cadraient pas avec fes mefures barométriques.

L'erreur d'un mathématicien profond, eft encore plus remarquable à cet égard. Daniel Bernoulli dans la dixième fection de fon hydrodynamique s'occupe beaucoup de ce problème. Par des méthodes géométriques fort ingénieufes et en fuppofant un accroiflement de la chaleur proportionel à l'élévation au deffus du niveau de la mer, il développe une expreffion dont l'application à quatre obfervations barométriques, fournit les mèmes réfultats, que ceux qu'on déduit des mefures trigonométriques. Voici la formule qui réfulta de cette fuppofition étrange

$$\text{hauteur en pieds français} = \frac{h}{H} \, 22000 - 22000$$

Bouguer éclairé par une théorie plus faine et par les nombreufes obfervations, qu'il avoit faites dans les Cordillères, approcha mieux de la vérité, en calculant les hauteurs barométriques par la formule

$$\text{hauteur en toifes} = 9667. \log. \frac{h}{H}$$

Cette formule s'accorde à peu près avec celle qui avait été donnée antérieurement par Halley, mais elle ne donne, comme Bouguer même le remarque, des réfultats éxacts que pour de grandes hauteurs. En analyfant la formule on en apperçoit facilement la raifon, attendu qu'elle fuppofe une température moyenne de $+ 5°$ Réaumur; fuppofition qui n'a de juftefle pour l'équateur qu'à de très grandes hauteurs.

Lambert qui s'occupa beaucoup de ces recherches, employa à cet effet une méthode plus exacte que toutes celles dont on avoit fait ufage avant lui. Ayant corrigé toutes les

mefures trigonométriques faites en France de l'effet de la Réfraction terrestre négligée jusqu'alors, il s'en fervit pour calculer des équations de condition, données par les différences
entre les réfultats des mefures barométriques et trigonométriques. C'eft de cette manière qu'il trouva la formule fuivante;

$$\text{hauteur en toifes} = 1000.\ \log.\ \frac{h}{H} - \frac{43}{43+(336-H)}\frac{(336-h)}{}$$

expreffion affez exacte pour des températures de 4 à 10° Réaum.
mais qui donne les hauteurs trop petites pour des températures élevées. Le célébre TOBIE MAIER s'occupa auffi de ce problème, et il paroit, qu'il fe fervit pour la conftruction d'une
table fort étendue pour les mefures barométriques, de la formule fort fimple et encore en ufage de nos jours

$$\text{hauteur en toifes} = 10000.\ \log.\ \frac{h}{H}$$

Quelques phyficiens avaient bien remarqué l'influence de
la chaleur fur la colonne de mercure dans le baromètre, mais
aucun deux jusqu'alors n'avait imaginé de faire entrer cet effet
dans le calcul des obfervations barométriques.

Dans un mémoire de J. G. SULZER (Mémoires de Berlin
1753) ou trouve les premieres expériences qu'on ait faites à cet
égard avec leur application, et quoique l'expreffion donnée par
SULZER pour le calcul des hauteurs barométriques foit trop
compliquée pour en pouvoir faire un ufage commode, fa méthode mérite néanmoins d'être diftinguée, comme la première,
qui porte fur des principes plus exacts. Ses expériences dans
les quelles il avait principalement en vue, de conftater ou de
réfuter la loi de MARIOTTE, font fort curieufes, et tendent à
prouver que pour des hauteurs confidérables cette loi n'eft pas
parfaitement rigoureufe.

Dans l'année 1771 la théorie des mefures barométriques re-
çut une addition intéreffante, par un mémoire de FONTANA,
où ce phyficien célébre développe les expreffions analytiques,
pour faire entrer dans ces calculs la confidération de la pefanteur diminuant en raifon du quarré de la diftance au centre
de la terre.

Ce fut en 1772 à l'époque de la publication de l'ouvrage claffique de Deluc: „Recherches fur les modifications de l'atmofphère“ que la méthode des mefures barométriques prit un nouvel effort, et c'eft de ce temps qu'on doit dater la grande exactitude, à laquelle on eft parvenu dans ces opérations. Toutes les méthodes antérieures, qui negligeaient les corrections thermométriques, ne pouvaient être exactes, que pour une feule température: mais Deluc guidé par des expériences nombreufes fur les effets de la chaleur fur la dilatation de l'air et du mercure, démèla avec beaucoup de fagacité, la forme et la grandeur des corrections, qui devaient entrer dans la formule barométrique, rélativement à la température au moment de l'obfervation. Il faut étudier l'ouvrage même que nous venons d'indiquer pour apprendre à apprécier convenablement le mérite des recherches multipliées de Deluc, qu'il continua pendant plufieurs années avec une étonnante perféverance.

.C'eft de ces recherches que réfulta la fameufe formule de Deluc, qu'on peut regarder comme fondamentale dans cette matière. Nommons h, H, *) les hauteurs des baromètres aux deux ftations, T, T' les températures du mercure, données par les thermomètres, enchaffés dans les montures même des baromètres, t, t' températures de l'air, x élévation rélative en toifes, on aura en vertu des regles de Deluc,

$$x = 10000. \left(1 + \frac{\dfrac{t+t'}{2} - Q}{m}\right) \log. \frac{h + (T - 10)\dfrac{h}{n}}{H + (T' - 10)\dfrac{H}{n}}$$

Les trois inconnues, Q, m, n, defignant

1. le degré du thermomètre Réaum. auquel la correction pour la dilatation de l'air par la chaleur devient nulle;

2. l'accroiffement d'un volume d'air pour chaque degré du thermomètre;

*) Toutes les fois qu'il s'agira de données thermo- ou barométriques, on doit entendre le thermomètre de Réaumur, et pour les divifions du Baromètre, des pouces et des lignes de pied-de-Roi.

. C

3. la dilatation ou condenfation du mercure dans le baromètre pour un degré de Réaumur

doivent être déterminées, ou par des expériences directes, ou par la comparaifon de mefures obtenues par le baromètre et par des moyens trigonométriques.

DELUC trouva $Q = 16{,}°75$, $m = 215$, $n = 4320$, et partant fa formule,

$$x = 10000 \left(1 + \frac{\dfrac{t + t'}{2} - 16{,}°75}{215} \right) \log \frac{h - (T - 10)\dfrac{h}{4320}}{H - (T' - 10)\dfrac{H}{4320}}$$

Nouvellement on s'eft affuré que généralement cette formule donne les hauteurs un peu trop petites, et qu'il faut diminuer de quelques degrés, la température normale fixée par DELUC à $+ 16{,}°75$. DELUC ayant été obligé de déduire ces conftantes, de la comparaifon d'un nivellement géometrique, avec fes obfervations barométriques, il pouvoit s'y gliffer d'autant plus facilement une petite erreur, que les élévations fur lesquelles il opéroit n'etaient pas fort confidérables.

Tous les phyfico‑mathématiciens qui après DELUC fe font occupés de cette matière, ont pris pour bafe de leurs recherches fa formule, et n'ont fait qu'y ajouter quelques corrections, données par des operations baro‑trigonométriques plus exactes. C'eft ainfi que SCHUCKBURGH, un des obfervateurs barométriques les plus affidus, ayant mefuré foigneafement plufieurs hauteurs dans les environs de Genève (Philof. Tranf. 1767) en tira la formule fuivante,

$$x = 10000 \left(1 + \frac{\dfrac{t + t'}{2} - 11{,}7}{195} \right) \log \frac{h}{H} \left(1 - \frac{D}{4384} \right)$$

D. defignant la différence des températures du mercure aux deux ftations. SCHUCKBURH confiruifit fur cette formule une table dont les bornes font trop circonfcrites, pour qu'on puiffe s'en fervir commodément. L'énumération des travaux de HORSLEY et de MASKELYNE fur le calcul des obfervations barométriques n'entre pas dans le plan de cette introduction, attendu que leurs recherches fe bornent principalement à reduire les regles de Deluc aux mefures anglaifes.

Le travail étendu que le Général Roy fit en Angleterre fur cette matière eft precieux: aucun autre phyficien n'a mis tant de foin dans fes expériences manométriques que ce célèbre militaire. En combinant fes expériences directes, avec le grand nombre de mefures exactes, exécutées dans le voifinage de Londres, il déduifit une formule peu différente de celle de fon compatriote Schuckburgh.

Formule de Roy.

$$x = 10000 \left(1 + \frac{\frac{t + t'}{2} - 11,9}{193} \right) \log \frac{h}{H} \left(1 - \frac{D}{4116} \right)$$

Trembley raffemblant toutes les bonnes obfervations barométriques faites jusqu'à fon temps, par Schuckburgh, Deluc, Roy, Lacaille etc. etc. (*Voyages de Sauffure* T. II.) en déduifit une formule très exacte, dont tous les phyficiens fe font généralement fervi, jusqu'à l'époque, où La Place et Ramond fe réunirent, pour porter la partie théorique et pratique de cette fcience à un plus haut degré de perfection.

Formule de Trembley.

$$x = 10000. \left(1 + \frac{\frac{t + t'}{2} - 11,5}{192} \right) \log \frac{h}{H} \left(1 - \frac{D}{4320}. \right)$$

Avant que de paffer à l'expofition de la méthode qui fert de fondement au calcul actuel des mefures barométriques, nous rapporterons encore quelques recherches antérieures, concernant la théorie de cette matière.

La formule que l'Abbé Caluso donna dans les mémoires de Turin 1784 — 85 n'est guères propre, à fixer notre attention, attendu qu'elle préfente un calcul trop compliqué, pour être employé dans la pratique. Les recherches de deux autres mathématiciens fur cette théorie, qui parurent à peu près à la même époque, ont plus contribué au perfectionnement des mesures barométriques. Je veux parler de HENNERT et de TOBIE MAIER le fils, auxquells on est principalement redevable d'une théorie plus exacte, rélativement aux corrections thermométriques, en tant qu'elles dépendent de la proportion dans laquelle la chaleur décroît suivant que les couches atmosphériques font plus élevées au deſſus du niveau de la mer. Le prix propoſé par l'Académie de Goettingen en 1785 pour la meilleure folution du problème : "ex legibus quibus denſitas "aeris et Mercurii a calore regitur, praecepta condere et de-"monſtrare, altitudinibus Barometro menſurandis idonea" — avoit donné lieu au traité de HENNERT ſur ce ſujet, qui comme on fait remporta le prix. Dans les formules barométriques de DELUC, SCHUCKBURGH, ROY et TREMBLEY, que nous venons de donner, le température entre les deux ſtations est ſuppoſée uniforme ; ſuppoſition qui n'est pas rigoureuſe. HENNERT dans ſon mémoire couronné, introduit dans le développement de ſa formule, l'hypothèſe d'EULER ſur le decroiſſement de la chaleur en progreſſion harmonique, et il en déduit l'expreſſion ſuivante :

$$x = \frac{2 \left(1 + \dfrac{t}{m} \right) \left(1 + \dfrac{t'}{m} \right)}{\left(1 + \dfrac{t}{m} \right) + \left(t + \dfrac{t'}{m} \right)} \cdot A. \log \frac{h'}{H'}$$

h' H' deſignant les hauteurs barométriques corrigées, A, un facteur conſtant dépendant de la proportion des peſanteurs ſpécifiques du mercure et de l'air. MAIER dans ſon traité ſi intéreſſant: *Über das Ausmeſſen der Wärme etc.* donne encore plus de détails ſur cet objet, en développant des formules pour toutes les différentes ſuppoſitions, qu'on peut raiſonnablement faire à l'égard du décroiſſement de la chaleur dans notre atmosphère.

Dans un mémoire d'ORIANI ſur les réfractions aſtronomiques (Eph. Mediolan. 1788) on trouve auſſi quelques recherches concernant les meſures barométriques ; et les tables ajoutées par l'auteur, fur les dilations de l'air fec et humide, déduites des expériences manométriques du Général Roy, et fur la denfité de l'air correfpondante à différentes hauteurs, font très utiles pour faciliter ces fortes de calculs.

J. Plairfay (Transactions of the royal Society of Edinburgh Tom. I.) a donné, un mémoire des plus importants pour la théorie des mefures barométriques en général. Outre des difcuffions analytiques, fur le développement de la formule fondamentale, rélativement à différentes fuppofitions pour l'expanfion de l'air et le décroiffement de la chaleur, il étoit d'un grand intérêt pour nous de trouver dans ce mémoire la formule complete pour les corrections de la diminution de la pefanteur dans le fens de la verticale. Plairfay y développe l'effet de cette diminution, et fur la gravitation des couches fupérieures de l'Atmofphère, et fur la hauteur de la colonne de mercure même. L'autre correction pour une variation de la pefanteur fous des latitudes différentes ne s'y trouve pas, mais elle eft clairement indiquée dans l'ouvrage excellent de Kramp fur les réfractions. (Analyfe des réfractions terreftres et aftronomiques p. 1.)

L'auteur de la Mécanique célefte vient de donner à la théorie des mefures barométriques, toute l'exactitude et la fimplicité dont elle eft fufceptible, en déduifant fa formule de l'équation générale, pour l'équilibre des fluides. Toutes les corrections que nous venons d'indiquer, fe trouvent réunies dans cette expreffion, de manière qu'elle doit être regardée comme la plus complète, que nous ayons aujourdhui. C'eft en fuivant la marche de La Place, que nous allons nous occuper actuellement de la théorie des mefures barométriques, et pour en faciliter l'étude à ceux de nos lectures, qui font moins verfés dans l'analyfe, nous y ajouterons quelques eclairciffements donnés à ce fujet par Puissant. (Traité de Topographie, d'Arpentage et de Nivellement.)

Soit a rayon de la terre, D. denfité d'une molécule d'air dont la diftance au centre de la terre $= a + z$, g la force accélératrice de la pefanteur, p la preffion de l'Athmofphère, dans le lieu de la molécule et exercée fur l'unité de furface. Comme il eft reconnu généralement que la maffe eft égale à la denfité multipliée par le volume, et le poids d'une fubftance égal à la maffe multipliée par fa gravité, il s'enfuit

$$\mathrm{d}p = - g. D. dz. \qquad (a)$$

p. diminuant évidemment, quand z augmente, leurs différentielles feront toujours de figne différent.

Nous renvoyons pour une démonftration exacte de cette équation fondamentale à FRANCOEUR. (Traité élément. de Mécanique.)

La preffion p varie proportionellement à la denfité D de la molécule, multipliée par fa chaleur défignée par l, et exprimant la température de la glace; ainfi l'on a

$$p = KDl. \qquad (b)$$

K étant un coefficient conftant.

Divifant l'équation (a) par (b) on a

$$\frac{\mathrm{d}p}{p} = - g\frac{\mathrm{d}z}{Kl}$$

et

$$K. \frac{\mathrm{d}p}{p} = - g\frac{\mathrm{d}z}{l}$$

Pour fimplifier le calcul, nous fuppoferons d'abord la force accélératrice de la pefanteur conftante; l'intégration donnera

$$S. g. \frac{\mathrm{d}z}{l} = \frac{g}{l}. z = - K. \log p + C$$

Défignant par p' la preffion de l'Atmofphère à la ftation inférieure, la Conftante C fe détermine par la condition, que pour

$$p' = p, \quad z = o$$

de la

$$C = K \log p'$$

partant

$$\frac{g}{l}. z = K. \log \frac{p'}{p}$$

et

$$z = \frac{Kl}{g}. \log \frac{p'}{p}$$

réduifant les logarithmes hyperboliques introduites par l'intégration aux tabulaires moyennant le module M, on aura

$$z = \frac{\mathrm{K}\,\mathrm{l}}{\mathrm{g}\mathrm{M}} \cdot \log \frac{\mathrm{p}'}{\mathrm{p}} \qquad (\mathrm{c})$$

Sans l'influence de la chaleur fur l'atmofphère, cette formule feroit exacte; mais celle-ci modifiant la dilatation de la maffe d'air comprife entre les deux baromètres, et fuppofée a la température de la glace, il faut appliquer une équation, pour en corriger l'effet. Cette correction depend en partie de la loi du décroiffement de la chaleur, mais principalement du changement de volume d'une maffe d'air, correfpondante à une variation de la température. Suppofons ce décroiffement de la chaleur en progreffion arithmétique; il eft aifé de démontrer (Francoeur Traité élémentaire de mécanique p. 446.) que cette méthode revient à-peu-près au même, que de confidérer la température de la colonne d'air comprife entre les deux baromètres comme conftante et égale à la température moyenne, indiquée aux deux ftations par des thermomètres libres.

Nommons l'accroiffement du volume d'une maffe d'air pour chaque degré du thermomètre Réaumur $= \dfrac{1}{\mathrm{n}}$ et gardant les dénominations données à la page XXV on aura

$$z = \frac{\mathrm{K}.\,\mathrm{l}}{\mathrm{g}.\,\mathrm{M}} \left(1 + \frac{\mathrm{t} + \mathrm{t}'}{2.\,\mathrm{n}} \right) \log \frac{\mathrm{p}'}{\mathrm{p}} \qquad (\mathrm{d})$$

La preffion de l'Atmofphère balançant le mercure dans le baromètre, on pourra fubftituer dans l'équation d au lieu des preffions p', p. les hauteurs barométriques obfervées. Mais ces preffions n'étant proportionelles aux hauteurs du baromètre, qu'à la même température, et celle ci étant ordinairement différente pour les deux lieux de l'obfervation, il faut encore réduire ces hauteurs à la même température.

Nommons c la partie dont la colonne de mercure eft augmentée pour chaque degré du thermomètre de Réaumur enchaffé dans la monture même du baromètre, et on aura

$$\log \frac{p'}{p} = \log \frac{h}{H} \left(1 - \frac{T - T'}{c} \right)$$

et partant

$$z = \frac{Kl}{gM} \left(1 + \frac{t + t'}{2\,n} \right) \log \frac{h}{H} \left(1 - \frac{T - T'}{c} \right)$$

C'eft la formule de LA PLACE, fans avoir égard aux corrections dues à la variation de la pefanteur, dans le fens de la latitude, et de la verticale. Cette variation de la pefanteur introduit trois corrections dans le calcul exact des mefures barométriques. La première rélativement à la différence de la latitude, influe fur le coefficient $\frac{Kl}{(g)}$ et dépend de l'applatiffement de la terre ou de la diminution de la pefanteur des poles à l'équateur.

On verra d'abord que ce coefficient doit être tiré des obfervations, et comme il eft réciproque à la denfité de l'air ou à la pefanteur, il s'enfuit qu'il fera variable avec la latitude, et que pour tout autre parallèle, que celui pour lequel il a été déterminé, il lui faut appliquer une correction proportionelle à la variation de la pefanteur. Or les pefanteurs fous différentes latitudes, font réprefentées par les longueurs correfpondantes des pendules à fecondes, et nommant, λ, λ', les longueurs de ces pendules pour les pefanteurs g, g' on aura,

$$\frac{g}{g'} = \frac{\lambda}{\lambda'} \qquad (I)$$

Suppofant la terre un fphéroïde de révolution, et l'applatiffement $= \frac{1}{335}$, on a pour l'expreffion de la longueur du pendule

$$0.\,99676. + 0.\,0056724.\ \mathrm{Sin}^2\ \mathrm{latit.} \qquad (II)$$

(Méc. cel. Tom. II.p. 150.)

Pour trouver la longueur abfolue du pendule dans un lieu quelconque, il faut multiplier cette expreffion par la longueur abfolue du pendule à l'équateur. BORDA, par des expériences exactes, a trouvé la longueur du pendule à fecondes à Paris $= 0.^t 380644$. Réduifant cette détermination par le facteur

$$\frac{1}{0.\,99676. + 0.\,0056724.\ \mathrm{Sin.}\ (48°\ 50'\ 14''.)}$$

à l'équateur et multipliant par ce produit l'équation (II) on a pour expreffion generale du pendule à fecondes fous une latitude ψ

$$0.^{t} 379419 + 0.^{t} 002159. \, \mathrm{Sin}^{2} \, \psi$$

Subftituons cette valeur dans l'équation (I) et nommons ψ' la latitude correfpondante au pendule λ', il fera

$$\frac{g}{g'} = \frac{\lambda}{\lambda'} = \frac{0.\ 379419 + 0.\ 002159. \, \mathrm{Sin}^{2} \, \psi}{0.\ 379419 + 0.\ 002159. \, \mathrm{Sin}^{2} \, \psi'}$$

Si donc le coefficient $\dfrac{Kl}{(g)}$ a été déterminé pour le parallèle de 45° et $\psi = 45°$
on aura

$$\frac{g}{g'} = \frac{0.\ 3804985}{0.\ 3804985 - 0.\ 0010795. \, \mathrm{Cof.}\ 2\ \psi'}$$

$$= \frac{1}{1 - 0.\ 002837. \, \mathrm{Cof.}\ 2\ \psi}$$

et partant l'expreffion générale de ce coefficient

$$= \frac{Kl}{(g)} \left(1 + 0.\ 002837. \, \mathrm{Cof.}\ 2\ \psi \right)$$

La variation de la pefanteur dans le fens de la verticale exige deux autres corrections; l'une rélativement à l'intégrale S. $g \dfrac{dz}{l}$ l'autre pour la réduction des hauteurs barométriques obfervées, à la même pefanteur.

Laiffons la fuppofition fautive d'une pefanteur conftante et nommons α l'expofant, qui exprime la loi de la diminution de la pefanteur, en fonction de la diftance au centre de la terre. Soit g la force accélératrice, à la diftance a, g' celle à la diftance $a + z$ il ne fera plus

$$g = g'$$

mais

$$g' = g \, \frac{a^{\alpha}}{(a + z)^{\alpha}} = g \left(1 - \frac{\alpha z}{a} \right)$$

Dans la nature α peut avoir deux valeurs différentes; l'une $= + 2$, l'autre $= - 1$; la première doit être employée pour

D

les hauteurs; la feconde, quand il s'agit de mefurer des pro-
fondeurs. Nous prendrons $\alpha = z$ comme le cas le plus commun. Opérant comme ci deffus on a

$$\frac{d\,p}{p} = - \frac{g}{Kl}\,d\,z + \frac{g}{Kl}\,\frac{2\,z}{a}\,.\,d\mathbf{z}$$

et par l'intégration

$$K.\,\log\frac{p'}{p} = \frac{g}{p}\,z.\left(1 - \frac{z}{a}\right)$$

et

$$z = \frac{Kl}{g\,M}\left(1 + \frac{z}{a}\right)\log\frac{p'}{p}$$

Pour réduire les hauteurs barométriques à la même pefanteur,
reprenons l'expreffion donnée pour la force accélératrice de la
pefanteur, à la diftance $(a + z)$: il est clair que la hauteur
barométrique H obfervée fur le fommet d'une montagne et
réduite à la pefanteur de celle en bas fera

$$= H.\,\frac{a^2}{(a+z)^2} = H\left(1 + \frac{z}{a}\right)^{-2}$$

et partant

$$\log\frac{p'}{p} = \log\frac{h\left(1 + \frac{z}{a}\right)^2}{H}$$

$$= \log\frac{h}{H} + 2\log\left(1 + \frac{z}{a}\right)$$

mais par la théorie des logarithmes on a

$$\log\left(1 + \frac{z}{a}\right) = M\left(\frac{z}{a} - \frac{z^2}{2\,a}\ldots\right)$$

et puisque $\frac{z}{a}$ eft une très petite fraction, le premier terme fuffira. M défigne comme ci·deffus le module $= 0{,}4342945$, et
par conféquent,

$$\log\frac{p'}{p} = \log\frac{h}{H} + \frac{2}{a}\,.\,0{,}868588.$$

Réuniffant toutes les corrections que nous avons développées, on a pour expreffion exacte de la hauteur par des obfervations barométriques corréfpondantes

$$z = \frac{K l}{g m} \left(1 + 0{,}002837 \cos 2\psi\right)\left(1 + \frac{t+t'}{2\,n}\right)\left(\left(1 + \frac{z}{a}\right)\cdot\log\frac{h'}{H'} + \frac{z}{a}\cdot 0{,}868589\right)$$

et fubftituant pour $\dfrac{K l}{g M}$ et n les valeurs numériques employées par La Place, il s'enfuit

$$z = 9408 \cdot \left(1 + 0{,}002837 \cos 2\psi\right)\left(1 + \frac{t+t'}{400}\right)\left(\left(1 + \frac{z}{a}\right)\log\frac{h'}{H'} + \frac{z}{a} 0{,}868589\right)$$

Pour le cas de $\alpha = -1$, le dernier terme fe change en

$$\left(\left(1 + \frac{z}{2\,a}\right)\log\frac{h'}{H'} - \frac{z}{a}\cdot 0{,}434294\cdot\right)$$

La conftante $\dfrac{K l}{g\,M}$ fe peut obtenir par deux méthodes. L'une confifte dans la comparaifon des hauteurs déterminées exactement par des méfures trigonométriques, avec ceux qui réfultent des obfervations barométriques. Dans cette comparaifon ou regardera comme inconnu ce coëfficient, et on le déterminera de manière, que les réfultats barométriques s'accordent parfaitement avec ceux obtenus par des nivellements ou des triangulations. C'est cette méthode dont Ramond s'eft fervi avec beaucoup de fuccès dans les Pyrénées, et par laquelle il a déterminé le coefficient que La Place a employé dans fa formule. Moyennant une feconde méthode qui eft plus directe, ou peut déduire ce coefficient des pefanteurs fpécifiques de l'air et du mercure. Un mémoire intéreffant, fur les affinités des corps pour la lumière, et particulièrement fur les forces réfringentes des différentes gaz, par Biot et Arago (Mémoires de l'Inftitut pour 1808.) a fourni les données exactes pour cette détermination. Mais avant de nous occuper de ces développements numériques, il faut faire fubir une transformation à la conftante $\dfrac{K l}{g M}$ pour la rendre fonction du rapport entre les denfités de l'air et du mercure. A l'origine des z, ou la pefanteur $= g$ on a

$$p' = KDl$$

et fi à ce point Δ exprime la denfité du mercure au même degré de température et lorsque la hauteur du baromètre eft $h^{(0)}$, l'équilibre entre la preffion de l'air et le poids du mercure, rapporté à l'unité de furface, donne

$$p' = g \, \Delta \, h^{(0)}$$

ainfi

$$l = \frac{g . \, \Delta \, h^{(0)}}{K \, D.}$$

et fubftituant cette valeur de l, dans l'expreffion $\frac{Kl}{gM}$, on a

$$\frac{\Delta . h^{(0)}}{M . D} = C$$

$\frac{\Delta}{D}$ exprimant le rapport des denfités de l'air et du mercure. Pour la température de la glace fondante, $28^p \, 1^l$. du baromètre, et la denfité de l'air fec etant prife pour unité, ce rapport a été trouvé par Biot et Arago $= 10463$. Pour l'air faturé d'humidité ce rapport augmente à-peu-prés de $\frac{1}{521}$; mais La Place ayant compris la correction, rélative à la vapeur d'eau, dans le coefficient de la dilatation, il nous paroît qu'elle doît être negligée dans le coefficient barométrique, pour n'en pas faire un double emploi. Ayant trouvé $\frac{\Delta}{D}$ ou en déduit immédiament

$$C = \frac{\Delta \, h^{(0)}}{M . D} = 9394$$

c'est pour la latitude de Paris; pour le réduire au parallèle de $45°$ il faut multiplier C par $(1 - 0{,}002837 . \, \cos 2 \, (48° \, 50'))$ et on a

$$C = 9398.$$

Le grand nombre d'obfervations moyennant lesquelles Ramond a déterminé le coefficient barométrique employé dans la formule de La Place autorife à fuppofer, que toutes les ano-

malies atmofphériques qui ont pu y influer, fe font compen-
fées mutuellement, de maniere que cette détermination nous
parait mériter plus de confiance que celle qui eft donnée par la
feule théorie. Auffi n'aurois je pas balancé à me fervir de la
formule de LA PLACE et du coefficient de RAMOND, pour la
conftruction de ces tables, s'il ne m'avait pas paru, qu'on étoit
fondé à introduire et dans la forme de la correction pour la
dilatation de l'air par la chaleur, et dans le coefficient précité,
quelques legères modifications.

Perfonne ne difconviendra que pour les *Pyrénées*, le coefficient de RAMOND ne foit auffi exact qu'on peut le défirer.
Mais fuivant ma théorie de l'atmofphère dont je développerai
ailleurs les principes, ce coefficient déterminé uniquement par
des obfervations faites dans les *Pyrénées*, et partant dans un
climat dont la température furpaffe de plufieurs degrés la
moyenne de l'Europe, ne peut guères également bien convenir à d'autres latitudes. Ce coefficient ayant évidemment quelque analogie avec les réfractions aftronomiques, et ceux-ci diminuant du pole à l'équateur, je ferais d'avis de lui faire fubir
une pareille modification. Malheureufement nous manquons
d'obfervations, qui pourraient donner avec fureté cette correction, mais la feule qui a été faite dans les regions boréales
par le Capitain PHIPPS en démontre la néceffité. Mais dans l'impoffibilité de donner actuellement une correction du coefficient
barométrique en fonction de la latitude, il m'a paru plus convenable, de le déduire d'un grand nombre d'obfervations faites
fous des latitudes différentes, que de me fixer à un réfultat
ifolé, et adapté à une zone à peu près la plus méridionale de
l'Europe. L'autre correction que j'ai introduite dans ma formule barométrique, concerne la forme du facteur, pour la dilatation de l'air par la chaleur. LA PLACE fuppofant cette chaleur uniforme, donne dans fa formule, pour argument de cette
correction, la température moyenne réfultante des hauteurs
thermométriques obfervées aux deux ftations. Mais des obfervations récentes ne font guères favorables à cette fuppofition,
attendu que des expériences directes obtenues par des obferva-

tions thermométriques, faites à des grandes diſtances verticales, ſe joignent aux réſultats donnés par les réfractions, pour prouver, que le coefficient du décroiſſement de la chaleur eſt diminué en raiſon de l'élévation des couches atmoſphériques. En ſuivant les traces d'Euler et d'Oriani, j'ai ſuppoſé ce décroiſſement de la chaleur en progreſſion harmonique; ce qui s'accorde aſſez bien avec la conſtitution de notre atmoſphère, telle que les obſervations les plus exactes l'indiquent. En vertu de cette ſuppoſition on a la formule ſuivante

$$z = A \left(\frac{\left(1 + \frac{t}{n}\right)\left(1 + \frac{t'}{n}\right)}{1 + \frac{t + t'}{2 \cdot n}} \right) . \log \frac{h - (T - 10)\frac{h}{m}}{H - (T - 10)\frac{H}{m}}$$

$$= A \left(1 + \frac{t + t'}{400} - \frac{(t - t')^2}{4\,(200)^2} \right) \log \frac{h'}{H'}$$

Les valeurs données par divers phyſiciens, pour m = expanſion du mercure pour 1° Réaum, ne ſont pas fort diſcordantes. Les phyſiciens les plus célèbres de la France et de l'Angleterre s'accordent à peu de différence prés à faire m = 4329.6; et c'eſt la valeur que j'ai ſubſtitué dans ma formule. Au contraire les auteurs varient ſingulièrement ſur la dilatabilité de l'air, et les différences dans la valeur de n vont de $\frac{1}{165}$ à $\frac{1}{266}$. Je me ſuis arrêté au réſultat obtenu nouvellement par Gay-Lussac. Par un grand nombre d'expériences très préciſes il a trouvé qu'un volume d'air parfaitement ſec repréſenté par l'unité au degré de la glace fondante, devenait 1. 375 à la chaleur de l'eau bouillante. De là on a la dilatation de l'air pour chaque degré du thermomètre de Réaum. = 0. 0046875. Mais la ſuppoſition d'un air parfaitement ſec n'etant pas conforme à la conſtitution de notre atmoſphère, La Place introduit une ſorte de correction hygrométrique en faiſant cette dilatation = $\frac{1}{200}$;

Pour la détermination du coefficient barométrique A je me ſuis ſervi de la méthode des équations de condition. Nom-

mons R coefficient fuppofé, V hauteur déterminée par des mefures trigonométriques v, facteur de correction, et faifons

$$r = \left(1 + \frac{t + t'}{400} - \frac{(t - t')^2}{4(200)^2} \right) \log \frac{h'}{H'}$$

on aura pour chaque comparaifon de réfultats, obtenus par des
mefures baro- et trigonométriques, une équation de la forme

$$(1 + v)\, r. R - V = 0;$$

Les obfervations de DELUC, SAUSSURE, SCHUCKBURGH, RA-
MOND, ROY et LACAILLE m'ont donné foixante douze équations
de cette forme, et j'en ai tiré pour valeur la plus probable

$$A = 9442.$$

Cette valeur de A s'accorde de fort près avec celle qu'a donné
RAMOND, pour des hauteurs au deffous de 1600 Toifes, et en
négligeant la correction de la diminution, de la pefanteur dans
le fens de la verticale. En fubftituant les valeurs numériques
données actuellement pour A, m, n il réfulte la formule fuivante, qui a fervi à la conftruction de ces tables;

$$z = 9442 \left(1 + \frac{t + t'}{400} - \frac{(t - t')^2}{4(200)^2} \right) \log \frac{h - (T - 10)\dfrac{h}{4329,6}}{H - (T' - 10)\dfrac{H}{4329,6}} \quad (Q)$$

Cette formule étant peu commode pour le calcul, je l'ai
transformée;

$$9442 \left(1 + \frac{t + t'}{400} - \frac{(t - t')}{4(200)^2} \right) \log \frac{h'}{H'} = 1000 \log \frac{h'}{H'} - 10000 \log \frac{h'}{H'} \cdot p$$

et partant

$$p = 0{,}0558 - 0{,}9442 \cdot \frac{t + t'}{400} + 0{,}9442 \cdot \frac{\left(\dfrac{t - t'}{2} \right)^2}{(200)^2}$$

$$= 0{,}0558 - 0{,}004721 \cdot \frac{t + t'}{2} + 0{,}0000059\,(t - t')^2$$

Avec les arguments "*hauteurs obfervées du Baromètre et du
thermomètre*" on a par la table I. les logarithmes des valeurs

$$h - (T - 10)\frac{h}{4329,6} \quad \text{et} \quad H - (T' - 10)\frac{H}{4329,6}$$

L'ufage de la table II. que j'ai donnée, pour épargner aux calculateurs les interpolations, fera expofé dans la fection fuivante. Les quatres premières décimales de la différence des logarithmes h', $H' = 10000 \log \frac{h'}{H'}$ donnent une valeur approchée de la hauteur. Enfuite on cherche, avec les Arguments *"hauteur approchée et demi fomme ou différence des températures"* dans les tables V. et VI. les corrections de cette hauteur approchée. Les valeurs de ces corrections

$$10000 \log \frac{h'}{H'} \left(0,0558 - 0,004721. \frac{t + t'}{2} \right)$$

et

$$10000. \log \frac{h'}{H'} \left(0,0000059 (t - t')^2 \right.$$

y font exprimées en toifes, de manière que moyennant ces tables le calcul d'une obfervation barométrique complète, fe réduit à une fouftraction et deux additions. Avec les Arguments *"hauteur approchée et latitude"* la table VII. donne la correction pour la latitude

$$= 10000. \log \frac{h'}{H} . 0,002837 \operatorname{cof}. 2. \psi$$

J'ai réuni les deux autres corrections, provenantes d'une diminution de la pefanteur, dans une table. On a pour ces corrections l'expreffion,

$$\frac{z}{a} \log. \frac{h'}{H'} + \frac{z}{a} . 0,868589,$$

$$= \frac{1}{a} \left(z \log \frac{h'}{H'} + z. 0,868589 \right)$$

mais on a,

$$\log \frac{h'}{H'} = \frac{z}{10000}$$

ainfi

$$\text{Correction} = \frac{1}{a} \left(\frac{z^2}{10000} + z, 0,868589. \right)$$

Avec l'Argument *"hauteur approchée"* on trouve cette correction dans la table VIII.

La Place ayant démontré dans un fupplément à fa Mécanique célefte, que moyennant l'effet capillaire des tubes, les obfervateurs donnent toutes les hauteurs barométriques trop petites, il faut encore corriger les hauteurs du baromètre de cet effet, quand on obferve avec deux baromètres dont les diamètres ne font pas égaux. Dans les barométres à deux branches d'égale largeur cet effet est nul. Déja Clairaut a donné des recherches intéreffantes fur la théorie des tubes capillaires, mais pour la pratique c'est Cavendisch qui a travaillé le plus utilement. Ayant fait un grand nombre d'expériences fur la diverfité de l'adhéfion du meicure dans les baromètres dont les diamètres intérieurs font inégaux, il en déduifit une table que nous donnons dans ce recueil. Nous n'avons fait que réduire les mefures anglaifes aux mefures françaifes et on y trouvera immédiatement la correction néceffaire en la cherchant avec l'Argument *"diamètre interieur du baromètre."*

Pour ne par déroger à l'ufage généralement obfervé, de donner comme pierre de touche de tables nouvellement conftruites, la comparaifon de quelques obfervations avec les réfultats calculés, j'ai comparé quelques déterminations trigonométriques les plus conftatées avec celles qu'on obtient par le baromètre, et en employant ces tables.

Noms des lieux	Mefure barométrique	Mefure trigonométrique	Erreur
Montblanc *) . . .	2261,1 Toif.	2263 Toif.	— 1,9 Toif.
Saléve	441,7	442,7	— 1,0
Mole	658,7	658,0	+ 0,7
Dole	657,6	658,3	— 0,7
Schihallien	327,8	328,1	— 0,3
Peak of Snowdon . .	513,1	513,1	0,0
Summit of Shihalhien	558,5	556,0	+ 2,5
Pic de Bigorre . . .	1339,7	1340,7	— 1,0
Canigou	1432,6	1431,0	+ 1,6

*) Moitblanc; v. Sauffure Voyages. Tom. IV. p. 188. Saléve, Mole; v. Philofoph. Transactions Vol. 67. p. 541. Dole; v. Deluc Recherches fur les modifications de l'Atmofphère Tom. II. pag. 147. Shihallien, Peak of Snowdon, fummit of Shihallien; v. Philof. Transact. Vol. 67 p. 653. Canigou; v. Mémoires de l'Académie des Sciences de Paris 1740 p. 89.

Quant aux obfervations mêmes qui ont donné ces réfultats, il m'a paru fuffifant de renvoyer dans la note aux mémoires où elles font confignées.

Il eft fingulier que les réfultats de deux autres obfervations
barométriques que Sauffure a faites fur le Buet et au Col du
Géant, ne s'accordent guères avec les mefures trigonométriques.
En employant ma formule, le calcul de l'obfervation barométrique au Buet (Voyages Tom. I. p. 490.) donne l'élévation fur
Avully de 1396.8 toifes, au lieu qu'une mefure trigonométrique (Francoeur Traité élémentaire de mécanique p. 451.) la
fait de 1373.2 toifes. Pour le Col du Géant c'eft juftement le
contraire; la mefure barométrique donne 19 toifes d'élévation
de moins que la mefure trigonométrique. Mais il paroit que
la dernière eft fautive. Quant au Buet on doit à ce qu'il me
femble, attribuer l'erreur de la mefure barométrique uniquement à l'obfervation faite à Avully. En effet, en calculant
la hauteur du Buet au deffus du niveau de la mer, par une des
méthodes expofées ci-deffus, on trouve 1599.9 toifes, ce qui
ne diffère que de huit toifes de la mefure trigonométrique.

Quoique je me flatte que l'accord parfait des réfultats trigonométriques, avec ceux qu'on obtient par des obfervations
barométriques, calculées d'après ces tables, pourra infpirer
quelque confiance pour nôtre formule (Q); je fuis néanmoins
fort eloigné de prétendre que chaque phyficien accorde la préférence aux tables fuivantes, qui repofent fur cette formule.
C'eft pour cela et afin de rendre auffi l'ufage de ces tables
également utile à ceux, qui préferent une autre formule que
la mienne, que j'ai cherché une méthode, pour réduire facilement les réfultats de ces tables à ceux que donnent les formules de LA PLACE, ROY, TREMBLEY, SCHUCKBURGH et DELUC.
Pour cet effet il ne s'agit que de la détermination d'un facteur,
qui multiplié par le réfultat de ces tables, donne celui des formules que nous venons d'indiquer. Pour faciliter le développement de ces facteurs, nous negligerons la petite différence,
qui exifte dans la correction thermométrique, que les phyficiens
que nous venons de nommer appliquent à la hauteur obfervée

du mercure, et qui n'influe que trés peu fur les hauteurs calculées. Nous ferons de mème abftraction de la correction pour la pefanteur, attendu qu'elle eft la mème pour toutes les méthodes.

Commençons par la réduction des formules barométriques des auteurs nommés à la mème forme; nous aurons les formules fuivantes:

I. Notre formule:

$$9442. \left(1 + \frac{t + t'}{400} - \frac{(t-t')^2}{4.(200)^2}\right) \log \frac{h'}{H'}$$

II. Formule de LA PLACE avec le coefficient de RAMOND:

$$9437. \left(1 + \frac{t + t'}{400}\right) \log \frac{h'}{H'}$$

III. Formule de TREMBLEY:

$$9401. \left(1 + \frac{t + t'}{2.(180.5)}\right) \log \frac{h'}{H'}$$

IV. Formule de ROY:

$$9388. \left(1 + \frac{t + t'}{2.(181.1)}\right) \log \frac{h'}{H'}$$

V. Formule de SCHUCKBURGH:

$$9400. \left(1 + \frac{t + t'}{2.(183.3)}\right) \log \frac{h'}{H'}$$

VI. Formule de DELUC:

$$9220. \left(1 + \frac{t + t'}{2.(198.2)}\right) \log \frac{h'}{H'}$$

On voit d'abord que pour réduire les réfultats des formules fuivantes, à celui de la première, il ne s'agit que de développer des facteurs de la forme

$$\frac{M \left[1 + \varphi(t)\right]}{M' \left[1 + \varphi'(t)\right]}$$

Défignant par M, M¹, M¹¹, etc. etc. les coefficients barométriques de ces formules, le développement numérique de ce
facteur donnera les expreffions fuivantes:

a. Facteur pour la Formule de LA PLACE :

$$\frac{M^{I}}{M}\left(1+\frac{(t+t')^2}{4\,(200)^2}\right)$$

b. Facteur pour la formule de TREMBLEY :

$$\frac{M^{II}}{M}\left(1+\frac{39.\,(t+t)^2}{144400}+0{,}0000055,(t-t')^2-0{,}0000030.tt'\right)$$

c. Facteur pour la formule de ROY :

$$\frac{M^{III}}{M}\left(1+\frac{37{,}8(t+t')}{144880}+0{,}00000553.(t-t')^2-0{,}00000288.tt'\right)$$

d. Facteur pour la Formule de SCHUCKBURGH :

$$\frac{M^{IV}}{M}\left(1+\frac{33{,}4\,(t+t')}{146640}+0{,}0000056\,(t-t')^2-0{,}0000026\,tt'\right)$$

e. Facteur pour la formule de DELUC :

$$\frac{M^{V}}{M}\left(1+\frac{3{,}6\,(t+t')}{158560}+0{,}00000618\,(t-t')^2\right)$$

Nous avons raffemblé les valeurs de ces facteurs dans la table
XI. d'où elles fe prennent facilement avec les Arguments: *température obfervée de l'air aux deux ftations.*

Si jusqu'à préfent nous ne nous fommes occupés que du
calcul des obfervations barométriques correfpondantes, il con-
vient maintenant de traiter auffi des méthodes, qui apprennent
à tirer des réfultats exacts d'obfervations ifolées. En effet dans
des contrées éloignées le voyageur fe trouvera fouvent dans
l'impoffibilité, de raffembler des obfervations barométriques
qui correfpondent à celles qu'il a faites dans fes courfes, et un
grand nombre de réfultats intéreffants feroit perdu pour la Géographie, fi on voulait rejetter toutes ces obfervations ifolées.
Pour déduire de ces fortes d'obfervations les hauteurs des montagnes, il faut faire entrer dans le calcul la hauteur moyenne

du baromètre au niveau de la mer, déterminée par un grand nombre d'obſervations exactes. On eſt, il eſt vrai, obligé de convenir que ſous différents rapports cette méthode ne peut pas fournir les hauteurs auſſi exactes que des obſervations barométriques correſpondantes; cependant il faut avouer que la ſource principale des erreurs, dans lesquelles on eſt tombé en faiſant uſage d'obſervations iſolées, doit être cherchée dans le peu de ſoin avec lequel on a procédé dans le calcul de ces ſortes d'obſervations. Il eſt vrai qu'actuellement, où pour l'ordinaire on ſe contente de la formule

$$10000. \; \log \frac{(h)}{H},$$

il peut très-bien arriver qu'on tronve de cette maniere des hauteurs fautives de cinquante à cent toiſes. Mais il nous paroit que grace à la méthode plus exacte, que nous allons donner, on réuſſira le plus ſouvent, à reduire ces erreurs à moins de dix toiſes. La hauteur moyenne du baromètre au niveau de la mer, et le décroiſſement de la chaleur dans les régions élévées de l'Atmoſphère, ſont les deux éléments qui influent le plus ſur les réſultats de ces calculs. Nous avons fait beaucoup de recherches, et raſſemblé un bon nombre d'obſervations ſur cette hauteur moyenne du baromètre, et la réduction ſoignée de celles, qui ont été faites par CHIMINELLO, TOALDO, FLEURIAN DE BELLEVUE, SCHUCKBURGH et THULIS, nous a donné pour $+\; 10°$ du thermomètre de Réaumur la hauteur moyenne du baromètre au niveau de la mer $=\; 28^{\mathrm{p}} \; 2^{\mathrm{l}}. \, 2$; et c'eſt ainſi que nous l'avons employé dans tous les calculs ſuivants.

Quant à la loi du décroiſſement de la chaleur j'étois d'abord d'avis, d'y employer les réſultats donnés par quelques recherches ſur les réfractions horiſontales, mais remarquant, que de cette maniere l'expreſſion deviendroit fort compliquée, ſans gagner eſſentiellement en exactitude, je me ſuis arrêté à la détermination, que j'ai trouvée antérieurement (Correſp. aſtron. Jun. 1805) en ſuppoſant ce décroiſſement en progreſſion harmonique. C'eſt de cette maniere que par quatre obſervations faites ſur le Montblanc, le Buet, le Col-du-Géant et le Ortler, j'ai trouvé le coefficient de ce décroiſſement $=$ o. oooo52. La Table IX. eſt conſtruite ſur ce coefficient; avec les arguments, "*hauteur obſervée du baromètre et du thermomètre libre, ſur le ſommet d'une montagne*" elle donne la température correſpondante **au** bord de la mer. Connoiſſant cette température la marche du calcul eſt parfaitement la mème, que pour les obſervations correſpondantes, vu qu'on cherchera, avec celle‑ci et la hauteur moyenne du baromètre au niveau de la mer dans la Tab. I. le logarithme de la hauteur barométrique corrigée. Le calcul numérique pour une telle obſervation, que nous donnerons à la fin de cette introduction, rendra ſupcrſlue toute explication ultérieure.

Sachant combien il eſt intéreſſant pour tous les voyageurs qui viſitent des montagnes, de connaître au moment mème qu'ils ſe trouvent ſur un ſommet, ſon élévation au deſſus du niveau de la mer, j'ai cherché en faciliter les moyens. C'eſt pour cet effet que nous avons calculé la table X; moyennant les arguments "*hauteurs obſervées du baro‑thermomètre ſur le ſommet de la montagne*" on y trouve immédiament ſon élévation au deſſus du niveau de la mer, exprimée en toiſes. **La** méthode ſuivante a ſervi pour la conſtruction de cette table.

Soit (h) la hauteur moyenne du baromètre au niveau de la mer, et on aura la hauteur approchée par la formule

$$= 10000 \cdot \log \frac{(\mathrm{h})}{\mathrm{H} - (\mathrm{T} - 10)\dfrac{\mathrm{H}}{4329.6}}$$

Dans cette expreſſion la correction pour la température de la colonne d'air compriſe entre le niveau de la mer et le ſommet dont il s'agit est negligée, et pour la faire entrer dans le calcul, il faut d'abord déterminer la température, qui correſpond à celle obſervée ſur une montagne. Des obſervations les plus conſtatées de HUMBOLDT, SAUSSURE et RAMOND, il s'enſuit, que pour l'été de notre hemiſphère il faut s'élever de cent toiſes pour voir s'abaiſſer le mercure dans le thermomètre de RÉAUMUR d'un degré. Nommant donc t la température de

l'air obfervée à la ftation fupérieure, nous aurons la température correspondante au niveau dé la mer par l'expreſſion,

$$t + 100 . \log \frac{(h)}{H - (T - 10)\dfrac{H}{4329,6}}$$

Des trois variables t, **T**, **H**, qui entrent dans cette expreſſion
il en faut éliminer une, en faifant $T = t$, ce qui ne pourra
pas influer fenfiblement fur les hauteurs calculées. Si nous
fubſtituons cette valeur pour la température en bas, dans notre
formule (Q), on a pour la hauteur au deſſus du niveau de la
mer la formule

$$9442 \left(1 + \frac{2t + 100 \log \left(\dfrac{(h)}{H - (t-10)\frac{H}{4329,6}} \right)}{400} \right) \log \frac{(h)}{H - (t-10)\frac{H}{4329,6}}$$

La Tab. X. contient les valeurs de cette expreſſion. Le calcul des hauteurs par cette table, dont nous donnerons ci-après
un exemple numérique, est des plus faciles.

Nous ne faurions nier, qu'en général les réfultats obtenus
par les deux méthodes que nous venons de donner, pour le
calcul des obfervations barométriques ifolées, ne méritent pas
autant de confiance que ceux qu'on déduit d'obfervations correfpondantes, mais néanmoins il peut bien exifter des cas, où
il fera plus favorable, de fe fervir de la hauteur moyenne du
baromètre au niveau de la mer, que de celle obfervée directement à la ftation inférieure, où les anomalies atmofphériques
et principalement les variations du baromètre, font plus fortes
et ont plus d'influence, que fur les cimes élévées des montagnes.

Les obfervations de HUMBOLDT dans l'Amérique méridionale ayant conftaté, ce que RICHER, BOUGUER et la CONDA-
MINE avaient indiqué, favoir que la hauteur moyenne du baromètre au niveau de la mer eft moindre à l'équateur, que dans
les zones tempérées et boréales, il s'enfuit qu'il faut appliquer

une correction au réfultat de la Tab. X. quand elle eft employée pour le calcul d'obfervations barométriques faites dans
le voifinage de l'équateur. Cette correction s'obtient facilement
par la remarque fuivante.   La Table X. eft conftruite pour
une hauteur moyenne du baromètre de 28ᴾ 2ˡ. 2: mais les obfervations de HUMBOLDT à l'équateur ayant donné pour la même température cette hauteur moyenne du baromètre au niveau de la mer 28ᴾ 1ˡ. 02; il s'enfuit que toutes les fois, qu'on
calculera des hauteurs pour des contrées fituées entre les tro-
piques il faudra les multiplier par le quotient $\dfrac{28^{\text{P}}\ 1.02}{28^{\text{P}}\ 2.2}$

La manière ingenieufe de déterminer la diftance horison-
tale de deux lieux moyennant leur élévation rélative et l'angle
de hauteur, que Mrs. HUMBOLDT, OLTMANNS et ALLENT viennent nouvellement de recommander aux Géographes, fournit
une application nouvelle et importante du Baromètre.   C'eft
pour faciliter l'ufage de cette méthode que nous avons ajouté
la Tab. XII. qui d'abord n'entroit pas dans le plan de cet ouvrage.   La méthode en queftion étant encore trop peu repandue, pour pouvoir fuppofer, qu'elle foit connue de tous les
amateurs de la Géographie, il me parait néceffaire d'en développer les principes principales.   La méthode en elle même, de
déterminer la diftance horifontale de deux lieux, quand on connait leur élévation, n'eft pas nouvelle, vu que ce problème fe
trouve déja dans la *Geographia reformata* de *Varenius*, mais
jamais on ne l'avoit mife en pratique et Mr. de HUMBOLDT eft
le premier qui en a fait une application fort intéreffante, en
effectuant moyennant cette méthode la jonction de Mexico
avec Veracrux fur une diftance de 160000 toifes (*Correfp. aftron.*
Tom. XIV. p. 445.) La théorie de cette méthode eft contenue
dans les expreffions fuivantes.

Soit K diftance horizontale, δ diftance apparente au Zenith, C angle au centre de la terre, n refraction terreftre, N
différence de niveau des deux ftations, exprimée en toifes, on a

$$N. \text{cof. } \tfrac{1}{2} C = K. \text{cotg. } (\delta - (0.5 - n)\, C)$$

$\frac{1}{2}$ C étant toujours fort petit, il fera permis de fubftituer pour cof. $\frac{1}{2}$ C l'unité, partant

$$R = K. \text{cotg.} \ (\delta - (0,5 - n) \ C) \qquad (a)$$

C eft fonction de K, et il est donné par la formule

$$C = \frac{K}{\text{rad.} \ \delta \ \text{fin} \ 1''} \ (1 - \tfrac{1}{2} e^2 \text{fin}^2 L)$$

e², L, défignant l'excentricité de la terre, et la latitude géographique. C et K étant inconnus dans la formule (a), il faut éliminer C. L'arc (0,5 — n) C fera toujours fort petit, et on pourra faire comme ci deſſus, cof (0,5 — n) C = 1, et fin (0,5 — n) C = (0,5 — n) C. Effectuant ces fubftitutions on a,

$$K. \text{cof.} \ \delta + (0,5 - n) \ C. K \ \text{fin} \ \delta = N. \text{fin} \ \delta - (0,5 - n) C. N. \text{cof.} \ \delta$$

faifons

$$\frac{1}{\text{rad.} \ \delta} \ (1 - \tfrac{1}{2} e^2 \ \text{fin}^2 \ L) = \alpha$$

il s'enfuit

$$(b) \quad K^2 + \frac{1 + (0,5 - n) \ \alpha \ N}{(0,5 - n) \ a. \text{tg.} \ \delta} \cdot K - \frac{N}{(0,5 - n) \alpha} = 0$$

et par la réfolution analytique de cette équation

$$(c) \quad K = -0,5. \frac{1 + (0,5 - n) \ \alpha. N}{(0,5 - n) \ \alpha. \text{tg.} \ \delta} \pm \sqrt{0,25 \left(\frac{1 + (0,5 - n)\alpha.N}{0,5 - n)\alpha.\text{tg.} \ \delta} \right)^2 + \frac{N}{(0,5 - n) \ \alpha}}$$

Cette expreffion n'est pas parfaitement rigoureufe, mais ce n'est que pour des diſtances très-grandes, que les termes negligés pourront influer fenfiblement fur la jufteffe du réfultat.

Pour des diftances qui furpaffent 10000 toifes, le calcul numérique de l'équation (c) devient un peu pénible parceque dans ces cas le fecond membre devient fort grand. On y remédie en effectuant la réfolution de l'équation (b) par des formules trigonométriques;

Soit

$$p = \frac{1 + (0,5 - n) \ \alpha. \ N}{2 (0,5 - n) \ \alpha. \text{tg.} \ \delta}$$

$$q = \frac{N}{(0,5 - n) \alpha}$$

$$\text{tg. } A = \frac{\sqrt{q}}{p}$$

et il fera

$$K = \text{tg. } \tfrac{1}{2} A. \sqrt{q}.$$

Quand il s'agit de mettre cette méthode en pratique, on doit s'arrêter à une valeur déterminée pour la réfraction terreftre. Par mes propres obfervations, et par un grand nombre de celles faites par Roy, Bouguer, Boscovich, Delambre etc. etc., j'ai trouvé pour 28ᵖ du baromètre la réfraction terreftre en partie de la diftance horizontale $= $ 0,077. C'eft la valeur qui a fervi pour la conftruction de la Table XII. Moyennant les arguments: *Différence des élévations et angle de hauteur* on y trouvera la diftance horifontale approchée. Pour avoir cette diftance exactement, il faut fe fervir des fecondes différences. La réfraction terreftre n'étant pas conftante, on trouveroit néceffairement des réfultats fautifs, en employant généralement et fans correction les valeurs de cette table, qui la fuppofe $= $ 0,077. La réfraction terreftre étant fonction de l'élévation moyenne des deux ftations, et diminuant avec la hauteur, on pourra déterminer la correction requife de la manière fuivante. Nommons $\triangle K$, $\triangle R$, les variations de la diftance horizontale et de la réfraction terreftre, on aura

$$\frac{\triangle K}{\triangle R} = \frac{N - 0,423. a. K^2}{(0,846. a. K \text{ tg. } \delta + 0,423. a N + 1) \cos^2 \delta}$$

Le calcul de cette expreffion, qu'on ne fauroit commodément mettre en table, eft un peu pénible, et pour faciliter l'emploi neceffaire de cette correction, j'ai cherché à la fimplifier, en la réduifant à la valeur approchée

$$\triangle K = \triangle. R. \left(\frac{K^2 \text{ fin. } 1''}{15,861 (\cos. \delta + C)} \right)$$

dR. doit être donné en parties de la diftance horizontale. Dans la Table XIII. on trouve moyennant les arguments:

"*Diftance approchée et Angle de hauteur*" le facteur

$$\frac{K^2 \text{ fin } 1''}{(15,861. (\cos \delta + C)}$$

Ce facteur multiplié par $\triangle R$, qu'on déterminera par un procédé, que nous allons indiquer, donnera la correction de la diftance horizontale approchée. Le figne de cette correction fe détermine généralement par la confidération, qu'elle eft négative tout les fois que la réfraction terreftre eft moindre que celle fuppofée dans la table. Quand on connoit l'élévation moyenne des deux ftations au deffus du niveau de la mer, on aura facilement dR par la table fuivante.

Elévation moyenne des deux ftations au deffus du niveau de la mer.	Réfraction terreftre en dixmillièmes de la diftance horizontale des deux ftations			
	—13° Réaum.	— 3°	+ 22°	+ 32°
o Toif.	0, 0765	0, 0763	0, 0755	0, 0752
200	0, 0715	0, 0711	0, 0697	0, 0693
400	0, 0668	0, 0662	0, 0643	0, 0636
600	0, 0627	0, 0620	0, 0591	0, 0585
800	0, 0582	0, 0573	0, 0551	0, 0543
1000	0, 0546	0, 0536	0, 0508	0, 0497
1200	0, 0520	0, 0512	0, 0462	0, 0451
1400	0, 0497	0, 0478	0, 0425	0, 0413
1600	0, 0469	0, 0448	0, 0392	0, 0379
1800	0, 0441	0, 0418	0, 0361	0, 0349
2000	0, 0418	0, 0374	0, 0332	0, 0317
2200	0, 0394	0, 0369	0, 0307	0, 0290
2400	0, 0370	0, 0346	0, 0280	0, 0265
2600	0, 0347	0, 0323	0, 0256	0, 0242

J'ai déduit cette table d'un grand nombre d'obfervations faites par des Académiciens français, dans différens pays et à différentes élévations. Soit R' la réfraction terreftre prife dans cette table avec l'argument "*élévation moyenne au deffus du niveau de la mer*" on aura

$$\text{o. 077} - \text{R}' = \Delta\text{R.}$$

La correction thermométrique n'influe que peu fur ce réfultat et le plus fouvent on pourra la negliger.

Si dans les deux ftations les diftances au zenith reciproques δ, δ', ont été obfervées, la réfraction terreftre en peut être déduite immédiatement par la formule

$$\text{R}' = \frac{\frac{1}{2} \text{C} - \frac{1}{2}(\delta + \delta' - 180°)}{\text{C}};$$

et dans ce cas on aura, $\Delta\text{R} = \text{o. 077} \sim \text{R}'$;

La conftruction de ces tables et principalement de la pré-
miere a été un peu pénible, mais l'efpérance, qu'elle peut être
d'une utilité réelle pour les voyageurs et principalement pour
des officiers à qui il importe, de tracer en peu de temps le plan
d'une chaine de montagnes, me dédommage amplement du
temps et des calculs que m'en a couté la confection. Cette manière de déterminer des diftances peut encore être fimplifiée,
quand une chaine de montagnes préfente des pics élancés, dont
la hauteur eft connue, et qui peuvent être apperçus d'un grand
nombre de points. Dans ces cas l'obfervateur n'aura qu'une
feule obfervation à faire à la ftation inférieure, et fans monter
fur l'autre fommet, il pourra déterminer tout de fuite la diftance
des deux points. Dans les Pyrénées, les Alpes, les montagnes
du Tyrol et généralement dans toutes les grandes chaines de
montagnes, ou ne manquera jamais, de trouver des cimes ifolées et élevées, dont la localité eft favorable à ces fortes de déterminations.

Il me paroit que la maniere que nous venons d'expliquer
de faire fervir le baromètre à la détermination des diftances,
eft affez intéreffante, pour en rendre recommandable l'emploi
à tout amateur de la Géographie.

Avant que de finir cette introduction, il me paroit convenable d'ajouter quelques remarques fur les précautions a prendre dans les obfervations barométriques mêmes. Toutes les
fois qu'on peut obtenir des obfervations barométriques correfpondantes, le réfultat mérite plus de confiance, que celui qui
réfulte d'une obfervation ifolée. Si des circonftances particu-
lieres n'ont pas influé fur ces obfervations, on pourra eftimer
les hauteurs qui en réfultent à cinq toifes près exactes. Pour
toutes les opérations qui demandent une extrème exactitude
on ne peut fe difpenfer d'avoir deux thermomètres, l'un enchaffé dans la monture même du baromètre, pour indiquer la
température du mercure, et l'autre pour la température de l'air.
Quand on n'en peut avoir qu'un feul, ou peut negliger l'emploi du prémier, mais le dernier eft indifpenfable, attendu
que fans la détermination exacte de la température de l'air

libre, ou risque de commettre des erreurs de vingt à trente toifes.

La vraie température de l'air fur un fommet élevé, ne fe communiquant que lentement aux thermomètres portés en haut, il faut les laiffer expofés à l'air libre au moins une demi-heure, avant que d'en faire l'obfervation. En outre il faut multiplier ces obfervations, parcequ' autrement on ne peut guère efpérer, d'obtenir la vraie température de l'air, qui dans de courts efpaces de temps peut être infiniment modifiée et al-térée, par des courants d'air, et d'autres anomalies atmofphé-riques. Généralement l'obfervation du thermomètre libre pré-fente de difficultés, et exige plus d'attentions et de précautions que celle du baromètre. Dans l'obfervation du baromètre, tel qu'on le conftruit aujourdhui, l'erreur d'un dixième de ligne eft à peu près impoffible; mais même ce dixième ne rend fau-tive la hauteur calculée que d'une toife et demi, au lieu que l'erreur d'un degré fur la température influe de cinq à fix toifes. Pour avoir cette température auffi exacte qu'il eft pof-fible, il ne faut noter la hauteur du thermomètre qu'au moment où fes variations commencent à devenir infenfibles. Au refte il eft reçu aujourdhui généralement par tous les phyficiens, que l'obfervation thermométrique doit fe faire à l'ombre. Au cas que l'on ne foit pourvu que d'un feul thermomètre, qui indique la température de l'air libre, il conviendra d'augmenter cette température de deux à trois degrés, et d'employer cette hauteur augmentée du thermomètre pour la correction qui s'applique à la hauteur du mercure même.

Saussure et Deluc ont tiré de leurs recherches et de leurs expériences fur les mefures barométriques, quelques règles fur les circonftances les plus favorables à faire des obfervations ba-rométriques; mais aucun phyficien ne s'eft occupé avec autant de foins et de fuccès de cette matière que Ramond (Mémoires de l'inftitut 1806. II. femeftre.) Pendant le grand nombre d'an-nées que Ramond s'eft occupé d'obfervations barométriques, toujours en obfervateur éclairé, il a difcuté foigneufement les localités, l'état de l'atmofphère, et tout ce qui pouvoit influer fur ces réfultats , et c'eft de cette maniere qu'il a déduit quelques préceptes généraux, dont l'obfervation ne contribuera pas peu à l'exactitude des déterminations barométriques des hauteurs.

Ramond range les circonftances qui peuvent influer fur les mefures du baromètre, fous trois chefs : *"influence des heures; influence des fituations; et influence des météores.* Comme nous croyons que les règles pratiques que des expériences nombreufes et précifes ont fourni à ce phyficien célèbre, doivent être précieufes pour ceux qui s'occupent d'obfervations barométriques, nous allons en donner les principaux réfultats.

De nombreufes obfervations barométriques faites le matin et le foir donnèrent conftamment à Ramond les hauteurs trop petites, au lieu qu'il obtint des réfultats très-juftes de celles qu'il prit vers midi. En vertu de ces expériences Ramond donne généralement le confeil, de ne faire des obfervations barométriques, que vers le milieu du jour et de rejetter toutes celles qui ont été faites à d'autres heures. Saussure préfcrit quelque chofe de femblable pour l'heure la plus favorable aux obfervations barométriques, mais il n'agit pas en conféquence, puisqu'il ne donne du grand nombre d'obfervations, qu'il fit pendant dix fept jours, indiftinctement à toutes les heures au Col du Géant, que le feul moyen arithmétique. Les obfervations intéreffantes, que Saussure a récueillies au Col du Géant fur les variations journalieres du baromètre, me font croire que felon les règles de la probabilité, on approchera bien plus de la verité, en prenant un moyen arithmétique de toutes les obfervations, dont on aura foin d'exclure celles qui préfentent une incertitude conftatée, que fi on vouloit feulement s'arrêter à celles qui ont été faites pendant un court efpace de temps, attendu qu'il y a dans les obfervations dont nous venons de parler des anomalies, dont l'effet ne peut être éliminé que par un grand nombre d'obfervations. Il nous femble, que les localités, les faifons, les courants d'air etc. etc. ont trop d'influence fur les ofcillations barométriques, pour qu'on puiffe donner à cet egard des règles générales. Dans les cas où l'on fe-

roit obligé de choifir une certaine partie du jour pour faire l'obfervation, je préférerois celle où la chaleur moyenne a lieu.

Quant à l'influence des fituations, il est conftaté, que les
obfervations barométriques faites fur un fommét ifolé méritent toujours le plus de confiance. Il est connu que les variations du baromètre diminuent avec l'élévation, et ordinairement l'erreur d'une mefure barométrique doit être imputée
à l'obfervation faite en bas. Des vents violents et principalement l'inclinaifon des courants d'air, influent beaucoup fur la
hauteur du mercure. Mais ce qui est réellement remarquable,
c'est l'influence extraordinaire, que les temps orageux exercent
fur ces réfultats. Un grand nombre d'obfervations faites par
Ramond aux Pyrénées ont conftaté ce phenomène, favoir, que
l'erreur de la mefure barométrique, obtenue en pareilles circonftances, étoit toujours énorme, et le réfultat toujours trop
petit. Toutes les Géographes et Voyageurs qui s'occuperont
de ces obfervations, doivent donc prendre garde, de n'en pas
faire à l'approche d'un orage.

Ramond guidé par une longue férie d'expériences, croit
qu'en pefant attentivement toutes les circonftances d'une mefure barométrique, on pourra favoir d'avance fi la hauteur obtenue fera trop grande ou trop petite. Les réfultats de fes
recherches fe réduifent aux règles fuivantes; (Mémoires de
l'inftitut 1806 p. 26).

    I. On eftimera en général les hauteurs trop foibles:

        a.   Quand l'obfervation fe fera le matin ou le foir;

        b.   Quand le baromètre inférieur étant dans une plaine,
           le baromètre fupérieur fera dans une vallée étroite
           et profonde;

        c.   Quand les vents fouffleront fortement de la région
           auftrale;

        d.   Quand le temps fera manifeftement orageux.

    II. On eftimera au contraire les hauteurs trop fortes:

        a.   Quand on obfervera entre midi et deux ou trois
           heures, furtout pendant l'été et quand le foleil ne
           fera point caché par des nuages.

b.   Quand le baromètre fupérieur étant au fommet des montagnes, le baromètre inférieur fera placé dans une gorge étroite et fortement dominée;

c.   Quand il régnera un vent fort de la région boréale, furtout fi l'on est fur une montagne, et s'il en frappe la pente la plus efcarpée.

Ces remarques générales pourront guider utilement les obfervateurs dans leurs déterminations barométriques.

Si les erreurs qui peuvent naître des obfervations barométriques mêmes, nous ont occupé jusques ici, il nous refte à examiner fi la méthode de calcul peut-être regardée comme rigoureufe.

La théorie de l'expanfion de l'air par la chaleur préfente encore à ce qu'il nous paroît quelques points douteux. La fuppofition que cette expanfion est uniforme pour chaque degré du thermomètre et pour différentes preffions de l'air, est évidemment fautive. Les expériences manométriques du Général Roy en ont fourni les preuves, mais malheureufement elles font trop peu nombreufes pour en pouvoir tirer des conclufions certaines. La loi fondamentale de cette theorie: *que les dilatations de l'air font proportionelles aux poids comprimants*, n'est pas même tout à fait à l'abri du doute. D'après les expériences de Sulzer (Mémoires de l'Acad. de Berlin 1753 pag. 114.) il est très vraifemblable, que pour de grandes hauteurs, cette loi n'est pas rigoureufe.

Heureufement que les erreurs qui pourront réfulter de l'incertitude qui régne fur ces points de la théorie, n'influeront fenfiblement que fur des hauteurs au deffus de deux à trois mille toifes, de manière que pour la plùpart des hauteurs où le baromètre est employé, on peut régarder la méthode actuelle de calcul comme parfaitement exacte. Si dans la fuite une théorie plus approfondie de la conftitution de notre atmosphère néceffitoit l'introduction de corrections avérées, une feule feuille feroit toujours fuffifante pour les ajouter à ces tables.

Refte à évaluer l'influence de l'humidité fur les réfultats barométriques, mais il paroît que cette influence y est auffi peu fenfible que fur les réfractions aftronomiques. En fixant deux baromètres, dont la marche feroit parfaitement égale dans deux lieux dont la différence de hauteur feroit exactement connue, on pourroit par une longue fuite d'obfervations conftater le mieux l'influence de l'humidité fur les mefures barométriques. Même cette manière d'obferver l'humidité pourroit préfenter quelque intérêt pour le calcul des réfractions.

EXPLICATION et USAGE
DES TABLES.

Les fix premières tables pag. 1 — 129 font principalement deftinées pour le calcul exact des obfervations barométriques correspondantes.

La table I. calculée de ligne en ligne pour les hauteurs du baromètre et pour les demi-degrés du thermomètre de RÉAUMUR, contient les valeurs

$$ \log \left(h - (T - 10) \frac{h}{4329,6} \right) $$

J'ai choifi cette manière de donner les hauteurs corrigées du baromètre, pour faciliter et même pour éviter en quelque forte, les interpolations. Les différences de ces logarithmes, pour chaque demi-degré du thermomètre RÉAUMUR, font à peu près conftantes par toute la table et égales à 0,0000500, de manière que chaque dixième de degré du thermomètre équivaut à 0,0000100, quantité dont l'addition ou la fouftraction fe fait facilement à vue. Les différences des logarithmes pour la variation d'une ligne dans la hauteur du baromètre font plus confidérables et varient de 0,0012000 à 0,0025000. Elles font conftantes pour chaque colonne, et pour en épargner la formation au calculateur, j'ai mis cette différence en bas de chaque feuille. Avec les deux arguments *"différences des logarithmes, et décimales de ligne dans la hauteur du baromètre"* on trouve dans la table II. la partie proportionelle pour ces décimales. Cette table n'étant calculée que pour les différences de cent en cent, il faut chercher, avec le nombre qui furpaffe la centaine, dans la table III. la partie proportionelle, qu'on ajoutera à la première. Si la hauteur obfervée du baromètre eft donnée en décimales et centièmes de ligne, on regardera les dernières comme décimales, et opérant comme ci-deffus, on retranchera un dixième du réfultat obtenu de cette manière.

Exemple: La différence des logarithmes est 0,0014675, on doit chercher la partie proportionelle pour 0,¹57. Voici le type du calcul

Tab. II. pour 14600 et 0,¹5	$=$	7300
. 0,07	$=$	1022
Tab. III. pour 75 . . . 0,¹57	$=$	42
Partie proportionelle pour 0,¹57		8364

Le calcul qui autrement demanderoit une interpolation faftidieufe, est réduit de cette manière à une fimple addition.

J'ai donné les logarithmes des hauteurs corrigées du baromètre avec fept décimales, pour avoir la fixième exacte. Il fe peut que les feptièmes décimales, et de même les différences logarithmiques mifes en bas de chaque colonne, font quelquefois fautives de quelques unités, ayant negligé de les calculer avec une exactitude rigoureufe, attendu que la hauteur des plus grandes montagnes de notre globe, ne peut pas être changée d'un pied, par quelques unités même dans la fixième décimale. Ayant trouvé les logarithmes des hauteurs barométriques corrigées, pour les deux fiations, les quatres premières décimales de leur différence donneront l'élévation approchée. Avec les arguments "*hauteur approchée* $\left(= 10000 \log. \dfrac{h}{H} \right)$ *et demi-fomme des températures en haut et en bas, indiquées par les thermomètres libres* $\left(= \dfrac{t + 1}{2} \right)$" on trouvera dans la table V. la correction de la hauteur approchée.

Exemple :

Soit, hauteur approchée $=$ 1800 Toifes $=$ 10000 log $\dfrac{h'}{H'}$

$$\text{Thermomètre libre fupérieur} = + \; 2° = t'$$
$$\ldots \ldots \ldots \text{ inférieur} = + \; 19 = t$$
$$\dfrac{t + t'}{2} = + \; 10{,}°5$$

Avec ces arguments on a par la table V.

$$\text{Correction} = - \; 11{,}5 \text{ Toifes.}$$

Pour des hauteurs au deffus de mille toifes, la Table VI. donne une feconde correction, qu'on cherchera avec les Arguments. *"Hauteur approchée et différence des températures $= t - t'$".*

pour le même exemple nous avons, $t — t' = + 17°$ et partant cette feconde correction $= - \; 3{,}1$ toifes.

Nous le répétons que toutes ces tables font conftruites pour les mefures françaifes anciennes, et le thermomètre de RÉAUMUR. Toutes les fois donc, que les hauteurs barométriques font données dans une mefure différente, il les faut réduire en pouces et lignes de pied-de-roi, et les obfervations thermométriques en degrés de RÉAUMUR. Pour faciliter ces converfions, j'ai donné à la fin de ce recueil quatre tables, pour la reduction des mefures métriques et des mefures angloifes, et des degrés centéfimales et de FAHRENHEIT. Ces réductions m'ont paru fuffifantes, attendu qu'aujourdhui il fe fera rarement une obfervation baro - thermométrique, fur une autre échelle que celles que nous venons de nommer. Comme il y a encore des baromètres qui portent une divifion en feixièmes de ligne, j'ai donné p. 114. une petite table pour les réduire en décimales.

Le calcul numérique d'une obfervation barométrique correspondante, de Mrs. RAMOND et DANGOS au Pic de Bigorre et à Tarbes, expliquera le mieux l'ufage de ces tables, et la marche du calcul qu'il faudra fuivre.

	Baromètre	therm. du barom.	therm. libre
Sommet du Pic . . .	537,203 mill.	+ 9,°75 centigr.	+ 4,°0
Cabinet de M. Dangos	735,581 . . .	+18, 63	+ 19, 13

Type du calcul

Tab. XIV. 537,203 $=$ 19^p 10,^{l} 14 $=$ H (mill.); 735,581 $=$ 27^p 2,^{l} 06 $=$ h (mill.)

Tab. XVI. 9,°75 $=$ 7,°6 Rea. $=$ T′; 18,°63 $=$ 14,°9 Rea. $=$ T

. . . . . 4,°0 $=$ 3,°2 . . . . $=$ t′; 19,°13 $=$ 15, 3 . . . . $=$ t

Tab. I. (19^p 10^l) (+7,°6) $=$ 1,2976362; (27^p 2^l) (+14,°9) $=$ 1,4335446

Tab. II. et III. 0,^{l}14 $=$ + 2548; . . . . . 0,^{l}06 $=$ + 803

H′ $=$ 1,2978910; h′ $=$ 1,4336249

1,4336249

$$\log. \frac{h'}{H'} = 0,1357339$$

hauteur approchée . . . $=$ 1357,34 toif.

$\left(\dfrac{t+t'}{2} = 9,°3 \right)$ tab. V. $=$ — 16,50 . . .

$(t - t' = 12,°1)$ . . . VI. $=$ — 1,10 . . .

hauteur vraie $=$ 1339,74 toif.

mefure trigon. $=$ 1340,70 . . (Mémoires de l'in-

erreur $=$ — 0,96 toif. ftitut. Tom. IV. p. 441).

Je me flatte que ce calcul détaillé mettra tous les lecteurs à même de fe fervir fans difficulté de ces tables, pour en déduire avec facilité et exactitude les réfultats de leurs obfervations.

Pour calculer la hauteur d'une montagne par une obfervation ifolée, on fe fervira d'une des méthodes expofées pag. XLV. fuiv.

Ière Méthode :

I. On cherchera comme dans l'exemple précédent, pour la hauteur obfervée du baro-thermomètre a la ftation fupérieure, dans la table I. la hauteur barométrique corrigée.

II. Pour la ftation inférieure la hauteur du baromètre eft conftante, favoir celle au niveau de la mer. Son logarithme $=$ 1,4499919 $=$ log (h)

III. La différence de ces logarithmes donnera la hauteur approchée.

IV. On cherchera alors avec les Arguments: *"hauteur du baromètre et du thermomètre libre à la ſtation ſupérieure"* dans la table X. la température correspondante au bord de la mer.

Cette température trouvée; on prendra de la même manière que dans les obſervations barométriques correspondantes, les corrections de la hauteur approchée dans les tables V. et VI. Le calcul numérique pour une telle obſervation ſervira à éclaircir la marche de cette méthode. Nous ferons l'application de cette méthode à la même obſervation au Pic de Bigorre.

Sommet du Pic de Bigorre	*Baromètre.*	*therm. d. Barom.*	*therm. libr.*
	19ᴾ 10,ˡ14	+ 7,°6	+ 3,°2

Table I. (19ᴾ 10,ˡ14) (+7° 6) $=$ 1,2978910
log. conſt. (h) $=$ 1,4499919

hauteur approchée $=$ 1521,01 Toiſ.

Table IX. Arg. 19ᴾ 10ˡ + 3,°2.
température au bord de la mer $= + 16,°7 = t$
hauteur approchée $=$ 1521,01 Toiſ.

$\left(\dfrac{t + t'}{2} = 9,°9 \right)$ Tab. V. — 14,10

$(t - t' = 13, 5)$ Tab. VI. — 1,60

hauteur au deſſus du niveau de la mer $=$ 1505,3 Toiſ.

La meſure trigonométrique donne 1506 Toiſes pour l'élévation du Pic de Bigorre au deſſus du niveau de la mer; réſultat qui s'accorde parfaitement avec celui que nous avons déduit de la ſeule obſervation barométrique, faite au ſommet du Pic.

IIᵈᵉ méthode par la table X.

Cette méthode de calculer la hauteur au deſſus du niveau de la mer est la plus facile, attendu qu'une ſeule opération de calcul ſuffit pour cette détermination. Avec les arguments *"hauteur du baromètre et du thermomètre libre à la ſtation*

fupérieure la table X. donne immédiatement la hauteur cherchée en toifes.

Calcul d'une obfervation par cette méthode:

Sommet au Pic de Bigorre	baromètre	therm.
	19ᵖ 10,ˡ14	✛ 3,°2

Avec ces Arguments on a par la table X.

hauteur au deffus du niveau de la mer ⹀ 1505 , Toif.
mefure trigonométrique   1506,0

erreur ⹀ — 0, 1 Toif.

L'accord des réfultats trouvés par la feule obfervation fur
le Pic de Bigorre avec la mefure trigonométrique est parfait,
et j'espére qu'il infpirera quelque confiance pour ces méthodes
de calcul. Quoique je fois bien perfuadé, que dans la plupart
des cas, cet accord ne fera pas tel, mais néanmoins je me
flatte que le procédé que j'ai employé pour ces calculs, ne donnera que fort rarement des écarts confidérables.

Dans les calculs que nous venons de donner, nous avons
negligé les corrections pour la diminution de la pefanteur, dont
nous avons développé les formules p. XXXII. fuiv. L'influence
de ces corrections fur la hauteur du Pic de Bigorre étoit fi in-
confidérable, qu'on étoit autorifé a les laiffer hors de calcul. Ce
n'eft que pour des hauteurs qui furpaffent deux mille toifes et
pour une latitude fort différente de 45° que ces corrections deviennent importantes. C'eft le cas pour la mefure barométrique
du Chimboraço, ou il eft néceffaire d'en tenir raifon;

Type du calcul
latitude géographique du Chimboraço ⹀ 1° 45'
hauteur fuppofée   ⹀ 3000 Toifes.

Avec ces Arguments on trouve

Tab. VII. Correction pour la latitude   ⹀ ✛ 8,5 Toifes
Tab. VIII. Correction pour la diminution
de la pefanteur dans le fens de la ver-
ticale   ⹀ ✛ 10,7   -

Somme des corrections pour la pefanteur ✛ 19,2 Toifes;

réfultât parfaitement conforme à celui donné directement par la formule.

L'ufage des tables XII. et XIII. ne préfente guères des difficultés. Pour trouver avec les deux arguments *"élévation relative et angle apparent de hauteur"* la diftance horifontale de deux lieux, on exécutera les opérations fuivantes;

1. Avec les Arguments nommés on cherche (ayant égard aux fecondes différences) dans la table XII. la diftance horifontale approchée.

2. Avec les Arguments *"diftance approchée et angle de hauteur"* la table XIII. donne un facteur, pour la correction de la réfraction terreftre.

3. Avec l'argument *"élévation moyenne des deux lieux au deffus du niveau de la mer"* on prend dans la table pag. LI. la réfraction terreftre, correfpondante à cette hauteur moyenne.

4. La différence de 0,077 (réfraction terreftre fuppofée dans la table XII.) et de la réfraction terreftre trouvée par Nro. 3, multipliée par le facteur de correction (N. 2.) donnera la correction cherchée de la diftance horifontale approchée.

Le figne de cette correction fe détermine généralement de cette manière, qu'elle eft négative toutes les fois que la réfraction correfpondante a l'élévation moyenne eft moindre que 0,077. Le contraire ne pourra arriver que pour les cas, qu'on aura déterminé directement la réfraction terreftre, moyennant les diftances au Zenith obfervées aux deux ftations.

L'application de cette méthode à une obfervation faite par PICTET au Mont Buet (Voyages de SAUSSURE Tom. I. p. 491.) pourra guider ceux qui moins exercés dans les calculs, fe trouveraient dans le cas de mettre en pratique cette manière de déterminer des diftances horifontales.

PICTET obferva au Buet l'angle de hauteur du Montblanc $= 4° 21' 30''$ et par un réfultat moyen des opérations baro-

trigonométriques de Schuckburgh et Pictet, on trouve l'élévation du Montblanc au deſſus du Buet $=$ 850 Toiſes;
Avec ces deux Arguments on trouve par la table XII.
diſtance horiſontale approchée du Buet au
    Montblanc $=$ 10946. Toiſes

Élévation moyenne du Buet et du Mont-
    blanc au deſſus du niveau de la mer
    $=$ 2000 Toiſes.
Température obſervée au Buet $=+$ 10° Ré-
    aumur.
Avec ces arguments on a par la table XIII.
        facteur de Correction $=$ 468
et par la table pag. LI.
réfraction terreſtre correſpondante à l'éléva-
    tion moyenne de 2000 Toiſes $= 0{,}0353$;
partant $\Delta R = 0{,}077 - 0{,}0353 = 0{,}0517$.
cette valeur de ΔR multipliée par le facteur
    de correction (468) donne pour la cor-
    rection cherchée $= - 19{,}5$

        diſtance vraie du Buet au Montblanc $=$ 10926,5 Toiſes

        par les meſures trigonométriques de
        Schuckburgh on a cette diſtance   10907

                                erreur   19,5 Toiſes

différence, qui pour cette méthode doit être regardée parfaitement comme zero. En employant la ſeule détermination de
Schuckburgh pour l'élévation du Montblanc au deſſus du
Buet $=$ 862 Toiſes, l'erreur de la diſtance horiſontale déterminée par cette méthode ſeroit de 170 Toiſes. La méthode devient d'autant plus ſure, que l'élévation rélative et l'angle de
hauteur ſont conſidérables, et je ne conſeillerais pas de l'employer pour des angles de hauteur au deſſous de 30′; attendu
que pour ces cas une petite erreur dans l'angle obſervé, pro-
duirait une très grande dans la diſtance horiſontale. En général on ne doit pas oublier, que cette méthode ne peut donner

que des valeurs approchées, et que les diftances obtenues de cette manière peuvent être fautives d'une centaine de toifes.

Pour rendre l'ufage de ces tables pour la détermination des diftances horifontales auffi fur que commode, il auroit fallu la calculer au moins de 5 a 5 toifes de la différence de niveau et de 2 a 2' pour l'angle de hauteur. Cette extenlion auroit demandé plus de cent pages, et augmenté trop confidérablement le volume de ces tables, pour pouvoir la faire entrer dans ce recueil. Si cette méthode reuffiroit à mériter les fuffrages des voyageurs géographes et des officiers du Génie, je me prêterois volontiers à lui donner encore plus d'etendue et de perfection.

La table XI. contenant les logarithmes des facteurs pour réduire les réfultats de ces tables à ceux des formules de LA PLACE, TREMBLEY, SCHUCKBURGH, ROY, et DELUC, n'a pas befoin d'explication. Les logarithmes de ces facteurs ajoutés au logarithme du réfultat de ces tables, donnera les hauteurs telles qu'ils s'enfuivent des formules développées par les auteurs précités. Suppofant l'ufage des logarithmes familier à ceux, qui pourront s'intéreffer à ces transformations, il m'a paru plus commode pour les calculateurs de donner les logarithmes de ces facteurs que les nombres mêmes.

TABLES

BAROMÉTRIQUES.

TABLE I.

Therm. Reaumur.	Hauteur du Baromètre.				
	29ᵖ 0ˡ	28ᵖ 11ˡ	28ᵖ 10ˡ	28ᵖ 9ˡ	28ᵖ 8ˡ
—15°	1, 4648985	1, 4636487	1, 4623953	1, 4611384	1, 4598778
14,5	1, 4648486	1, 4635988	1, 4623454	1, 4610885	1, 4598279
14	1, 4647987	1, 4635489	1, 4622955	1, 4610386	1, 4597780
13,5	1, 4647487	1, 4634990	1, 4622456	1, 4609887	1, 4597281
13	1, 4646988	1, 4634491	1, 4621957	1, 4609388	1, 4596782
12,5	1, 4646489	1, 4633992	1, 4621458	1, 4608889	1, 4596283
12	1, 4645990	1, 4633493	1, 4628959	1, 4608390	1, 4595784
11,5	1, 4645491	1, 4632994	1, 4620460	1, 4607891	1, 4595285
11	1, 4644991	1, 4632495	1, 4619961	1, 4627392	1, 4594786
10,5	1, 4644492	1, 4631996	1, 4619462	1, 4606893	1, 4594287
10	1, 4643993	1, 4631497	1, 4618963	1, 4606394	1, 4593788
9,5	1, 4643494	1, 4630998	1, 4618464	1, 4605895	1, 4593289
9	1, 4642995	1, 4630499	1, 4617965	1, 4605396	1, 4592790
8,5	1, 4642495	1, 4630000	1, 4617466	1, 4604897	1, 4592291
8	1, 4641996	1, 4629501	1, 4616967	1, 4604397	1, 4591792
7,5	1, 4641497	1, 4629002	1, 4616468	1, 4603897	1, 4591293
7	1, 4640997	1, 4628502	1, 4615968	1, 4603397	1, 4590793
6,5	1, 4640497	1, 4628002	1, 4615468	1, 4602897	1, 4590293
6	1, 4639997	1, 4627502	1, 4614968	1, 4602397	1, 4589793
5,5	1, 4639497	1, 4627002	1, 4614468	1, 4601897	1, 4589293
5	1, 4638997	1, 4626502	1, 4613968	1, 4601397	1, 4588793
4,5	1, 4638498	1, 4626002	1, 4613468	1, 4600897	1, 4588293
4	1, 4637998	1, 4625502	1, 4672968	1, 4600397	1, 4587793
3,5	1, 4637498	1, 4625002	1, 4612468	1, 4599897	1, 4587293
3	1, 4636998	1, 4624502	1, 4611968	1, 4599397	1, 4586793
2,5	1, 4636498	1, 4624002	1, 4611468	1, 4598897	1, 4586293
2	1, 4635998	1, 4623502	1, 4610968	1, 4598397	1, 4585793
1,5	1, 4635498	1, 4623002	1, 4610468	1, 4597897	1, 4585293
1	1, 4634998	1, 4622502	1, 4609968	1, 4597397	1, 4504793
0,5	1, 4634498	1, 4622002	1, 4609468	1, 4596897	1, 4584293
0	1, 4633999	1, 4621502	1, 4608968	1, 4596397	1, 4583792
Diff.	0, 0012498	0, 0012534	0, 0012570	0, 0012606	0, 0012645

TABLE I.

Therm. Reaumur.	Hauteur du Baromètre.				
	29ᵖ 0ˡ	28ᵖ 11ˡ	28ᵖ 10ˡ	28ᵖ 9ˡ	28ᵖ 8ˡ
0°	1, 4633999	1, 4621502	1, 4608968	1, 4596397	1, 4583793
+ 0,5	1, 4633498	1, 4621001	1, 4608467	1, 4595896	1, 4583292
1	1, 4632997	1, 4620501	1, 4607966	1, 4595396	1, 4582791
1,5	1, 4632497	1, 4620000	1, 4707465	1, 4594895	1, 4582290
2	1, 4631996	1, 4619499	1, 4606964	1, 4594394	1, 4581789
2,5	1, 4631495	1, 4618998	1, 4606463	1, 4593893	1, 4581288
3	1, 4630994	1, 4618498	1, 4605963	1, 4593393	1, 4580788
3,5	1, 4630493	1, 4617997	1, 4605462	1, 4592892	1, 4580287
4	1, 4629992	1, 4617496	1, 4604961	1, 4592391	1, 4579786
4,5	1, 4629492	1, 4616996	1, 4604460	1, 4591891	1, 4579285
5	1, 4628991	1, 4616495	1, 4603959	1, 4591390	1, 4578784
5,5	1, 4628490	1, 4615994	1, 4603458	1, 4590889	1, 4578283
6	1, 4627989	1, 4615494	1, 4602957	1, 4590389	1, 4577782
6,5	1, 4627489	1, 4614993	1, 4502456	1, 4589888	1, 4577281
7,	1, 4626988	1, 4614492	1, 4601955	1, 4589387	1, 4576780
7,5	1, 4526487	1, 4613992	1, 4601455	1, 4588801	1, 4576279
8	1, 4625985	1, 4613490	1, 4600953	1, 4598384	1, 4575777
8,5	1, 4625484	1, 4612988	1, 4600451	1, 4587883	1, 4575276
9	1, 4624982	1, 4612487	1, 4599949	1, 4587381	1, 4574774
9,5	1, 4624480	1, 4611985	1, 4599447	1, 4586879	1, 4574272
10	1, 4623978	1, 4611483	1, 4598945	1, 4586377	1, 4573770
10,5	1, 4623477	1, 4610981	1, 4598443	1, 4585876	1, 4573269
11,	1, 4622975	1, 4610479	1, 4597941	1, 4585374	1, 4572767
11,5	1, 4622473	1, 4609978	1, 4597439	1, 4584872	1, 4572265
12	1, 4621972	1, 4609476	1, 4596937	1, 4584371	1, 4571764
12,5	1, 4621470	1, 4608974	1, 4596435	1, 4583869	1, 4571252
13	1, 4620968	1, 4608472	1, 4595933	1, 4583367	1, 4570760
13,5	1, 4620467	1, 4607970	1, 4595431	1, 4582866	1, 4570259
14	1, 4619965	1, 4607469	1, 4594929	1, 4582364	1, 4569757
14,5	1, 4619463	1, 4606967	1, 4594427	1, 4581862	1, 4569255
+15	1, 4618961	1, 4606465	1, 4593925	1, 4581360	1, 4568754
Diff.	0, 0012496	0, 0012537	0, 0012568	0, 0012605	0, 0012646

TABLE I.

Therm. Reaumur.	Hauteur du Baromètre.				
	29^p 0^l	28^p 11^l	28^p 10^l	28^p 9^l	28^p 8^l
+15°	1,4618961	1,4606466	1,4593925	1,4581360	1,4568754
15,5	1,4618458	1,4605963	1,4593423	1,4580857	1,4568251
16	1,4617956	1,4605461	1,4592920	1,4580355	1,4567749
16,5	1,4617453	1,4604958	1,4592418	1,4879852	1,4567246
17	1,4616951	1,4604455	1,4591916	1,4579350	1,4566744
17,5	1,4616448	1,4603952	1,4591413	1,4578847	1,4566241
18	1,4615945	1,4603450	1,4590911	1,4578344	1,4565739
18,5	1,4615443	1,4602947	1,4590409	1,4577842	1,4565236
19	1,4614940	1,4602444	1,4589907	1,4577339	1,4564734
19,5	1,4614438	1,4601942	1,4589404	1,4576837	1,4564231
20	1,4613935	1,4601439	1,4588902	1,4576334	1,4563729
20,5	1,4613432	1,4600936	1,4588400	1,4575831	1,4563226
21	1,4612938	1,4600434	1,4587897	1,4575329	1,4562724
21,5	1,4612427	1,4599931	1,4587395	1,4574826	1,4562221
22	1,4611925	1,4599428	1,4586893	1,4574324	1,4561719
22,5	1,4611422	1,4598926	1,4586391	1,4573821	1,4561216
23	1,4610919	1,4598423	1,4585888	1,4573318	1,4560713
23,5	1,4610415	1,4597919	1,4585384	1,4572814	1,4560209
24	1,4609912	1,4597416	1,4584881	1,4572311	1,4559706
24,5	1,4609409	1,4596913	1,4584377	1,4571807	1,4559202
25	1,4608905	1,4596409	1,4583874	1,4571304	1,4558699
25,5	1,4608402	1,4595906	1,4583371	1,4570800	1,4558195
26	1,4607899	1,4595403	1,4582867	1,4570297	1,4557692
26,5	1,4607396	1,4594900	1,4582364	1,4569793	1,4557188
27	1,4606892	1,4594396	1,4581860	1,4569290	1,4556685
27,5	1,4606389	1,4593893	1,4581357	1,4568786	1,4556181
28	1,4605886	1,4593390	1,4580854	1,4568283	1,4555678
28,5	1,4605382	1,4592886	1,4580350	1,4567779	1,4555174
29	1,4604879	1,4592383	1,4579847	1,4567276	1,4554671
29,5	1,4604376	1,4591880	1,4579343	1,4566772	1,4554167
+30	1,4603872	1,4591376	1,4578840	1,4566269	1,4553664
Diff.	0,0012495	0,0012538	0,0012568	0,0012605	0,0012644

TABLE I.

Therm. Reaumur	Hauteur du Baromètre.				
	28p 7l	28p 6l	28p 5l	28p 4l	28p 3l
—15	1,4586134	1,4573453	1,4560734	1,4547981	1,4535188
14,5	1,4585635	1,4572954	1,4560235	1,4547482	1,4534689
14	1,4585136	1,4572455	1,4559736	1,4546983	1,4534190
13,5	1,4584637	1,4571956	1,4559237	1,4546484	1,4533691
13	1,4584138	1,4571457	1,4558738	1,4545985	1,4533192
12,5	1,4583638	1,4570958	1,4558239	1,4545485	1,4532692
12	1,4583139	1,4570459	1,4557741	1,4544984	1,4532193
11,5	1,4582640	1,4569960	1,4557242	1,4544485	1,4531694
11	1,4582141	1,4569461	1,4556743	1,4543986	1,4531195
10,5	1,4581642	1,4568962	1,4556244	1,4543487	1,4530696
10	1,4581143	1,4568463	1,4555745	1,4542988	1,4530197
9,5	1,4580644	1,4567964	1,4555246	1,4542490	1,4529698
9	1,4580145	1,4567465	1,4554747	1,4541991	1,4529199
8,5	1,4579646	1,4566966	1,4554248	1,4541492	1,4528700
8	1,4579147	1,4566467	1,4553749	1,4540993	1,4528201
7,5	1,4578647	1,4565968	1,4553251	1,4540494	1,4527702
7	1,4568147	1,4565468	1,4552751	1,4539994	1,4527202
6,5	1,4577647	1,4564968	1,4552251	1,4539494	1,4526702
6	1,4577147	1,4564468	1,4551751	1,4538994	1,4526202
5,5	1,4576647	1,4565968	1,4551251	1,4538494	1,4525702
5	1,4576146	1,4563468	1,4550751	1,4537994	1,4425202
4,5	1,4575646	1,4562969	1,4550251	1,4537494	1,4524703
4	1,4575146	1,4562469	1,4549751	1,4536994	1,4524203
3,5	1,4574646	1,4561969	1,4549251	1,4536494	1,4523703
3	1,4574146	1,4561469	1,4548751	1,4535994	1,4523203
2,5	1,4573646	1,4560969	1,4548251	1,4535494	1,4522703
2	1,4573146	1,4560469	1,4547751	1,4534994	1,4522203
1,5	1,4572646	1,4559969	1,4547251	1,4534494	1,4521703
1	1,4572146	1,4559469	1,4546751	1,4533994	1,4521203
0,5	1,4571646	1,4558969	1,4546251	1,4533494	1,4520703
0	1,4571145	1,4558469	1,4545751	1,4532995	1,4520204
Diff.	0,0012678	0,0012718	0,0012754	0,0012792	0,0012829

TABLE I.

Therm. Reaumur.		Hauteur du Baromètre.				
		28^p 7^l	28^p 6^l	28^p 5^l	28^p 4	28^p 3^l
	0°	1,4571145	1,4558469	1,4545751	1,4532995	1,4520204
+	0,5	1,4570644	1,4557968	1,4545250	1,4532494	1,4519703
	1	1,4570144	1,4557467	1,4544749	1,4531993	1,4519202
	1,5	1,4569643	1,4556967	1,4544249	1,4531492	1,4518702
	2	1,4569142	1,4556466	1,4543748	1,4530991	1,4518201
	2,5	1,4568642	1,4555965	1,4543247	1,4530490	1,4517700
	3	1,4568141	1,4555464	1,4542746	1,4529990	1,4517199
	3,5	1,4567640	1,4554963	1,4542245	1,4529489	1,4516698
	4	1,4567139	1,4554463	1,4541745	1,4528988	1,4516198
	4,5	1,4566639	1,4553962	1,4541244	1,4528487	1,4515697
	5	1,4566138	1,4553461	1,4540743	1,4527986	1,4515196
	5,5	1,4565637	1,4552960	1,4540242	1,4527485	1,4514695
	6	1,4565137	1,4552459	1,4539741	1,4526984	1,4514194
	6,5	1,4564636	1,4551959	1,4539241	1,4526483	1,4513694
	7	1,4564135	1,4551458	1,4558740	1,4525982	1,4513193
	7,5	1,4563635	1,4550957	1,4538239	1,4525481	1,4512692
	8	1,4563133	1,4550455	1,4537737	1,4524979	1,4512190
	8,5	1,4562632	1,4549953	1,4537236	1,4524478	1,4511689
	9	1,4562130	1,4549452	1,5536734	1,4523976	1,4511187
	9,5	1,4561628	1,4548950	1,4536232	1,4523475	1,4510685
	10	1,4561127	1,4548448	1,4535730	1,4522973	1,4510183
	10,5	1,4560625	1,4547946	1,4535229	1,4522471	1,4509682
	11,	1,4560123	1,4547444	1,4534727	1,4521970	1,4509180
	11,5	1,4559621	1,4546943	1,4534225	1,4521468	1,4508678
	12	1,4559120	1,4546441	1,4533724	1,4520967	1,4508177
	12,5	1,4558618	1,4545939	1,4533222	1,4520465	1,4507675
	13	1,4558116	1,4545437	1,4532720	1,4519963	1,4507173
	13,5	1,4557615	1,4544935	1,4532219	1,4519462	1,4506672
	14	1,4557113	1,4544434	1,4531717	1,4518960	1,4506170
	14,5	1,4556611	1,4543932	1,4531215	1,4518459	1,4505668
	15	1,4556110	1,4543430	1,4530714	1,4517957	1,4505166
Diff.		0,0012678	0,0012717	0,0012756	0,0012791	0,0012829

TABLE I.

Therm. Reaumur.	Hauteur du Baromètre.				
	28ᴾ 7ˡ	28ᴾ 6ˡ	28ᴾ 5ˡ	28ᴾ 4ˡ	28ᴾ 3ˡ
+15°	1,4556110	1,4543430	1,4530714	1,4517957	1,4505166
15,5	1,4555607	1,4542927	1,4530211	1,4517454	1,4504663
16	1,4555105	1,4542425	1,4529709	1,4516952	1,4504161
16,5	1,4554602	1,4541922	1,4529206	1,4516449	1,4503658
17	1,4554100	1,4541420	1,4528703	1,4515946	1,4503156
17,5	1,4553597	1,4540917	1,4528201	1,4515444	1,4502653
18	1,4553094	1,4540415	1,4527698	1,4514941	1,4502151
18,5	1,4552592	1,4539912	1,4527195	1,4514438	1,4501648
19	1,4552089	1,4539409	1,4526692	1,4513935	1,4501146
19,5	1,4551587	1,4538907	1,4526190	1,4513433	1,4500643
20	1,4551084	1,4538405	1,4525687	1,4512930	1,4500141
20,5	1,4550581	1,4537902	1,4525184	1,4512427	1,4499638
21	1,4550079	1,4537400	1,4524682	1,4511925	1,4499136
21,5	1,4549576	1,4536897	1,4524179	1,4511422	1,4498633
22	1,4549074	1,4536395	1,4523676	1,4510919	1,4498131
22,5	1,4548571	1,4535898	1,4523170	1,4510417	1,4497628
23	1,4548068	1,4535389	1,4522671	1,4509914	1,4497125
23,5	1,4547564	1,4534885	1,4522167	1,4509410	1,4496621
24	1,4547061	1,4534382	1,4521664	1,4508907	1,4496118
24,5	1,4546557	1,4533878	1,4521161	1,4508404	1,4495614
25	1,4546054	1,4533375	1,4520657	1,4507900	1,4495111
25,5	1,4545550	1,4532871	1,4520154	1,4507397	1,4494608
26	1,4545047	1,4532368	1,4519651	1,4506894	1,4494104
26,5	1,4544543	1,4531864	1,4519148	1,4506391	1,4493601
27	1,4544040	1,4531361	1,4518644	1,4505887	1,4493097
27,5	1,4543536	1,4530857	1,4518141	1,4505384	1,4492594
28	1,4543033	1,4530354	1,4517638	1,4804881	1,4492091
28,5	1,4542529	1,4529850	1,4517134	1,4504377	1,4491587
29,	1,4542026	1,4529347	1,4516631	1,4503874	1,4491084
29,5	1,4541522	1,4528843	1,4516128	1,4503371	1,4490580
+30	1,4541019	1,4528340	1,4515624	1,4502868	1,4490077
Diff.	0,0012679	0,0012716	0,0012756	0,0012791	0,0012829

TABLE I.

Therm. Reaumur.	Hauteur du Baromètre.				
	28^p 2^l	28^p 1^l	28^p 0^l	27^p 11^l	27^p 10^l
—15°	1, 4522359	1, 4509481	1, 4496587	1, 4483642	1, 4470656
14,5	1, 4521860	1, 4508982	1, 4496088	1, 4483143	1, 4470157
14	1, 4521361	1, 4508483	1, 4495589	1, 4482644	1, 4469658
13,5	1, 4520862	1, 4507984	1, 4495090	1, 4482145	1, 4469159
13	1, 4520363	1, 4507485	1, 4494591	1, 4481646	1, 4468660
12,5	4, 4519864	1, 4506986	1, 4494092	1, 4481147	1, 4468161
12	1, 4519365	1, 4506487	1, 4493593	1, 4480648	1, 4467662
11,5	1, 4518866	1, 4505988	1, 4493094	1, 4480149	1, 4467163
11	1, 4518367	1, 4505489	1, 4492595	1, 4479650	1, 4466664
10,5	1, 4517868	1, 4504990	1, 4492096	1, 4479151	1, 4466165
10	1, 4517369	1, 4504491	1, 4491597	1, 4478652	1, 4465666
9,5	1, 4516870	1, 4503992	1, 4491098	1, 4478153	1, 4465167
9	1, 4516371	1, 4503493	1, 4490599	1, 4477654	1, 4464668
8,5	1, 4515872	1, 4502994	1, 4490100	1, 4477155	1, 4464169
8	1, 4515373	1, 4502495	1, 4489601	1, 4476656	1, 4463670
7,5	1, 4514874	1, 4501996	1, 4489102	1, 4476157	1, 4463171
7	1, 4514374	1, 4501494	1, 4488602	1, 4475657	1, 4462671
6,5	1, 4513874	1, 4500996	1, 4488102	1, 4475157	1, 4462171
6	1, 4513374	1, 4500496	1, 4487602	1, 4474657	1, 4461671
5,5	1, 4512874	1, 4499996	1, 4487102	1, 4474157	1, 4461171
5	1, 4512374	1, 4499496	1, 4486602	1, 4473657	1, 4460671
4,5	1, 4511874	1, 4498996	1, 4486102	1, 4473157	1, 4460171
4	1, 4511374	1, 4498496	1, 4485602	1, 4472657	1, 4459671
3,5	1, 4510874	1, 4497996	1, 4485102	1, 4472157	1, 4459171
3	1, 4510374	1, 4497496	1, 4484602	1, 4471657	1, 4458671
2,5	1, 4509874	1, 4496996	1, 4484102	1, 4471157	1, 4458171
2	1, 4509374	1, 4496496	1, 4483602	1, 4470657	1, 4457671
1,5	1, 4508874	1, 4495996	1, 4483102	1, 4470157	1, 4457171
1	1, 4508374	1, 4495496	1, 4482602	1, 4469657	1, 4456671
0,5	1, 4507874	1, 4494996	1, 4482102	1, 4469157	1, 4456171
0	1, 4507374	1, 4494496	1, 4481602	1, 4468657	1, 4455672
Diff.	0, 0012878	0, 0012894	0, 0012945	0, 0012985	0, 0013022

TABLE I.

Therm. Reaumur.	Hauteur du Baromètre.				
	28ᵖ 2ˡ	28ᵖ 1ˡ	28ᵖ 0ˡ	27ᵖ 11ˡ	27ᵖ 10ˡ
0	1, 4507374	1, 4494496	1, 4481600	1, 4468657	1, 4455670
＋ 0,5	1, 4506873	1, 4493995	1, 4481099	1, 4468156	1, 4455169
1	1, 4506372	1, 4493494	1, 4480598	1, 4467655	1, 4454668
1,5	1, 4505872	1, 4492994	1, 4480098	1, 4467155	1, 4454168
2	1, 4505371	1, 4492493	1, 4479597	1, 4466654	1, 4453667
2,5	1, 4504870	1, 4491992	1, 4479096	1, 4466153	1, 4453166
3	1, 4504369	1, 4491491	1, 4478595	1, 4465652	1, 4452665
3,5	1, 4503868	1, 4490990	1, 4478094	1, 4465151	1, 4452164
4	1, 4503368	1, 4490490	1, 4477594	1, 4464651	1, 4451664
4,5	1, 4502867	1, 4489989	1, 4477093	1, 4464150	1, 4451163
5	1, 4502366	1, 4489488	1, 4476592	1, 4463649	1, 4450662
5,5	1. 4501865	1, 4488987	1, 4476091	1, 4463148	1, 4450161
6	1, 4501364	1, 4488486	1, 4475590	1, 4462647	1, 4449660
6,5	1, 4500864	1, 4487986	1, 4475090	1, 4462147	1, 4449160
7	1, 4500363	1, 4487485	1, 4474589	1, 4461646	1, 4448659
7,5	1, 4499862	1, 4486984	1, 4474088	1, 4461145	1, 4448158
8	1, 4499360	1, 4486482	1, 4473586	1, 4460643	1, 4447656
8,5	1. 4498859	1, 4485981	1, 4473085	1, 4460142	1. 4447155
9	1, 4498357	1, 4485479	1, 4472583	1, 4459640	1, 4446653
9,5	1, 4497855	1, 4484977	1, 4472081	1, 4459138	1, 4446151
10	1, 4497354	1, 4484486	1, 4471580	1, 4458637	1, 4445650
10,5	1, 4496852	1, 4483974	1, 4471078	1, 4458135	1, 4445148
11	1, 4496350	1, 4483472	1, 4470576	1, 4457633	1, 4444646
11,5	1, 4495848	1, 4482970	1. 4470074	1, 4457131	1, 4444144
12	1, 4495347	1, 4482469	1, 4469573	1, 4456630	1, 4443643
12,5	1, 4494845	1, 4481967	1, 4469071	1, 4456128	1, 4443141
13	1, 4494343	1, 4481465	1, 4468569	1, 4455626	1, 4442639
13,5	1, 4493842	1, 4480964	1, 4468068	1, 4455125	1, 4442138
14	1, 4493340	1, 4480462	1, 4467566	1, 4454623	1, 4441636
14,5	1, 4492838	1, 4479960	1, 4467064	1, 4454121	1, 4441134
＋15	1, 4492337	1, 4479458	1, 4466563	1, 4453620	1, 4440633
Diff.	0, 0012878	0, 0012896	0, 0012943	0, 0012987	0, 0013021

TABLE I.

Therm. Reaumur.	Hauteur du Baromètre.				
	28^p 2^l	28^p 1^l	28^p 0^l	27^p 11^l	27^p 10^l
+15°	1,4492337	1,4479469	1,4466563	1,4453613	1,4440633
15,5	1,4491834	1,4478965	1,4466059	1,4453116	1,4440130
16	1,4491332	1,4478463	1,4465557	1,4452614	1,4439628
16,5	1,4490829	1,4477960	1,4465054	1,4452111	1,4439125
17	1,4490327	1,4477458	1,4464552	1,4451609	1,4438623
17,5	1,4489824	1,4476955	1,4464049	1,4451106	1,4438120
18	1,4489322	1,4476453	1,4463547	1,4450604	1,4437618
18,5	1,4488819	1,4475950	1,4463044	1,4450101	1,4437115
19	1,4488317	1,4475448	1,4462542	1,4449599	1,4436613
19,5	1,4487814	1,4474945	1,4462039	1,4449096	1,4436110
20	1,4487312	1,4474443	1,4461537	1,4448594	1,4435608
20,5	1,4486809	1,4473940	1,4461034	1,4448091	1,4435105
21	1,4486307	1,4473438	1,4460532	1,4447589	1,4434603
21,5	1,4485804	1,4472935	1,4460029	1,4447086	1,4434100
22	1,4485302	1,4472433	1,4459527	1,4446584	1,4433598
22,5	1,4484799	1,4471930	1,4459024	1,4446081	1,4433095
23	1,4484296	1,4471426	1,4458521	1,4445577	1,4432592
23,5	1,4483792	1,4470922	1,4458017	1,4445073	1,4432088
24	1,4483289	1,4470419	1,4457514	1,4444570	1,4431585
24,5	1,4482785	1,4469915	1,4457010	1,4444066	1,4431081
25	1,4482282	1,4469412	1,4456507	1,4443563	1,4430578
25,5	1,4481779	1,4468909	1,4456004	1,4443060	1,4430075
26	1,4481275	1,4468405	1,4455500	1,4442556	1,4429571
26,5	1,4480772	1,4467902	1,4454997	1,4442053	1,4429068
27	1,4480268	1,4467398	1,4454493	1,4441549	1,4428564
27,5	1,4479765	1,4466895	1,4453990	1,4441046	1,4428061
28	1,4479262	1,4466392	1,4453487	1,4440543	1,4427558
28,5	1,4478758	1,4465888	1,4452983	1,4440039	1,4427054
29	1,4478255	1,4465385	1,4452480	1,4439536	1,4426551
29,5	1,4477751	1,4464881	1,4451976	1,4439032	1,4426047
30	1,4477248	1,4464378	1,4451473	1,4438529	1,4425544
Diff.	0,0012869	0,0012905	0,0012947	0,0012985	0,0013022

TABLE I.

Therm. Reaumur.	Hauteur du Baromètre.				
	27ᵖ 9ˡ	28ᵖ 8ˡ	27ᵖ 7ˡ	27ᵖ 6ˡ	27ᵖ 5ˡ
—15°	1, 4457634	1, 4444573	1, 4431472	1, 4418331	1, 4405152
14,5	1, 4457135	1, 4444074	1, 4430973	1, 4417332	1, 4404653
14	1, 4456636	1, 4443575	1, 4430474	1, 4417333	1, 4404154
13,5	1, 4456137	1, 4443076	1, 4429975	1, 4416334	1, 4403655
13	1, 4455638	1, 4442577	1, 4429476	1, 4416335	1, 4403156
12,5	1, 4455139	1, 4442078	1, 4428977	1, 4415336	1, 4402657
12	1, 4454640	1, 4441579	1, 4428478	1, 4415337	1, 4402158
11,5	1, 4454141	1, 4441080	1, 4427979	1, 4414838	1, 4401659
11	1, 4453642	1, 4440581	1, 4427480	1, 4414339	1; 4401160
10,5	1, 4453143	1, 4440082	1, 4426981	1, 4413840	1, 4400661
10	1, 4452644	1, 4439583	1, 4426482	1, 4413341	1, 4400162
9,5	1, 4452145	1, 4439084	1, 4425983	1, 4412842	1, 4399663
9	1, 4451646	1, 4438585	1, 4425484	1, 4412343	1, 4399164
8,5	1, 4451147	1, 4438086	1, 4424985	1, 4411844	1, 4398665
8	1, 4450648	1, 4437587	1, 4424486	1, 4411345	1, 4398166
7,5	1, 4450149	1, 4437088	1, 4423986	1, 4410846	1, 4397667
7	1, 4449649	1, 4436588	1, 4423486	1, 4410346	1, 4397167
6,5	1, 4449149	1, 4436088	1, 4422986	1, 4409346	1, 4396667
6	1, 4448649	1, 4435588	1, 4422486	1, 4409346	1, 4396167
5,5	1, 4448149	1, 4435088	1, 4421986	1, 4408346	1, 4395667
5	1, 4447649	1, 4434588	1, 4421486	1, 4408346	1, 4395167
4,5	1, 4447149	1, 4434088	1, 4420986	1, 4407846	1, 4394667
4	1, 4446649	1, 4433588	1, 4420486	1, 4407346	1, 4394167
3,5	1, 4446149	1, 4433088	1, 4419986	1, 4406846	1, 4393667
3	1, 4445649	1, 4432588	1, 4419486	1, 4406346	1, 4393167
2,5	1, 4445149	1, 4432088	1, 4418986	1, 4405846	1, 4392667
2	1, 4444649	1, 4431588	1, 4418486	1, 4405346	1, 4392167
1,5	1, 4444149	1, 4431088	1, 4417986	1, 4404846	1, 4391667
1	1, 4443649	1, 4430588	1, 4417486	1, 4404346	1, 4391167
0,5	1, 4443149	1, 4430088	1, 4416986	1, 4403846	1, 4390667
0	1, 4442650	1, 4429588	1, 4416486	1, 4403347	1, 4390167
Diff.	0, 0013061	0, 0013101	0, 0013140	0, 0013179	0, 0013221

TABLE I.

	Hauteur du Baromètre.				
Therm. Reaumur.	$27^P\ 9^l$	$27^P\ 8^l$	$27^P\ 7^l$	$27^P\ 6$	$27^P\ 5^l$
0°	1, 4442649	1, 4429588	1, 4416486	1, 4403347	1, 4390167
0,5	1, 4442149	1, 4429088	1, 4415986	1, 4402847	1, 4389667
1	1, 4441649	1, 4428588	1, 4415486	1, 4402347	1, 4389167
1,5	1, 4441148	1, 4428087	1, 4414986	1, 4401846	1, 4388667
2	1, 4440647	1, 4427586	1, 4414485	1, 4401345	1, 4388166
2,5	1, 4440146	1, 4427085	1, 4413984	1, 4400844	1, 4387685
3	1, 4439645	1, 4426584	1, 4413483	1, 4400343	1, 4387164
3,5	1, 4439144	1, 4426083	1, 4412982	1, 4399842	1, 4386663
4	1, 4438643	1, 4425582	1, 4412481	1, 4399341	1, 4386162
4,5	1, 4438142	1, 4425081	1, 4411980	1, 4398840	1, 4385661
5	1, 4437641	1, 4424580	1, 4411479	1, 4398339	1, 4385160
5,5	1, 4437140	1, 4424079	1, 4410978	1, 4397838	1, 4384659
6	1, 4436639	1, 4423578	1, 4410477	1, 4397337	1, 4384158
6,5	1, 4436138	1, 4423077	1, 4409976	1, 4396836	1, 4383657
7	1, 4435637	1, 4422576	1, 4409475	1, 4396335	1, 4383156
7,5	1, 4435136	1, 4422075	1, 4408974	1, 4395834	1, 4382655
8	1, 4434635	1, 4421574	1, 4408473	1, 4395333	1, 4382154
8,5	1, 4434134	1, 4421073	1, 4407972	1, 4394832	1, 4381653
9	1, 4433633	1, 4420572	1, 4407471	1, 4394331	1, 4381152
9,5	1, 4433132	1, 4420071	1, 4406970	1, 4393830	1, 4380651
10	1, 4432630	1, 4419570	1, 4406469	1, 4393328	1, 4380149
10,5	1, 4432128	1, 4419069	1, 4405968	1, 4392826	1, 4379647
11,	1, 4431626	1, 4418567	1, 4405466	1, 4392324	1, 4379145
11,5	1, 4431124	1, 4418065	1, 4404964	1, 4391822	1, 4378643
12	1, 4430622	1, 4417563	1, 4404462	1, 4391320	1, 4378141
12,5	1, 4430120	1, 4417061	1, 4403960	1, 4390818	1, 4377639
13	1, 4429618	1, 4416559	1, 4403458	1, 4390316	1, 4377137
13,5	1, 4429116	1, 4416057	1, 4402956	1, 4389814	1, 4376635
14	1, 4428614	1, 4415555	1, 4402454	1, 4389312	1, 4376133
14,5	1, 4428112	1, 4415053	1, 4401952	1, 4388810	1, 4375631
15	1, 4427610	1, 4414551	1, 4401450	1, 4388308	1, 4375129
Diff.	0, 0013060	0, 0013101	0, 0013140	0, 0013179	0, 0013223

TABLE I.

Therm. Reaumur.	Hauteur du Baromètre.				
	27ᵖ 9ˡ	27ᵖ 8ˡ	27ᵖ 7ˡ	27ᵖ 6ˡ	27ᵖ 5ˡ
+15°	1, 4427611	1, 4414551	1, 4401447	1, 4388308	1, 4375129
15,5	1, 4427109	1, 4414047	1, 4400945	1, 4387806	1, 4374627
16	1, 4426606	1, 4413544	1, 4400442	1, 4387303	1, 4374124
16,5	1, 4426104	1, 4413042	1, 4399940	1, 4386801	1, 4373622
17	1, 4425601	1, 4412539	1, 4399437	1, 4386298	1, 4373119
17,5	1, 4425099	1, 4412037	1, 4398935	1, 4385796	1, 4372617
18	1, 4424596	1, 4411534	1, 4398432	1, 4385293	1, 4372114
18,5	1, 4424094	1, 4411032	1, 4397930	1, 4384791	1, 4371612
19	1, 4423591	1, 4410529	1, 4397427	1, 4384288	1, 4371109
19,5	1, 4423089	1, 4410027	1, 4396925	1, 4385786	1, 4370607
20	1, 4422586	1, 4409524	1, 4396422	1, 4385283	1, 4370104
20,5	1, 4422084	1, 4409022	1, 4395920	1, 4382781	1, 4369602
21	1, 4421581	1, 4408519	1, 4395417	1, 4382278	1, 4369099
21,5	1, 4421079	1, 4408017	1, 4394915	1, 4381776	1, 4368597
22	1, 4420576	1, 4407514	1, 4394412	1, 4381273	1, 4368094
22,5	1, 4420074	1, 4407012	1, 4393910	1, 4380771	1, 4367592
23	1, 4419570	1, 4406510	1, 4393407	1, 4380268	1, 4367089
23,5	1, 4419066	1, 4406006	1, 4392903	1. 4379764	1, 4366585
24	1, 4418563	1, 4405503	1, 4392400	1, 4379261	1, 4366082
24,5	1, 4418059	1, 4404999	1, 4391896	1, 4378757	1, 4365578
25	1, 4417556	1, 4404496	1, 4391393	1, 4378254	1, 4365075
25,5	1, 4417052	1, 4403992	1, 4390889	1, 4377750	1, 4364571
26	1, 4416549	1, 4403489	1, 4390386	1, 4377247	1, 4364068
26,5	1, 4416045	1, 4402985	1, 4389882	1. 4376743	1, 4363564
27	1, 4415541	1, 4402482	1, 4389379	1, 4376240	1, 4363061
27,5	1, 4415037	1, 4401978	1, 4388875	1, 4375736	1, 4362557
28	1, 4414534	1, 4401475	1, 4388372	1, 4375233	1, 4362054
28,5	1, 4414030	1, 4400971	1, 4387868	1, 4374729	1, 4361550
29,	1, 4413527	1, 4400468	1, 4387365	1, 4374226	1, 4361047
29,5	1, 4413024	1, 4399964	1, 4386861	1, 4373722	1, 4360543
+30	1, 4412521	1, 4399461	1, 4386358	1, 4373219	1, 4360040
Diff.	0, 0013060	0, 0013104	0, 0013139	0, 0013179	0, 0013222

TABLE I.

Therm. Reaumur.	Hauteur du Baromètre.				
	27^p 4^l	27^p 3^l	27^p 2^l	27^p 1^l	27^p 0^l
—15°	1,4391931	1,4378669	1,4365368	1,4352025	1,4338641
14,5	1,4391432	1,4378170	1,4364870	1,4351526	1,4338142
14	1,4390933	1,4377671	1,4364371	1,4351027	1,4337643
13,5	1,4390434	1,4377172	1,4363872	1,4350528	1,4337144
13	1,4389935	1,4376673	1,4363373	1,4350029	1,4336645
12,5	1,4389436	1,4376174	1,4362874	1,4349530	1,4336146
12	1,4388937	1,4375675	1,4362375	1,4349031	1,4335647
11,5	1,4388438	1,4375176	1,4361876	1,4348532	1,4335148
11	1,4387939	1,4374677	1,4361377	1,4348033	1,4334649
10,5	1,4387440	1,4374178	1,4360878	1,4347534	1,4334150
10	1,4386941	1,4373679	1,4360379	1,4347035	1,4333651
9,5	1,4386442	1,4373180	1,4359880	1,4346536	1,4333152
9	1,4385943	1,4372681	1,4359381	1,4346037	1,4332653
8,5	1,4385444	1,4372182	1,4358882	1,4345538	1,4332154
8	1,4384945	1,4371683	1,4358383	1,4345039	1,4331655
7,5	1,4384446	1,4371184	1,4357884	1,4344540	1,4331156
7	1,4383946	1,4370684	1,4357384	1,4344040	1,4330656
6,5	1,4383446	1,4370184	1,4356884	1,4343540	1,4330156
6	1,4382946	1,4369684	1,4356384	1,4343040	1,4329656
5,5	1,4382446	1,4369184	1,4355884	1,4342540	1,4329156
5	1,4381946	1,4368684	1,4355384	1,4342040	1,4328656
4,5	1,4381446	1,4368184	1,4354884	1,4341540	1,4328156
4	1,4380946	1,4367684	1,4354384	1,4341040	1,4327656
3,5	1,4380446	1,4367184	1,4353884	1,4340540	1,4327156
3	1,4379946	1,4366684	1,4353384	1,4340040	1,4326656
2,5	1,4379446	1,4366184	1,4352884	1,4339540	1,4326156
2	1,4378946	1,4365684	1,4352384	1,4339040	1,4325656
1,5	1,4378446	1,4365184	1,4351884	1,4338540	1,4325156
1	1,4377946	1,4364684	1,4351384	1,4338040	1,4324656
0,5	1,4377446	1,4364184	1,4350884	1,4337540	1,4324156
0	1,4376946	1,4363684	1,4350384	1,4337040	1,4323656
Diff.	0,0013262	0,0013300	0,0013344	0,0013384	0,0013421

TABLE I.

Therm. Reaumur.	Hauteur du Baromètre.				
	27ᵖ 4ˡ	27ᵖ 3ˡ	27ᵖ 2ˡ	27ᵖ 1ˡ	27ᵖ 0ˡ
0	1, 4376946	1, 4363684	1, 4350384	1, 4337040	1, 4323656
+ 0,5	1, 4376443	1, 4363183	1, 4349883	1, 4336539	1, 4323155
1	1, 4375942	1, 4362682	1, 4349382	1, 4336038	1, 4322654
1,5	1, 4375442	1, 4362182	1, 4348882	1, 4335538	1, 4322154
2	1, 4374941	1, 4361681	1, 4348381	1, 4335037	1, 4321653
2,5	1, 4374440	1, 4361180	1, 4347880	1, 4334536	1, 4321152
3	1, 4373939	1, 4360679	1, 4347379	1, 4334035	1, 4320651
3,5	1, 4373438	1, 4360178	1, 4346878	1, 4333534	1, 4320150
4	1, 4372938	1, 4359678	1, 4346378	1, 4333034	1, 4319650
4,5	1, 4372437	1, 4359177	1, 4345877	1, 4332533	1, 4319149
5	1, 4371936	1, 4358676	1, 4345376	1, 4332032	1, 4318648
5,5	1, 4371435	1, 4358175	1, 4344875	1, 4331531	1, 4318147
6	1, 4370934	1, 4357674	1, 4344374	1, 4331030	1, 4317646
6,5	1, 4370434	1, 4357174	1, 4343814	1, 4330530	1, 4317146
7	1, 4369933	1, 4356673	1, 4343373	1, 4330029	1, 4316645
7,5	1, 4369432	1, 4356172	1, 4342872	1, 4329528	1, 4316144
8	1, 4368930	1, 4355670	1, 4342370	1, 4329026	1, 4315642
8,5	1, 4368429	1, 4355169	1, 4341869	1, 4328525	1, 4315141
9	1, 4367927	1, 4354667	1, 4341367	1, 4328023	1, 4314639
9,5	1, 4367425	1, 4354165	1, 4340865	1, 4327521	1, 4314137
10	1, 4366923	1, 4353663	1, 4340363	1, 4327019	1, 4313635
10,5	1, 4366421	1, 4353162	1, 4339862	1, 4326518	1, 4313134
11	1, 4365920	1, 4352660	1, 4339360	1, 4326016	1, 4312632
11,5	1, 4365418	1, 4352158	1, 4338858	1, 4325514	1, 4312130
12	1, 4364917	1, 4351657	1, 4338357	1, 4325013	1, 4311629
12,5	1, 4364415	1, 4351155	1, 4337855	1, 4324511	1, 4311127
13	1, 4363913	1, 4350653	1, 4337353	1, 4324009	1, 4310625
13,5	1, 4363412	1, 4350152	1, 4336852	1, 4323508	1, 4310124
14	1, 4362910	1, 4349650	1, 4336350	1, 4323006	1, 4309622
14,5	1, 4362408	1, 4349148	1, 4335848	1, 4322504	1, 4309120
+ 15	1, 4361906	1, 4348647	1, 4335346	1, 4322002	1, 4308618
Diff.	0, 0013260	0, 0013300	0, 0013344	0, 0013384	0, 0013420

TABLE I.

Therm. Reaumur.	Hauteur du Baromètre.				
	27^p 4^l	27^p 3^l	27^p 2^l	27^p 1^l	27^p 0^l
+15°	1,4361906	1,4348647	1,4335346	1,4322002	1,4308616
15,5	1,4361404	1,4348144	1,4334842	1,4321500	1,4308115
16	1,4360902	1,4347641	1,4334339	1,4320997	1,4307613
16,5	1,4360400	1,4347139	1,4333837	1,4320495	1,4307111
17	1,4359897	1,4346636	1,4333334	1,4319992	1,4306608
17,5	1,4359395	1,4346134	1,4332832	1,4319490	1,4306106
18	1,4358892	1,4345631	1,4332329	1,4318987	1,4305603
18,5	1,4358390	1,4345129	1,4331827	1,4318485	1,4305101
19	1,4357887	1,4344626	1,4331324	1,4317982	1,4304598
19,5	1,4357385	1,4344124	1,4330822	1,4317480	1,4304096
20	1,4356882	1,4343621	1,4330319	1,4316977	1,4303593
20,5	1,4356380	1,4343119	1,4329817	1,4316475	1,4303091
21	1,4355877	1,4342616	1,4329314	1,4315972	1,4302588
21,5	1,4355375	1,4342114	1,4328812	1,4315470	1,4302086
22	1,4354872	1,4341611	1,4328310	1,4314968	1,4301584
22,5	1,4354370	1,4341109	1,4327807	1,4314464	1,4301081
23	1,4353867	1,4340605	1,4327304	1,4313961	1,4300579
23,5	1,4353363	1,4340101	1,4326800	1,4313457	1,4300075
24	1,4352860	1,4339598	1,4326297	1,4312954	1,4299572
24,5	1,4352356	1,4339094	1,4325793	1,4312450	1,4299068
25	1,4351853	1,4338591	1,4325290	1,4311946	1,4298565
25,5	1,4351349	1,4338087	1,4324786	1,4311443	1,4298061
26	1,4350846	1,4337584	1,4324283	1,4310940	1,4297558
26,5	1,4350342	1,4337080	1,4323780	1,4310436	1,4297054
27	1,4349839	1,4336577	1,4323276	1,4309933	1,4296551
27,5	1,4349335	1,4336073	1,4322773	1,4309430	1,4296047
28	1,4348832	1,4335570	1,4322270	1,4308926	1,4295544
28,5	1,4348328	1,4335066	1,4321766	1,4308423	1,4295040
29	1,4347825	1,4334563	1,4321263	1,4307920	1,4294537
29,5	1,4347321	1,4334060	1,4320760	1,4307416	1,4294033
30	1,4346818	1,4333556	1,4320255	1,4306912	1,4293530
Diff:	0,0013260	0,0013301	0,0013343	0,0013384	0,0013421

TABLE I.

Therm. Réaumur.	Hauteur du Baromètre.				
	26ᵖ 11ˡ	26ᵖ 10ˡ	26ᵖ 9ˡ	26ᵖ 8ˡ	26ᵖ 7ˡ
—15°	1,4325219	1,4311750	1,4298243	1,4284693	1,4271099
14,5	1,4324720	1,4311251	1,4297744	1,4284193	1,4270600
14	1,4324221	1,4310752	1,4297245	1,4283694	1,4270101
13,5	1,4323722	1,4310253	1,4296746	1,4283195	1,4269602
13	1,4323223	1,4309754	1,4296247	1,4282696	1,4269103
12,5	1,4322724	1,4309254	1.4295748	1,4282197	1,4268604
12	1,4322225	1,4308754	1,4295249	1,4281698	1,4268105
11,5	1,4321726	1,4308255	1,4294750	1,4281199	1,4267606
11,	1,4321227	1,4307756	1,4294251	1,4280700	1,4267107
10,5	1,4320728	1,4307257	1,4293752	1,4280201	1,4266608
10	1,4320229	1,4306758	1,4293253	1,4279702	1,4266109
9,5	1,4319730	1,4306259	1,4292754	1.4279203	1,4265610
9	1,4319231	1,4305760	1,4292255	1,4278703	1,4265111
8,5	1,4318732	1,4305261	1,4291756	1,4278204	1,4264612
8	1,4318233	1,4304762	1,4291256	1,4277705	1,4264113
7,5	1,4317733	1,4304263	1,4290756	1,4277206	1,4263613
7,	1,4317233	1,4303764	1,4290256	1,4276706	1,4263113
6,5	1,4316733	1,4303264	1,4289756	1,4276206	1,4262613
6	1,4316233	1,4302764	1,4289256	1,4275706	1,4262113
5,5	1,4315733	1,4302264	1,4288756	1,4275206	1,4261613
5	1,4315233	1,4301764	1,4288256	1,4274706	1,4261113
4,5	1,4314734	1,4301264	1,4287756	1,4274207	1,4260613
4	1,4314234	1,4300765	1,4287256	1,4273707	1,4260113
3,5	1,4313734	1,4300265	1,4286756	1,4273207	1,4259613
3	1,4313234	1,4299765	1,4286256	1,4272707	1,4259113
2,5	1,4312734	1,4299265	1,4285756	1,4272207	1,4258613
2	1,4312234	1,4298765	1,4285256	1,4271707	1,4258113
1,5	1,4311734	1,4298265	1,4284756	1,4271207	1,4257613
1	1,4311234	1,4297765	1,4284256	1,4270707	1,4257113
0,5	1,4310734	1,4297265	1,4283756	1,4270207	1,4256613
0	1,4310234	1,4296765	1.4283256	1,4269707	1,4256113
Diff.	0,0013469	0,0013508	0,0013549	0,0013594	0,0013635

TABLE I.

Therm. Reaumur.	Hauteur du Baromètre.				
	$26^p\ 11^l$	$26^p\ 10^l$	$26^p\ 9^l$	$26^p\ 8^l$	$26^p\ 7^l$
0°	1,4310236	1,4296766	1,4283256	1,4269707	1,4256113
+ 0,5	1,4309735	1,4296265	1,4282755	1,4269207	1,4255613
1	1,4309234	1,4295764	1,4282254	1,4268706	1,4255112
1,5	1,4308733	1,4295263	1,4281753	1,4268205	1,4254611
2	1,4308232	1,4294762	1,4281252	1,4267704	1,4254110
2,5	1,4307731	1,4294261	1,4280751	1,4267203	1,4253609
3	1,4307230	1,4293761	1,4280251	1,4266703	1,4253109
3,5	1,4306730	1,4293260	1,4279750	1,4266202	1,4252608
4	1,4306229	1,4292759	1,4279249	1,4265701	1,4252107
4,5	1,4305728	1,4292258	1,4278748	1,4265200	1,4251606
5	1,4305227	1,4291757	1,4278247	1,4264699	1,4251105
5,5	1,4304726	1,4291256	1,4277746	1,4264198	1,4250604
6	1,4304225	1,4290755	1,4277245	1,4263697	1,4250103
6,5	1,4303724	1,4290254	1,4276744	1,4263196	1,4249602
7	1,4303223	1,4289753	1,4276243	1,4262695	1,4249101
7,5	1,4302721	1,4289252	1,4275743	1,4262195	1,4248600
8	1,4302220	1,4288750	1,4275243	1,4261692	1,4248098
8,5	1,4301719	1,4288249	1,4274742	1,4261191	1,4247597
9	1,4301217	1,4287747	1,4274240	1,4260689	1,4247095
9,5	1,4300715	1,4287245	1,4273738	1,4260187	1,4246593
10	1,4300214	1,4286744	1,4273237	1,4259686	1,4246092
10,5	1,4299712	1,4286242	1,4272735	1,4259184	1,4245590
11	1,4299210	1,4285740	1,4272233	1,4258682	1,4245089
11,5	1,4298708	1,4285238	1,4271731	1,4258180	1,4244587
12	1,4298207	1,4284737	1,4271230	1,4257679	1,4244086
12,5	1,4297705	1,4284235	1,4270728	1,4257178	1,4243584
13	1,4297203	1,4283733	1,4270226	1,4256675	1,4243082
13,5	1,4296702	1,4283232	1,4269725	1,4256174	1,4242581
14	1,4296200	1,4282730	1,4269223	1,4255672	1,4242079
14,5	1,4295698	1,4282228	1,4268721	1,4255170	1,4241577
15°	1,4295197	1,4281726	1,4268219	1,4254668	1,4241075
Diff.	0,0013470	0,0013508	0,0013550	0,0013593	0,0013634

TABLE I.

Therm. Reaumur.	Hauteur du Baromètre.				
	26^p 11^l	26^p 10^l	26^p 9^l	26^p 8^l	26^p 7^l
+15°	1, 4295197	1, 4281726	1, 4268219	1, 4254668	1, 4241075
15,5	1, 4294693	1, 4281224	1, 4267716	1, 4254166	1, 4240572
16	1, 4294190	1, 4280722	1, 4267213	1, 4253663	1, 4240069
16,5	1, 4293688	1, 4280220	1, 4266711	1, 4253161	1, 4239567
17	1, 4293185	1, 4279717	1, 4266209	1, 4252658	1, 4239064
17,5	1, 4292683	1, 4279215	1, 4265706	1, 4252156	1, 4238562
18	1, 4292180	1, 4278712	1, 4265204	1, 4251653	1, 4238059
18,5	1, 4291678	1, 4278210	1, 4264701	1, 4251151	1, 4237557
19	1, 4291175	1, 4277707	1, 4264199	1, 4250648	1, 4237054
19,5	1, 4290673	1, 4277205	1, 4263696	1, 4250146	1, 4236552
20	1, 4290170	1, 4276702	1, 4263194	1, 4249643	1, 4236049
20,5	1, 4289668	1, 4276200	1, 4262691	1, 4249141	1, 4235547
21	1, 4289165	1, 4275697	1, 4262189	1, 4248638	1, 4235044
21,5	1, 4288663	1, 4275195	1, 4261686	1, 4248136	1, 4234542
22	1, 4288160	1, 4274692	1, 4261183	1, 4247634	1, 4234039
22,5	1, 4287658	1, 4274190	1, 4260681	1, 4247131	1, 4233537
23	1, 4287155	1, 4273687	1, 4260178	1, 4246628	1, 4233034
23,5	1, 4286651	1, 4273183	1, 4259674	1, 4246124	1, 4232530
24	1, 4286148	1, 4272680	1, 4259171	1, 4245621	1, 4232027
24,5	1, 4285644	1, 4272176	1, 4258667	1, 4245117	1, 4231523
25	1, 4285141	1, 4271673	1, 4258164	1, 4244614	1, 4231019
25,5	1, 4284637	1, 4271169	1, 4257660	1, 4244110	1, 4230516
26	1, 4284134	1, 4270666	1, 4257157	1, 4243607	1, 4230012
26,5	1, 4283630	1, 4270162	1, 4256653	1, 4243103	1, 4229509
27	1, 4283127	1, 4269659	1, 4256150	1, 4242600	1, 4229005
27,5	1, 4282623	1, 4269155	1, 4255646	1, 4242096	1, 4228502
28	1, 4282120	1, 4268652	1, 4255143	1, 4241593	1, 4227998
28,5	1, 4281616	1, 4268148	1, 4254639	1, 4241089	1, 4227495
29	1, 4281113	1, 4267645	1, 4254136	1, 4240586	1, 4226991
29,5	1, 4280609	1, 4267141	1, 4253632	1, 4240083	1, 4226487
+30	1, 4280106	1, 4266638	1, 4253129	1, 4239580	1, 4225983
Diff.	0, 0013469	0, 0013508	0, 0013550	0, 0013595	0, 0013632

TABLE I.

Therm. Reaumur.	Hauteur du Baromètre.				
	26ᵖ 6ˡ	26ᵖ 5ˡ	26ᵖ 4ˡ	26ᵖ 3ˡ	26ᵖ 2ˡ
—15°	1,4257464	1,4243786	1,4230062	1,4216297	1,4202490
14,5	1,4256965	1,4243287	1,4229564	1,4215799	1,4201991
14	1,4256466	1,4242787	1,4229065	1,4215300	1,4201492
13,5	1,4254967	1,4242288	1,4228566	1,4214801	1,4200993
13	1,4255468	1,4241789	1,4228067	1,4214302	1,4200494
12,5	1,4254968	1,4241290	1,4227568	1,4213802	1,4199994
12	1,4254469	1,4240790	1,4227069	1,4213303	1,4199495
11,5	1,4253970	1,4240291	1,4226570	1,4212804	1,4198996
11,	1,4253471	1,4239792	1,4226071	1,4212305	1,4198497
10,5	1,4252972	1,4239293	1,4225572	1,4211806	1,4197998
10	1,4252473	1,4238794	1,4225073	1,4211307	1,4197499
9,5	1,4251974	1,4238295	1,4224574	1,4210808	1,4197000
9	1,4251475	1,4237796	1,4224075	1,4210309	1,4196501
8,5	1,4250976	1,4237297	1,4223576	1,4209810	1,4196002
8	1,4250476	1,4236798	1,4223076	1,4209311	1,4195503
7,5	1,4249976	1,4236298	1,4222576	1,4208812	1,4195003
7,	1,4249476	1,4235798	1,4222076	1,4208312	1,4194503
6,5	1,4248976	1,4235298	1,4221576	1,4207812	1,4194003
6	1,4248476	1,4234798	1,4221076	1,4207312	1,4193503
5,5	1,4247976	1,4234298	1,4220576	1,4206812	1,4193003
5	1,4247476	1,4233798	1,4220076	1,4206312	1,4192503
4,5	1,4246977	1,4233299	1,4219577	1,4205812	1,4192004
4	1,4246477	1,4232799	1,4219077	1,4205312	1,4191504
3,5	1,4245977	1,4232299	1,4218577	1,4204812	1,4191004
3	1,4245477	1,4231799	1,4218077	1,4204312	1,4190504
2,5	1,4244977	1,4231299	1,4217577	1,4203812	1,4190004
2	1,4244477	1,4230799	1,4217077	1,4203312	1,4189504
1,5	1,4243977	1,4230299	1,4216577	1,4202812	1,4189004
1	1,4243477	1,4229799	1,4216077	1,4202312	1,4188504
—0,5	1,4242977	1,4229299	1,4215577	1,4201812	1,4188004
0	1,4242478	1,4228799	1,4215077	1,4201312	1,4187505
Diff.	0,0013678	0,0013723	0,0013765	0,0013807	0,0013855

TABLE I.

Therm. Reaumur.	Hauteur du Baromètre.				
	26^p 6^l	26^p 5^l	26^p 4^l	26^p 3^l	26^p 2^l
0°	1, 4242478	1, 4228799	1, 4215077	1, 4201312	1, 4187505
0,5	1, 4241977	1, 4228298	1, 4214577	1, 4200812	1, 4187003
1	1, 4241476	1, 4227797	1, 4214077	1, 4200311	1, 4186502
1,5	1, 4240975	1, 4227296	1, 4213576	1, 4199810	1, 4186001
2	1, 4240474	1, 4226795	1, 4213075	1, 4199309	1, 4185500
2,5	1, 4239973	1, 4226294	1, 4212574	1, 4198808	1, 4184999
3	1, 4239473	1, 4225794	1, 4212074	1, 4198308	1, 4184499
3,5	1, 4238972	1, 4225293	1, 4211573	1, 4197807	1, 4183998
4	1, 4238471	1, 4224792	1, 4211072	1, 4197306	1, 4183497
4,5	1, 4237970	1, 4224291	1, 4210571	1, 4196805	1, 4182996
5	1, 4237469	1, 4223790	1, 4210070	1, 4196304	1, 4182495
5,5	1, 4236968	1, 4223289	1. 4209569	1, 4195803	1, 4181994
6	1, 4236467	1, 4222788	1, 4209068	1, 4195302	1, 4181493
6,5	1, 4235966	1, 4222287	1, 4208567	1, 4194801	1, 4180992
7	1, 4235465	1, 4221787	1, 4208067	1, 4194300	1, 4180491
7,5	1, 4234965	1, 4221287	1, 4207567	1, 4193799	1, 4179990
8	1, 4234464	1, 4220786	1, 4207066	1, 4193298	1, 4179488
8,5	2, 4233963	1, 4220285	1, 4206565	1, 4192797	1, 4178987
9	1, 4233461	1, 4219783	1, 4206063	1, 4192295	1, 4178485
9,5	1, 4232959	1, 4219281	1, 4205561	1, 4191793	1, 4177983
10	1, 4232458	1, 4218780	1, 4205060	1, 4191292	1, 4177482
10,5	1, 4231956	1, 4218278	1, 4204558	1, 4190790	1, 4176980
11,	1, 4231454	1, 4217776	1, 4204056	1, 4190289	1, 4176479
11,5	1, 4230952	1, 4217274	1, 4203554	1, 4189787	1, 4175977
12	1, 4230451	1, 4216773	1, 4203053	1, 4189286	1, 4175476
12,5	1, 4229949	1, 4216271	1, 4202551	1, 4188784	1, 4174974
13	1, 4229447	1, 4215769	1, 4202049	1, 4188282	1, 4174472
13,5	1, 4228946	1, 4215268	1, 4201548	1, 4187781	1, 4173971
14	1, 4228444	1, 4214766	1, 4201046	1, 4187279	1, 4173469
14,5	1 ,4227942	1, 4214264	1, 4200544	1, 4186777	1, 4172967
15	1, 4227441	1, 4213764	1, 4200040	1, 4186276	1. 4172465
Diff	0, 0013678	0, 0013723	0, 0013764	0, 0013809	0, 0013854

TABLE I.

Therm. Reaumur.	Hauteur du Baromètre.				
	26ᵖ 6ˡ	26ᵖ 5ˡ	26ᵖ 4ˡ	26ᵖ 3ˡ	26ᵖ 2ˡ
+15°	1,4227441	1,4213764	1,4200040	1,4186276	1,4172465
15,5	1,4226938	1,4213261	1,4199538	1,4185773	1,4171964
16	1,4226436	1,4212759	1,4199036	1,4185271	1,4171462
16,5	1,4225933	1,4212256	1,4198533	1,4184768	1,4170959
17	1,4225430	1,4211753	1,4198030	1,4184265	1,4170456
17,5	1,4224928	1,4211251	1,4197528	1,4183762	1,4169954
18	1,4224425	1,4210748	1,4197025	1,4183260	1,4169451
18,5	1,4223922	1,4210245	1,4196522	1,4182757	1,4168948
19	1,4223419	1,4209742	1,4196019	1,4182254	1,4168445
19,5	1,4222917	1,4209240	1,4195517	1,4181752	1,4167943
20	1,4222414	1,4208737	1,4195014	1,4181249	1,4167440
20,5	1,4221911	1,4208234	1,4194511	1,4180746	1,4166937
21	1,4221409	1,4207732	1,4194009	1,4180244	1,4166435
21,5	1,4220906	1,4207229	1,4193506	1,4179741	1,4165932
22	1,4220403	1,4206726	1,4193003	1,4179238	1,4165429
22,5	1,4219901	1,4206224	1,4192501	1,4178736	1,4164927
23	1,4219398	1,4205721	1,4191998	1,4178233	1,4164424
23,5	1,4218894	1,4205217	1,4191494	1,4177729	1,4163920
24	1,4218391	1,4204714	1,4190991	1,4177226	1,4163417
24,5	1,4217888	1,4204211	1,4190488	1,4176723	1,4162914
25	1,4217384	1,4203707	1,4189984	1,4176219	1,4162410
25,5	1,4216881	1,4203204	1,4189481	1,4175716	1,4161907
26	1,4216378	1,4202701	1,4188978	1,4175213	1,4161404
26,5	1,4215875	1,4202198	1,4188475	1,4174710	1,4160901
27	1,4215371	1,4201694	1,4187971	1,4174206	1,4160397
27,5	1,4214868	1,4201191	1,4187468	1,4173703	1,4159894
28	1,4214365	1,4200688	1,4186965	1,4173200	1,4159391
28,5	1,4213861	1,4200184	1,4186461	1,4172696	1,4158887
29	1,4213358	1,4199681	1,4185958	1,4172193	1,4158384
29,5	1,4212855	1,4199178	1,4185455	1,4171690	1,4157881
30	1,4212352	1,4198673	1,4184951	1,4171186	1,4157378
Diff.	0,0013678	0,0013723	0,0013765	0,0013809	0,0013854

TABLE I.

Therm. Reaumur.	Hauteur du Baromètre.				
	26^p 1^l	26^p 0^l	25^p 11^l	25^p 10^l	25^p 9^l
15°	1,4188636	1,4174739	1,4160799	1,4146810	1,4132776
14,5	1,4188137	1,4174241	1,4160300	1,4146310	1,4132278
14	1,4187638	1,4173742	1,4159801	1,4145811	1,4131779
13,5	1,4187139	1,4173243	1,4159302	1,4145312	1,4131280
13	1,4186640	1,4172744	1,4158803	1,4144813	1,4130781
12,5	1,4186140	1,4172244	1,4158303	1,4144313	1,4130282
12	1,4185641	1,4171745	1,4157804	1,4143814	1,4129783
11,5	1,4185142	1,4171246	1,4157304	1,4143315	1,4129283
11	1,4184643	1,4170747	1,4156805	1,4142816	1,4128784
10,5	1,4184144	1,4170248	1,4156306	1,4142317	1,4128285
10	1,4183645	1,4169749	1,4155807	1,4141818	1,4127786
9,5	1,4183146	1,4169250	1,4155308	1,4141319	1,4127287
9	1,4182647	1,4168751	1,4154809	1,4140820	1,4126788
8,5	1,4182148	1,4168252	1,4154310	1,4140321	1,4126289
8	1,4181649	1,4167752	1,4153811	1,4139822	1,4125790
7,5	1,4181149	1,4167252	1,4153311	1,4139322	1,4125290
7	1,4180649	1,4166752	1,4152811	1,4138822	1,4124790
6,5	1,4180149	1,4166252	1,4152311	1,4138322	1,4124290
6	1,4179649	1,4165752	1,4151811	1,4137822	1,4123790
5,5	1,4179149	1,4165252	1,4151311	1,4137322	1,4123290
5	1,4178649	1,4164752	1,4150812	1,4136822	1,4122790
4,5	1,4178149	1,4164252	1,4150312	1,4136322	1,4122290
4	1,4177649	1,4163752	1,4149812	1,4135823	1,4121791
3,5	1,4177149	1,4163252	1,4149312	1,4135323	1,4121291
3	1,4176649	1,4162752	1,4148812	1,4134823	1,4120791
2,5	1,4176149	1,4162252	1,4148312	1,4134323	1,4120291
2	1,4175649	1,4161752	1,4147813	1,4135823	1,4119791
1,5	1,4175149	1,4161252	1,4147313	1,4135323	1,4119291
1	1,4174649	1,4160752	1,4146813	1,4132823	1,4118791
0,5	1,4174149	1,4160252	1,4146313	1,4132323	1,4118291
0	1,4173649	1,4159752	1,4145814	1,4131824	1,4117791
Diff.	0,0013897	0,0013939	0,0013989	0,0014033	0,0014077

TABLE I.

Therm. Reaumur.	Hauteur du Baromètre.				
	26ᵖ 1ˡ	26ᵖ 0ˡ	25ᵖ 11ˡ	25ᵖ 10ˡ	25ᵖ 9ˡ
0°	1, 4173649	1, 4159752	1, 4145814	1, 4131824	1, 4117791
╋ 0,5	1, 4173149	1, 4159251	1, 4145313	1, 4131323	1, 4117290
1	1, 4172648	1, 4158750	1, 4144812	1, 4130822	1, 4116789
1,5	1, 4172148	1, 4158250	1, 4144312	1, 4130322	1, 4116289
2	1, 4171647	1, 4157749	1, 4143811	1, 4129821	1, 4115788
2,5	1, 4171146	1, 4157248	1, 4143310	1, 4129320	1, 4115287
3	1, 4170645	1, 4156747	1, 4142809	1, 4128819	1, 4114786
3,5	1, 4170144	1, 4156246	1, 4142308	1, 4128318	1, 4114285
4	1, 4169644	1, 4155746	1, 4141808	1, 4127818	1, 4113785
4,5	1, 4169143	1, 4155245	1, 4141307	1, 4127317	1, 4113284
5	1, 4168642	1, 4154744	1, 4140806	2, 4126816	1, 4112783
5,5	1, 4168141	1, 4154243	1, 4140305	1, 4126315	1, 4112282
6	1, 4167640	1, 4153742	1, 4139804	1, 4125814	1, 4111781
6,5	1, 4167140	1, 4153242	1, 4139304	1, 4125314	1, 4111281
7	1, 4166639	1, 4152741	1, 4138803	1, 4124813	1, 4110780
7,5	1, 4166138	1, 4152240	1, 4138301	1, 4124311	1, 4110279
8	1, 4165636	1, 4151738	1, 4137800	1, 4123809	1, 4109778
8,5	1, 4165135	1, 4151237	1, 4137298	1, 4123308	1, 4109277
9	1, 4164633	1, 4150735	1, 4136796	1, 4122806	1, 4108775
9,5	1, 4164131	1, 4150233	1, 4136294	1, 4122304	1, 4108273
10	1, 4163629	1, 4149731	1, 4135792	1, 4121802	1, 4107771
10,5	1, 4163128	1, 4149230	1, 4135291	1, 4121301	1, 4107270
11	1, 4162626	1, 4148728	1, 4134789	1, 4120799	1, 4106768
11,5	1, 4162124	1, 4148226	1, 4134287	1, 4120297	1, 4106266
12	1, 4161623	1, 4147725	1, 4133786	1, 4119796	1, 4105765
12,5	1, 4161121	1, 4147223	1, 4133284	1, 4119294	1, 4105263
13	1, 4160619	1, 4146721	1, 4132782	1, 4118792	1, 4104761
13,5	1, 4160118	1, 4146220	1, 4132281	1, 4118291	1, 4104260
14	1, 4159616	1, 4145718	1, 4131779	1, 4117789	1, 4103758
14,5	1, 4159114	1, 4145216	1, 4131277	1, 4117287	1, 4103256
╋15	1, 4158612	1, 4144714	1, 4130775	1, 4116786	1, 4102754
Diff.	0, 0013897	0, 0013938	0, 0013989	0, 0014032	0, 0014077

TABLE I.

Therm. Reaumur.	Hauteur du Baromètre.				
	26ᴾ 1ˡ	26ᴾ 0ˡ	25ᴾ 11ˡ	25ᴾ 10ˡ	25ᴾ 9ˡ
+15°	1, 4158612	1, 4144714	1, 4130775	1, 4116786	1, 4102754
15,5	1, 4158109	1, 4144212	1, 4130273	1, 4116283	1, 4102252
16	1, 4157606	1, 4143709	1, 4129770	1, 4115780	1, 4101750
16,5	1, 4157104	1, 4143207	1, 4129268	1, 4115278	1, 4101248
17	1, 4156601	1, 4142704	1, 4128765	1, 4114775	1, 4100745
17,5	1, 4156099	1, 4142202	1, 4128263	1, 4114273	1, 4100243
18	1, 4155596	1, 4141699	1, 4127760	1, 4113770	1, 4099740
18,5	1, 4155094	1, 4141197	1, 4127258	1, 4113268	1, 4099238
19	1, 4154591	1, 4140694	1, 4126755	1, 4112765	1, 4098735
19,5	1, 4154089	1, 4140191	1, 4126253	1, 4112263	1. 4098233
20	1, 4153586	1, 4139688	1, 4125750	1, 4111760	1, 4097730
20,5	1, 4153084	1, 4139186	1, 4125248	1, 4111258	1, 4097228
21	1, 4152581	1, 4138683	1, 4124745	1, 4110755	1, 4096725
21,5	1, 4152079	1, 4138181	1, 4124243	1, 4110253	1, 4096223
22	1, 4151576	1, 4137678	1, 4123740	1, 4109750	1, 4095720
22,5	1, 4151073	1, 4137176	1, 4123237	1, 4109247	1, 4095217
23	1, 4150570	1, 4136673	1, 4122734	1, 4108744	1, 4094714
23,5	1, 4150066	1, 4136169	3, 4122230	1, 4108240	1, 4094210
24	1, 4149563	1, 4135666	1, 4121727	1, 4107737	1, 4093707
24,5	1, 4149060	1, 4135163	1, 4121224	1, 4107234	1, 4093204
25	1, 4148556	1, 4134659	1, 4120720	1, 4106730	1, 4092700
25,5	1, 4148053	1, 4134156	1, 4120217	1, 4106227	1, 4092197
26	1, 4147550	1, 4133653	1, 4119713	1, 4105724	1, 4091694
26,5	1, 4147047	1, 4133150	1, 4119212	1, 4105221	1, 4091191
27	1, 4146543	1, 4132646	1, 4118708	1, 4104717	1, 4090687
27,5	1, 4146040	1, 4132143	1, 4118205	1, 4104214	1, 4090184
28	1, 4145537	1, 4131639	1, 4117701	1, 4103711	1, 4089681
28,5	1, 4145033	1, 4131136	1, 4117198	1, 4103207	1, 4089177
29	1, 4144530	1, 4130633	1, 4116695	1, 4102704	1, 4088674
29,5	1, 4144026	1, 4130129	1, 4116191	1, 4102200	1, 4088170
+30	1, 4143522	1, 4129626	1, 4115687	1, 4101696	1, 4087665
Diff.	0, 0013897	0, 0013939	0, 0013989	0, 0014032	0, 0014076

TABLE I.

Therm. Reaumur.	Hauteur du Baromètre.				
	$25^p\ 8^l$	$25^p\ 7^l$	$25^p\ 6^l$	$25^p\ 5^l$	$25^p\ 4^l$
—15°	1, 4118699	1, 4104575	1, 4090407	1, 4076191	1, 4061929
14,5	1, 4118200	1, 4104076	1, 4089908	1, 4075692	1, 4061430
14	1, 4117701	1, 4103577	1, 4089409	1, 4075193	1, 4060931
13,5	1, 4117202	1, 4103078	1, 4088910	1, 4074694	1, 4060432
13	1, 4116703	1, 4102579	1, 4088411	1, 4074195	1, 4059933
12,5	1, 4116204	1, 4102080	1, 4087912	1, 4073696	1, 4059434
12	1, 4115705	1, 4101581	1, 4087413	1, 4073197	1, 4058935
11,5	1, 4115206	1, 4101082	1, 4086914	1, 4072698	1, 4058436
11	1, 4114707	1, 4100583	1, 4086415	1, 4072199	1, 4057937
10,5	1, 4114208	1, 4100084	1, 4085916	1, 4071700	1, 4057438
10	1, 4113709	1, 4099585	1, 4085417	1, 4071201	1, 4056939
9,5	1, 4113210	1, 4099086	1. 4084918	1, 4070702	1, 4056440
9	1, 4112711	1, 4098587	1, 4084419	1, 4070203	1, 4055941
8,5	1, 4112212	1, 4098088	1, 4083920	1, 4069704	1, 4055442
8	1, 4111713	1, 4097589	1, 4083421	1, 4069205	1, 4054942
7,5	1, 4111214	1, 4097090	1, 4082922	1, 4068705	1, 4054442
7	1, 4110714	1, 4096590	1, 4082422	1, 4068205	1, 4053942
6,5	1, 4110214	1, 4096090	1, 4081922	1, 4067705	1, 4053442
6	1, 4109714	1, 4095590	1, 4081422	1, 4067205	1, 4052942
5,5	1, 4109214	1, 4095090	1, 4080922	1, 4066705	1, 4052442
5	1, 4108714	1, 4094590	1, 4080422	1, 4066205	1, 4051942
4,5	1, 4108214	1, 4094090	1, 4079922	1, 4065705	1, 4051442
4	1, 4107714	1, 4093590	1, 4079422	1, 4065205	1, 4050942
3,5	1, 4107214	1. 4093090	1, 4078922	1, 4064705	1, 4050442
3	1, 4106714	1, 4092590	1, 4078422	1, 4064205	1, 4049942
2,5	1, 4106214	1, 4092090	1, 4077922	1, 4063705	1, 4049442
2	1, 4105714	1, 4091590	1, 4077422	1, 4063205	1, 4048942
1,5	1, 4105214	1, 4091090	1, 4076922	1, 4062705	1, 4048442
1	1, 4104714	1, 4090590	1, 4076422	1, 4062205	1, 4047942
0,5	1, 4104214	1, 4090090	1, 4075922	1, 4061705	1, 4047442
0	1, 4103714	1, 4089590	1, 4075422	1, 4061205	1, 4046942
Diff.	0, 0014124	0, 0014168	0, 0014216	0, 0014262	0, 0014309

TABLE I.

Therm. Réaumur.	Hauteur du Baromètre.				
	$25^p\ 8^l$	$25^p\ 7^l$	$25^p\ 6^l$	$25^p\ 5^l$	$25^p\ 4^l$
0°	1,4103714	1,4089590	1,4075422	1,4061205	1,4046942
0,5	1,4103214	1,4089090	1,4074922	1,4060705	1,4046442
1	1,4102714	1,4088590	1,4074422	1,4060205	1,4045942
1,5	1,4102214	1,4088089	1,4073922	1,4059705	1,4045442
2	1,4101713	1,4087588	1,4073421	1,4059204	1,4044942
2,5	1,4101212	1,4087087	1.4072920	1,4058703	1,4044441
3	1,4100711	1,4086586	1,4072419	1,4058202	1,4043940
3,5	1,4100210	1,4086085	1,4071918	1,4057701	1,4043439
4	1,4099709	1,4085584	1,4071417	1,4057200	1,4042938
4,5	1,4099208	1,4085083	1,4070916	1,4056699	1,4042437
5	1,4098707	1,4084582	1,4070415	1,4056198	1,4041936
5,6	1,4098206	1,4084081	1.4069914	1,4055697	1,4041435
6	1,4097705	1,4083580	1,4069413	1,4055196	1,4040934
6,5	1,4097204	1,4083079	1,4068912	1,4054695	1,4040433
7	1,4096703	1,4082578	1,4068411	1,4054194	1,4039932
7,5	1,4096202	1,4082077	1,4067910	1,4053693	1,4039431
8	1,4095701	1,4081576	1,4067409	1,4053192	1,4038930
8,5	1,4095200	1,4081075	1,4066908	1,4052691	1,4038429
9	1,4094699	1,4080574	1,4066407	1,4052190	1,4037928
9,5	1,4094198	1,4080073	1,4065905	1,4051689	1,4037426
10	1,4093697	1,4079572	1,4065403	1,4051188	1,4036924
10,5	1,4093195	1,4079071	1,4064901	1,4050686	1,4036422
11	1,4092693	1,4078569	1,4064399	1,4050184	1,4035920
11,5	1,4092191	1,4078067	1,4063897	1,4049682	1,4035418
12	1,4091689	1,4077565	1,4063395	1,4049180	1,4034916
12,5	1,4091187	1,4077063	1,4062893	1,4048678	1,4034414
13	1,4090685	1,4076561	1,4062391	1,4048176	1,4033912
13,5	1,4090183	1,4076059	1,4061889	1,4047674	1,4033410
14	1,4089681	1,4075557	1,4061387	1,4047172	1,4932908
14,5	1,4089179	1,4075055	1,4060885	1,4046670	1,4032406
15	1,4088677	1,4074553	1,4060383	1,4046168	1,4031904
Diff.	0,0014124	0,0014169	0,0014216	0,0014263	0,0014309

(The + sign is printed in the left margin beside rows 0,5 and 1.)

TABLE I.

Therm. Reaumur.	Hauteur du Baromètre.				
	25^p 8^l	25^p 7^l	25^p 6^l	25^p 5^l	25^p 4^l
+15°	1, 4088677	1, 4074553	1, 4060383	1, 4046168	1. 4031904
15,5	1, 4088175	1, 4074051	1, 4059881	1, 4045666	1, 4031402
16	1, 4087673	1, 4073549	1, 4059379	1, 4045164	1, 4030900
16,5	1, 4087171	1, 4073047	1, 4058877	1, 4044662	1, 4030398
17	1, 4086669	1, 4072545	1, 4058375	1, 4044160	1, 4029896
17,5	1, 4086167	1, 4072043	1, 4057873	1, 4043658	1, 4029394
18	1, 4085665	1, 4071541	1, 4057371	1, 4043156	1, 4028892
18,5	1, 4085162	1, 4071038	1, 4056868	1, 4042653	1, 4028389
19	1, 4084659	1, 4070535	1, 4056365	1, 4042150	1, 4027886
19,5	1, 4084156	1, 4070032	1, 4055862	1, 4041647	1, 4027383
20	1, 4083653	1, 4069529	1, 4055359	1, 4041144	1, 4026880
20,5	1, 4083150	1, 4069026	1. 4054856	1, 4040641	1, 4026377
21	1, 4082647	1, 4068523	1, 4054353	1, 4040138	1, 4025874
21,5	1, 4082144	1, 4068020	1, 4053850	1, 4039635	1, 4025371
22	1, 4081641	1, 4067517	1, 4053347	1, 4039132	1, 4024868
22,5	1, 4081138	1, 4067014	1, 4052844	1, 4038629	1, 4024365
23	1, 4080635	1, 4066511	1, 4052341	1, 4038126	1, 4023862
23,5	1, 4080132	1, 4066008	1. 4051838	1, 4037623	1, 4023359
24	1, 4079629	1, 4065505	1, 4051335	1, 4037120	1, 4022856
24,5	1, 4079126	1, 4065002	1, 4050832	1, 4036617	1, 4022353
25	1, 4078623	1, 4064499	1, 4050329	1, 4036114	1, 4021850
25,5	1, 4078120	1, 4063996	1, 4049826	1, 4035611	1, 4021347
26	1, 4077617	1, 4063493	1, 4049323	1, 4035108	1, 4020844
26,5	1, 4077114	1. 4062990	1, 4048820	1, 4034605	1, 4020341
27	1, 4076611	1, 4062486	1, 4048317	1, 4034102	1, 4019838
27,5	1, 4076108	1, 4061982	1, 4047814	1, 4033598	1, 4019335
28	1, 4075604	1, 4061478	1, 4047310	1, 4033094	1, 4018832
28,5	1, 4075100	1, 4060974	1, 4046806	1, 4032590	1, 4018328
29	1, 4074596	1, 4060470	1, 4046302	1. 4032086	1, 4017824
29,5	1, 4074092	1, 4059966	1, 4045798	1, 4031582	1, 4017320
+30	1. 4073588	1. 4059462	1. 4045294	1, 4031078	1, 4016816
Diff.	0, 0014124	0, 0014168	0, 0014216	0, 0014263	0, 0014309

TABLE I.

	Hauteur du Baromètre.				
Therm. Reaumur.	25ᵖ 3ˡ	25ᵖ 2ˡ	25ᵖ 1ˡ	25ᵖ 0ˡ	24ᵖ 11ˡ
—15°	1, 4047619	1, 4033262	1, 4018853	1, 4004404	1, 3989905
14,5	1, 4047120	1, 4032763	1, 4018354	1, 4003905	1, 3989406
14	1, 4046621	1, 4032264	1, 4017855	1, 4003406	1, 3988907
13,5	1, 4046122	1, 4031765	1, 4017356	1, 4002907	1, 3988408
13	1, 4045623	1, 4031266	1, 4016857	1, 4002408	1, 3987909
12,5	1, 4045124	1, 4030767	1, 4016358	1, 4001909	1, 3987410
12	1, 4044625	1, 4030268	1, 4015859	1, 4001410	1, 3986911
11,5	1, 4044126	1, 4029769	1, 4015360	1, 4000911	1, 3986412
11	1, 4043627	1, 4029270	1, 4014861	1, 4000412	1, 3985913
10,5	1, 4043128	1, 4028771	1, 4014362	1, 3999913	1, 3985414
10	1, 4042629	1, 4028272	1, 4013863	1, 3999414	1, 3984915
9,5	1, 4042130	1, 4027773	1, 4013364	1. 3998915	1, 3984416
9	1, 4041631	1, 4027274	1, 4012865	1, 3998416	1, 3983917
8,5	1, 4041132	1, 4026775	1, 4012366	1, 3997917	1, 3983418
8	1, 4040633	1, 4026276	1, 4011867	1, 3997418	1, 3982919
7,5	1, 4040133	1, 4025777	1, 4011368	1, 3996919	1, 3982419
7	1, 4039633	1, 4025278	1, 4010869	1, 3996419	1, 3981919
6,5	1, 4039133	1, 4024778	1, 4010370	1, 3995919	1, 3981419
6	1, 4038633	1, 4024278	1, 4009870	1, 3995419	1, 3980919
5,5	1, 4038133	1, 4023778	1, 4009370	1, 3994919	1, 3980419
5	1, 4037633	1, 4023278	1, 4008870	1, 3994419	1, 3979919
4,5	1, 4037133	1, 4022778	1, 4008370	1, 3993919	1, 3979419
4	1, 4036633	1, 4022278	1, 4007870	1, 3993419	1, 3978919
3,5	1, 4036133	1, 4021778	1, 4007370	1, 3992919	1, 3978419
3	1, 4035633	1, 4021278	1, 4006870	1, 3992419	1, 3977919
2,5	1, 4035133	1, 4020778	1, 4006370	1, 3991919	1, 3977419
2	1, 4034633	1, 4020278	1, 4005870	1, 3991419	1, 3976919
1,5	1, 4034133	1, 4019778	1, 4005370	1, 3990919	1, 3976419
1	1, 4033633	1, 4019278	1, 4004870	1, 3990419	1, 3975919
0,5	1, 4033133	1, 4018778	1, 4004370	1, 3989919	1, 3975419
0	1, 4032633	1, 4018278	1, 4003870	1, 3989419	1, 3974919
Diff.	0, 0014356	0, 0014408	0, 0014450	0, 0014500	0, 0014549

TABLE I.

Therm. Reaumur.	Hauteur du Baromètre.				
	$25^p\ 3^l$	$25^p\ 2^l$	$25^p\ 1^l$	$25^p\ 0^l$	$24^p\ 11^l$
0°	1,4032633	1,4018278	1,4003870	1,3989419	1,3974919
+ 0,5	1,4032132	1,4017777	1,4003369	1,3988918	1,3974418
1	1,4031631	1,4017276	1,4002868	1,3988417	1,3973917
1,5	1,4031130	1,4016775	1,4002367	1,3987917	1,3973417
2	1,4030629	1,4016274	1,4001866	1,3987416	1,3972916
2,5	1,4030129	1.4015774	1,4001366	1,3986915	1,3972415
3	1,4029628	1,4015273	1,4000865	1,3986414	1,3971914
3,5	1,4029127	1,4014772	1,4000364	1,3985914	1,3971414
4	1,4028626	1,4014271	1,3999864	1,3985413	1,3970913
4,5	1,4028125	1,4013770	1,3999363	1,3984912	1,3970412
5	1,4027625	1,4013270	1,3998862	1,3984411	1,3969911
5,5	1.4027124	1,4012769	1.3998361	1.3983911	1.3969411
6	1,4026623	1,4012268	1,3997861	1,3983410	1,3968910
6,5	1,4026122	1,4011767	1,3997360	1,3982910	1,3968409
7	1,4025621	1,4011266	1,3996859	1,3982409	1,3967908
7,5	1,4025120	1,4010765	1,3996358	1,3981908	1,3967407
8	1,4024618	1,4010263	1,3995856	1,3981406	1,3966905
8,5	1,4024117	1,4009762	1,3995355	1.3980905	1,3966404
9	1,4023615	1,4009260	1,3994853	1,3980403	1,3965902
9,5	1,4023114	1,4008759	1,3994352	1,3979902	1,3965401
10	1,4022612	1,4008257	1,3993850	1,3979400	1,3964900
10,5	1,4022111	1,4007756	1,3993349	1,3978899	1,3964398
11	1,4021609	1,4007254	1,3992847	1,3978397	1,3963897
11,5	1,4021108	1,4006752	1.3992346	1,3977895	1.3963395
12	1,4020606	1,4006250	1,3991844	1,3977393	1,3962893
12,5	1,4020105	1,4005748	1,3991343	1,3976891	1,3962391
13	1,4019603	1,4005246	1,3990841	1,3976389	1,3961889
13,5	1,4019101	1,4004744	1,3990339	1,3975887	1,3961387
14	1,4018599	1,4004242	1,3989837	1,3975385	1,3960885
14,5	1,4018097	1,4003740	1,3989335	1,3974883	1,3960383
+15	1,4017595	1,4003238	1,3988833	1,3974381	1,3959881
Diff.	0,0014356	0,0014407	0,0014451	0,0014500	0,0014549

TABLE I.

Therm. Reaumur.	Hauteur du Baromètre.				
	25ᵖ 3ˡ	25ᵖ 2ˡ	25ᵖ 1ˡ	25ᵖ 0ˡ	24ᵖ 11ˡ
+15°	1, 4017595	1, 4003238	1, 3988833	1, 3974381	1, 3959881
15,5	1, 4017093	1, 4002736	1, 3988331	1, 3973879	1, 3959379
16	1, 4016590	1, 4002234	1, 3987829	1, 3973376	1, 3958876
16,5	1, 4016088	1, 4001731	1, 3987326	1, 3972874	1, 3958374
17	1, 4015585	1, 4001229	1, 3986824	1, 3972371	1, 3957871
17,5	1, 4015083	1, 4000726	1, 3986321	1, 3971869	1, 3957369
18	1, 4014580	1, 4000224	1, 3985819	1, 3971366	1, 3956866
18,5	1, 4014078	1, 3999721	1, 3985316	1, 4970864	1, 3956364
19	1, 4013575	1, 3999219	1, 3984814	1, 3970361	1, 3955861
19,5	1, 4013073	1, 3998716	1, 3984311	1, 3969859	1, 3955359
20	1, 4012570	1, 3998214	1, 3983809	1, 3969356	1, 3954856
20,5	1, 4012068	1, 3997711	1, 3983306	1, 3968854	1, 3954354
21	1, 4011565	1, 3997209	1, 3982804	1, 3968351	1, 3953851
21,5	1, 4011063	1, 3996706	1, 3982301	1, 3967849	1, 3953349
22	1, 4010560	1, 3996204	1, 3981799	1, 3767346	1, 3952846
22,5	1, 4010057	1, 3995701	1, 3981296	1, 3966843	1, 3952343
23	1, 4009554	1, 3995198	1, 3980793	1, 3966340	1, 3951840
23,5	1, 4009050	1, 3994694	1, 3980290	1, 3965837	1, 3951337
24	1, 4008547	1, 3994191	1, 3979787	1, 3965334	1, 3950834
24,5	1, 4008043	1, 3993688	1, 3979283	1, 3964831	1, 3950331
25	1, 4007540	1, 3993184	1, 3978780	1, 3964328	1, 3949828
25,5	1, 4007037	1, 3992681	1, 3978277	1, 3963825	1, 3949325
26	1, 4006533	1, 3992178	1, 3977773	1, 3963321	1, 3948821
26,5	1, 4006030	1, 3991674	1, 3977270	1, 3962818	1, 3948318
27	1, 4005527	1, 3991171	1, 3976767	1, 3962314	1, 3947814
27,5	1, 4005023	1, 3990668	1, 3976263	1, 3961811	1, 3947311
28	1, 4004520	1, 3990164	1, 3975760	1, 3961307	1, 3946807
28,5	1, 4004017	1, 3989661	1, 3975257	1, 3960804	1, 3946304
29	1, 4003513	1, 3989158	1, 3974753	1, 3960300	1, 3945800
29,5	1, 4003010	1, 3988654	1, 3974249	1, 3959797	1, 3945296
30	1, 4002505	1, 3988150	1, 3973744	1, 3959293	1, 3944792
Diff.	0, 0014356	0, 0014406	0, 0014451	0, 0014500	0, 0014549

TABLE I.

Therm. Reaumur.	Hauteur du Baromètre.				
	24^p 10^l	24^p 9^l	24^p 8^l	24^p 7^l	24^p 6^l
—15°	1,3975354	1,3960758	1,3946111	1,3931412	1,3916666
14,5	1,3974855	1,3960259	1,3945612	1,3930913	1,3916167
14	1,3974356	1,3959760	1,3945113	1,3930414	1,3915668
13,5	1,3973857	1,3959261	1,3944614	1,3929915	1,3915169
13	1,3973358	1,3958762	1,3944115	1,3929416	1,3914670
12,5	1,3972859	1,3958262	1,3943615	1,3928917	1,3914171
12	1,3972360	1,3957763	1,3943116	1,3928418	1,1913672
11,5	1,3971861	1,3957264	1,3942617	1,3927919	1,3913173
11	1,3971362	1,3956765	1,3942118	1,3927420	1,3912674
10,5	1,3970863	1,3956265	1,3941618	1,3926921	1,3912175
10	1,3970364	1,3955766	1,3941119	1,3926422	1,3911676
9,5	1,3969865	1,3955267	1,4940620	1,3925923	1,3911177
9	1,3969366	1,3954768	1,3940121	1,3925424	1,3910678
8,5	1,3968867	1,3954269	1,3939622	1,3924924	1,3910179
8	1,3968368	1,3953770	1,3939123	1,3924425	1,3909680
7,5	1,3967869	1,3953271	1,3938624	1,3923926	1,3909181
7	1,3967370	1,3952771	1,3938125	1,3923427	1,3908681
6,5	1,3966870	1,3952271	1,3937625	1,3922927	1,3908181
6	1,3966370	1,3951771	1,3937125	1,3922427	1,3907681
5,5	1,3965870	1,3951271	1,3936625	1,3921927	1,3907181
5	1,3965370	1,3950771	1,3936125	1,3921427	1,3906681
4,5	1,3964870	1,3950271	1,3935625	1,3920927	1,3906181
4	1,3964370	1,3949771	1,3935125	1,3920427	1,3905681
3,5	1,3963870	1,3949271	1,3934625	1,3919927	1,3905181
3	1,3963370	1,3948771	1,3934125	1,3919427	1,3904681
2,5	1,3962870	1,3948271	1,3933625	1,3918927	1,3904181
2	1,3962370	1,3947771	1,3933125	1,3918427	1,3903681
1,5	1,3961870	1,3947271	1,3932625	1,3917927	1,3903181
1	1,3961370	1,3946771	1,3932125	1,3917427	1,3902681
— 0,5	1,3960870	1,3946271	1,3931625	1,3916927	1,3902181
0	1,3960370	1,3945771	1,3931125	1,3916427	1,3901681
Diff.	0,0014598	0,0014646	0,0014698	0,0014746	0,0014797

TABLE I.

Therm. Reaumur.	Hauteur du Baromètre.				
	24ᵖ 10ˡ	24ᵖ 9ˡ	24ᵖ 8ˡ	24ᵖ 7ˡ	24ᵖ 6ˡ
0°	1, 3960370	1, 3945771	1, 3931125	1, 3916427	1, 3901681
+ 0,5	1, 3959869	1, 3945270	1, 3930624	1, 3915926	1, 3901180
1	1, 3959368	1, 3944769	1, 3930123	1, 3915425	1, 3900679
1,5	1, 3958867	1, 3944268	1, 3929622	1, 3914924	1, 3900178
2	1, 3958366	1, 3943767	1, 3929121	1, 3914424	1, 3899678
2,5	1, 3957865	1, 3943267	1, 3928621	1, 3913923	1, 3899177
3	1, 3957364	1, 3942766	1, 3928120	1, 3913422	1, 3898676
3,5	1, 3956863	1, 3942265	1, 3927619	1, 3912921	1, 3898175
4	1, 3956362	1, 3941764	1, 3927118	1, 3912421	1, 3897675
4,5	1, 3955861	1, 3941263	1, 3926617	1, 3911920	1, 3897174
5	1, 3955360	1, 3940763	1, 3926117	1, 3911419	1, 3896673
5,5	1, 3954859	1, 3940262	1, 3925616	1, 3910918	1, 3896172
6	1, 3954358	1, 3939761	1, 3925115	1, 3910418	1, 3895672
6,5	1, 3953857	1, 3939260	1, 3924614	1, 3909917	1, 3895171
7	1, 3953356	1, 3638759	1, 3924113	1, 3909416	1, 3894670
7,5	1, 2952855	1, 3938259	1, 3923612	1, 3908915	1, 3894169
8	1, 3952353	1, 3937758	2, 3923110	1, 3908413	1, 3893667
8,5	1, 3951852	1, 3937256	1, 3922609	1, 3907912	1, 3893166
9	1, 3951350	1, 3936754	1, 3922107	1, 3907410	1, 3892664
9,5	1, 3950849	1, 3936253	1, 3921606	1, 3906909	1, 3892163
10	1, 3950347	1, 3935751	1, 3921104	1, 3906407	1, 3891661
10,5	1, 3949846	1, 3935250	1, 3920603	1, 3905906	1, 3891160
11,	1, 3949344	1, 3934748	1, 3920101	1, 3905404	1, 3890658
11,5	1, 3948843	1, 3934246	1, 3919600	1, 3904903	1, 3890157
12	1, 3948341	1, 3933745	1, 3919098	1, 3904401	1, 3889655
12,5	1, 3947840	1, 3933243	1, 3918597	1, 3903900	1, 3889154
13	1, 3947338	1, 3932741	1, 3918095	1, 3903398	1, 3888652
13,5	1, 3946837	1, 3932239	1, 3917593	1, 3902896	1, 3888150
14	1, 3946335	1, 3931737	1, 3917091	1, 3902394	1, 3887648
14,5	1, 3945834	1, 3931235	1, 3916589	1, 3901892	1, 3887146
+15	1, 3945332	1, 3930733	1, 3916087	1, 3901390	1, 3886644
Diff	0, 0014599	0, 0014646	0, 0014698	0, 0014746	0, 0014798

TABLE I.

Therm. Reaumur.	Hauteur du Baromètre.				
	24^p 10^l	24^p 9^l	24^p 8^l	24^p 7^l	24^p 6^l
+15°	1, 3945332	1, 3930733	1, 3916087	1, 3901390	1, 3886644
15,5	1, 3944830	1, 3930231	1, 3915585	1, 3900888	1, 3886142
16	1, 3944328	1, 3929729	1, 3915083	1, 3900386	1, 3885640
16,5	1, 3943826	1, 3929227	1, 3914581	1, 3899884	1, 3885138
17	1, 3943324	1, 3928725	1, 3914079	1, 3899382	1, 3884636
17,5	1, 3942822	1, 3928223	1, 3913577	1, 3898880	1, 3884134
18	1, 3942320	1, 3927721	1, 3913075	1, 3898378	1, 3883632
18,5	1, 3941817	1, 3927219	1, 3912573	1, 3897875	1, 3883129
19	1, 3941314	1, 3926716	1, 3912071	1, 3897372	1, 3882626
19,5	1, 3940811	1, 3926213	1, 3911568	1, 3896869	1, 3882123
20	1, 3940308	1, 3925710	1, 3911065	1, 3896366	1, 3881620
20,5	1, 3939805	1, 3925207	1, 3910562	1, 3895863	1, 3881117
21	1, 3939302	1, 3924704	1, 3910059	1, 3895360	1, 3880614
21,5	1, 3938799	1, 3924201	1, 3909556	1, 3894857	1, 3880111
22	1, 3938296	1, 3923698	1, 3909053	1, 3894354	1, 3879608
22,5	1, 3937793	1, 3923195	1, 3908550	1, 3893851	1, 3879105
23	1, 3937290	1, 3922692	1, 3908047	1, 3893348	1, 3878602
23,5	1, 3936787	1, 3922189	1, 3907544	1, 3892845	1, 3878099
24	1, 3936284	1, 3921686	1, 3907041	1, 3892342	1, 3877596
24,5	1, 3935781	1, 3921183	1, 3906538	1, 3891839	1, 3877093
25	1, 3935278	1, 3920680	1, 3906035	1, 3891336	1, 3876590
25,5	1, 3934775	1, 3920177	1, 3905532	1, 3890833	1, 3876087
26	1, 3934272	1, 3919674	1, 3905029	1, 3890330	1, 3875584
26,5	1, 3933769	1, 3919171	1, 3904525	1, 3889827	1, 3875081
27	1, 3933265	1, 3918668	1, 3904021	1, 3889323	1, 3874577
27,5	1, 3932761	1, 3918164	1, 3903517	1, 3888819	1, 3874073
28	1, 3932257	1, 3917660	1, 3903013	1, 3888315	1, 3873569
28,5	1, 3931753	1, 3917156	1, 3902509	1, 3887811	1, 3873065
29	1, 3931249	1, 3916652	1, 3902005	1, 3887307	1, 3872561
29,5	1, 3930745	1, 3916148	1, 3901501	1, 3886803	1, 3872057
+30	1, 3930241	1, 3915644	1, 3900997	1, 3886299	1, 3871554
Diff.	0, 0014598	0, 0014646	0, 0014698	0, 0014746	0, 0014798

TABLE I.

Therm. Reaumur.	Hauteur du Baromètre.				
	24ᵖ 5ˡ	24ᵖ 4ˡ	24ᵖ 3ˡ	24ᵖ 2ˡ	24ᵖ 1ˡ
—15°	1, 3901871	1, 3887021	1, 3872121	1, 3857173	1, 3842170
14,5	1, 3901372	1, 3886522	1, 3871622	1, 3856674	1, 3841672
14	1, 3900873	1, 3886023	1, 3871123	1, 3856175	1, 3841173
13,5	1, 3900374	1, 3885524	1, 3870624	1, 3855676	1, 3840674
13	1, 3899875	1, 3885025	1, 3870125	1, 3855177	1, 3840175
12,5	1, 3899376	1, 3884526	1, 3869626	1, 3854578	1, 3839676
12	1, 3898877	1, 3884027	1, 3869127	1, 3854179	1, 3839177
11,5	1, 3898378	1, 3883528	1, 3868628	1, 3853680	1, 3838678
11	1, 3897879	1, 3883029	1, 3868129	1, 3853181	1, 3838179
10,5	1, 3897380	1, 3882530	1, 3867630	1, 3852682	1, 3837680
10	1, 3896881	1, 3882031	1, 3867131	1, 3852183	1, 3837181
9,5	1, 3896382	1, 2881532	1, 3866632	1, 3851684	1, 3836682
9	1, 3895883	1, 3881033	1, 3866133	1, 3851185	1, 3836183
8,5	1, 3895383	1, 3880534	1, 3865634	1, 3850686	1, 3835684
8	1, 3894883	1, 3880035	1, 3865135	1, 3850187	1, 3835184
7,5	1, 3894383	1, 3879535	1, 3864636	1, 3849687	1, 3834684
7	1, 3893883	1, 3879035	1, 3864137	1, 3849188	1, 3834184
6,5	1, 3893383	1, 3878535	1, 3863637	1, 3848688	1, 3833684
6	1, 3892883	1, 3878035	1, 3863137	1, 3848188	1, 3833184
5,5	1, 3892383	1, 3877535	1, 3862637	1, 3847688	1, 3832684
5	1, 3841883	1, 3877035	1, 3862137	1, 3847188	1, 3832184
4,5	1, 3891383	1, 3876535	1, 3861637	1, 3846688	1, 3831684
4	1, 3890883	1, 3876035	1, 3861137	1, 3846188	1, 3831184
3,5	1, 3890383	1, 3875535	1, 3860637	1, 3845688	1, 3830684
3	1, 3889883	1, 3875035	1, 3860137	1, 3845188	1, 3830184
2,5	1, 3889383	1, 3874535	1, 3859637	1, 3844688	1, 3829684
2	1, 3888883	1, 3874035	1, 3859137	1, 3844188	1, 3829184
1,5	1, 3888383	1, 3873535	1, 3858637	1, 3843688	1, 3828684
1	1, 3887883	1, 2873035	1, 3858137	1, 3843188	1, 3828184
— 0,5	1, 3887383	1, 3872535	1, 3857637	1, 3842688	1, 3827684
0	1, 3886883	1, 3872035	1, 3857137	1, 3842188	1, 3827184
Diff.	0, 0014849	0, 0014899	0, 0014949	0, 0015004	0, 0015053

TABLE I.

Therm. Reaumur.	Hauteur du Baromètre.				
	24^p 5^l	24^p 4^l	24^p 3^l	24^p 2^l	24^p 1^l
0°	1, 3886883	1, 3872035	1, 3857137	1, 3842188	1, 3827184
0,5	1, 3886383	1, 3871535	1. 3856637	1, 3841688	1, 3826684
1	1, 3885883	1, 3871035	1, 3856137	1, 3841187	1, 3826184
1,5	1, 3885383	1, 3870534	1, 3855636	1, 3840686	1, 3825684
2	1, 3884883	1, 3870033	1, 3855135	1, 3840185	1, 3825184
2,5	1, 3884383	1, 3869532	1. 3854634	1, 3839684	1, 3824683
3	1, 3883882	1, 3869031	1, 3854133	1, 3839183	1, 3824182
3,5	1, 3883381	1, 3868530	1, 3853632	1, 3838682	1, 3823681
4	1, 3882880	1, 3868029	1, 3853131	1, 3838181	1, 3823180
4,5	1, 3882379	1, 3867528	1, 3852630	1, 3837680	1, 3822679
5	1, 3881878	1, 3867027	1, 3852129	1, 3837179	1, 3822178
5,5	1, 3881377	1, 3866526	1, 3851628	1, 3836678	1, 3821677
6	1, 3880876	1, 3866025	1, 3851127	1, 3836177	1, 3821176
6,5	1, 3880375	1, 3865524	1, 3850626	1, 3835676	1, 3820675
7	1, 3879874	1, 3865023	1, 3850125	1, 3835175	1, 3820174
7,5	1, 3879373	1, 3864522	1, 3849624	1, 3834674	1, 3819673
8	1, 3878872	1, 3864021	1, 3849123	1, 3834173	1, 3819172
8,5	1, 3878371	1, 3863520	1, 3848622	1, 3833672	1, 3818671
9	1, 3877870	1, 3863019	1, 3848121	1, 3833171	1, 3818170
9,5	1, 3877368	1, 3862518	1, 3847620	1, 3832670	1, 3817669
10	1, 3876866	1. 3862017	1, 3847119	1, 3832169	1, 3817168
10,5	1, 3876364	1, 3861515	1, 3846617	1, 3831668	1, 3816666
11	1, 3875862	1, 3861013	1, 3846115	1, 3831166	1, 3816164
11,5	1, 3875360	1, 3860511	1, 3845613	1, 3830664	1, 3815662
12	1, 3874858	1, 3860009	1, 3845111	1, 3830162	1, 3815160
12,5	1, 3874356	1, 3859507	1, 3844609	1, 3829660	1, 3814658
13	1, 3873854	1, 3859005	1, 3844107	1, 3829158	1, 3814156
13,5	1, 3873352	1, 3858503	1, 3843605	1, 3828656	1, 3813654
14	1, 3872850	1, 3858001	1, 3843103	1, 3828154	1, 3813152
14,5	1, 3872348	1, 3857499	1, 3842601	1, 3827652	1, 3812650
15	1, 3871846	1, 3856997	1, 3842099	1, 3827150	1, 3812148
Diff.	0, 0014849	0, 0014898	0, 0014949	0, 0015003	0, 0015054

TABLE I.

Therm. Reaumur.	Hauteur dn Baromètre.				
	24^p 5^l	24^p 4^l	24^p 3^l	24^p 2^l	24^p 1^l
+15°	1, 3871846	1, 3856997	1, 3842099	1, 3827150	1, 3812148
15,5	1, 3871345	1, 3856495	1, 3841597	1, 3826648	1, 3811646
16	1, 3870843	1, 3855993	1, 3841095	1, 3826146	1, 3811144
16,5	1, 3870342	1, 3855491	1, 3840593	1, 3825644	1, 3810642
17	1, 3869840	1, 3854989	1, 3840091	1, 3825142	1, 3810140
17,5	1, 3869337	1, 3854487	1, 3839589	1, 3824640	1, 3809638
18	1, 3868834	1, 3853985	1, 3839087	1, 3824138	1, 3809136
18,5	1, 3868331	1, 3853483	1, 3838585	1, 3823636	1, 3808633
19	1, 3867828	1, 3852980	1, 3838082	1, 3823134	1, 3808130
19,5	1, 3867325	1, 3852477	1, 3837579	1, 3822631	1, 3807627
20	1, 3866822	1, 3851974	1, 3837076	1, 3822128	1, 3807124
20,5	1, 3866319	1, 3851471	1, 3836573	1, 3821625	1, 3806621
21	1, 3865816	1, 3850968	1, 3836070	1, 3821122	1, 3806118
21,5	1, 3865313	1, 3850465	1, 3835567	1, 3820619	1, 3805615
22	1, 3864810	1, 3849962	1, 3835064	1, 3820116	1, 3805112
22,5	1, 3864307	1, 3849459	1, 3834561	1, 3819613	1, 3804609
23	1, 3863804	1, 3848956	1, 3834058	1, 3829110	1, 3804106
23,5	1, 3863301	1, 3848453	1, 3833555	1, 3818607	1, 3803603
24	1, 3862798	1, 3847950	1, 3833052	1, 3818104	1, 3803100
24,5	1, 3862295	1, 3847447	1, 3832549	1, 3817601	1, 3802597
25	1, 3861792	1, 3846944	1, 3832046	1, 3817098	1, 3802094
25,5	1, 3861289	1, 3846441	1, 3831543	1, 3816595	1, 3801591
26	1, 3860786	1, 3845938	1, 3831040	1, 3816091	1, 3801088
26,5	1, 3860283	1, 3845435	1, 3830537	1, 3815587	1, 3800585
27	1, 3859779	1, 3844932	1, 3830033	1, 3815083	1, 3800081
27,5	1, 3859275	1, 3844428	1, 3829529	1, 3814579	1, 3799577
28	1, 3858771	1, 3843924	1, 3829025	1, 3814075	1, 3799073
28,5	1, 3858267	1, 3843420	1, 3828521	1, 3813571	1, 3798569
29	1, 3857763	1, 3842916	1, 3828017	1, 3815062	1, 3798065
29,5	1, 3857259	1, 3842412	1, 3827513	1, 3812367	1, 3797561
30	1, 3856755	1, 3841908	1, 3827009	1, 3812059	1, 3797057
Diff.	0, 0014848	0, 0014899	0, 0014949	0, 0015002	0, 0015054

TABLE I.

Therm. Reaumur.	Hauteur du Baromètre.				
	24ᵖ 0ˡ	23ᵖ 11ˡ	23ᵖ 10ˡ	23ᵖ 9ˡ	23ᵖ 8ˡ
—15°	1, 3827117	1, 3812012	1, 3796853	1, 3781641	1, 3766377
14,5	1, 3826618	1, 3811513	1, 3796354	1, 3781142	1, 3765878
14	1, 3826119	1, 3811014	1, 3795855	1, 3780643	1, 3765379
13,5	1, 3825620	1, 3810515	1, 3795356	1, 3780144	1, 3764880
13	1, 3825121	1, 3810016	1, 3794857	1, 3779645	1, 3764381
12,5	1, 3824622	1, 3809517	1. 3794358	1, 3779146	1, 3763882
12	1, 3824123	1, 3809018	1, 3793859	1, 3778647	1, 3763383
11,5	1, 3823624	1, 3808519	1, 3793360	1, 3778148	1, 3762884
11	1, 3823125	1, 3808020	1, 3792861	1, 3777649	1, 3762385
10,5	1, 3822626	1, 3807521	1, 3792362	1, 3777150	1, 3761886
10	1, 3822127	1, 3807022	1, 3791863	1, 3776651	1, 3761387
9,5	1, 3821628	1, 3806523	1. 3791364	1, 3776152	1, 3760888
9	1, 3821129	1, 3806024	1, 3790865	1, 3775653	1, 3760389
8,5	1, 3820630	1, 3805525	1, 3790366	1, 3775154	1, 3759890
8	1, 3820131	1, 3805026	1, 3789867	1, 3774655	1, 3759390
7,5	1, 3819631	1, 3804527	1, 3789367	1, 3774156	1, 3758890
7	1, 3819131	1, 3804028	1, 3788867	1, 3773656	1, 3758390
6,5	1, 3818631	1, 3803528	1, 3788367	1, 3773156	1, 3757890
6	1, 3818131	1, 3803028	1, 3787867	1, 3772656	1, 3757390
5,5	1, 3817631	1, 3802528	1, 3787367	1, 3772156	1, 3756890
5	1, 3817131	1, 3802028	1, 3786867	1, 3771656	1, 3756390
4,5	1, 3816631	1, 3801528	1, 3786367	1, 3771156	1, 3755890
4	1, 3816131	1, 3801028	1, 3785867	1, 3770656	1, 3755390
3,5	1, 3815631	1, 3800528	1, 3785367	1, 3770156	1, 3754890
3	1, 3815131	1, 3800028	1, 3784867	1, 3769656	1, 3754390
2,5	1, 3814631	1, 3799528	1, 3784367	1, 3769156	1, 3753890
2	1, 3814131	1, 3799028	1, 3783867	1, 3768656	1, 3753390
1,5	1, 3813631	1, 3798528	1, 3783367	1, 3768156	1, 3752890
1	1, 3813131	1, 3798028	1, 3782867	1, 3767656	1, 3752390
— 0,5	1, 3812631	1, 3797528	1, 3782367	1, 3767156	1, 3751890
0	1, 3812131	1, 3797028	1, 3781867	1, 3766656	1, 3751390
Diff.	0, 0015104	0, 0015160	0, 0015211	0, 0015265	0, 0015320

TABLE I.

Therm. Reaumur.	Hauteur du Baromètre.				
	24^d 0^l	23^p 11^l	23^p 10^l	23^p 9^l	23^p 8^l
0°	1, 3812131	1, 3797028	1, 3781867	1, 3766656	1, 3751390
+ 0,5	1, 3811631	1, 3796528	1, 3781367	1, 3766156	1, 3750890
1	1, 3811131	1, 3796028	1, 3780867	1, 3765656	1, 3750390
1,5	1, 3810631	1, 3795528	1, 3780366	1, 3765155	1, 3749890
2	1, 3810131	1, 3795027	1, 3779865	1, 3764654	1, 3749390
2,5	1, 3809630	1, 3794526	1, 3779364	1, 3764153	1, 3748889
3	1, 3809129	1, 3794025	1, 3778863	1, 3763652	1, 3748388
3,5	1, 3808628	1, 3793524	1, 3778362	1, 3763151	1, 3747887
4	1, 3808127	1, 3793023	1, 3777861	1, 3762650	1, 3747386
4,5	1, 3807626	1, 3792522	1, 3777360	1, 3762149	1, 3746885
5	1, 3807125	1, 3792021	1, 3776859	1, 3761648	1, 3746384
5,6	1, 3806624	1, 3791520	1, 3776358	1, 3761147	1, 3745883
6	1, 3806123	1, 3791019	1, 3775857	1, 3760646	1, 3745382
6,5	3, 3805622	1, 3790518	1, 3775356	1, 3760145	1, 3744881
7	1, 3805121	1, 3790017	1, 3774855	1, 3759644	1, 3744380
7,5	1, 3804620	1, 3789516	1, 3774354	1, 3759143	1, 3743879
8	1, 3804119	1, 3789015	1, 3773853	1, 3758642	1, 3743378
8,5	1, 3803618	1, 3788514	1, 3773352	1, 3758141	1, 3742877
9	1, 3803117	1, 3788013	1, 3772851	1, 3757640	1, 3742376
9,5	1, 3802615	1, 3787512	1, 3772350	1, 3757138	1, 3741875
10	1, 3802113	1, 3787011	1, 3771849	1, 3756636	1, 3741373
10,5	1, 3801611	1, 3786509	1, 3771348	1, 3756134	1, 3740871
11	1, 3801109	1, 3786007	1, 3770846	1, 3755632	1, 3740369
11,5	1, 3800607	1, 3785505	1, 3770344	1, 3755130	1, 3739867
12	1, 3800105	1, 3785003	1, 3769842	1, 3754628	1, 3739365
12,5	1, 3799603	1, 3784501	1, 3769340	1, 3754126	1, 3738863
13	1, 3799101	1, 3783999	1, 3768838	1, 3753624	1, 3738361
13,5	1, 3798599	1, 3783497	1, 3768336	1, 3753122	1, 3737859
14	1, 3798097	1, 3782995	1, 3767834	1, 3752621	1, 3737357
14,5	1, 3797595	1, 3782493	1, 3767332	1, 3752119	1, 3736855
15	1, 3797093	1, 3781991	1, 3766830	1, 3751617	1, 3736353
Diff.	0, 0015102	0, 0015161	0, 0015212	0, 0015265	0, 0015320

TABLE I.

Therm. Reaumur.	Hauteur du Baromètre.				
	24ᵖ 0ˡ	23ᵖ 11ˡ	23ᵖ 10ˡ	23ᵖ 9ˡ	23ᵖ 8ˡ
+15°	1, 3797093	1, 3781991	1, 3766830	1, 3751617	1, 3736353
15,5	1, 3796591	1, 3781489	1, 3766328	1, 3751115	1, 3735851
16	1, 3796089	1, 3780987	1, 3765826	1, 3750613	1, 3735349
16,5	1, 3795587	1, 3780485	1, 3765324	1, 3750111	1, 3734847
17	1, 3795085	1, 3779983	1, 3764822	1, 3749609	1, 3734345
17,5	1, 3794583	1, 3779481	1, 3764320	1, 3749107	1, 3733843
18	1, 3794081	1, 3778978	1, 3763817	1, 3748605	1, 3733341
18,5	1, 3793579	1, 3778475	1, 3763314	1, 3748103	1, 3732838
19	1, 3793077	1, 3777972	1, 3762811	1, 3747600	1, 3732335
19,5	1, 3792574	1, 3777469	1, 3762308	1, 3747097	1, 3731832
20	1, 3792071	1, 3776966	1, 3761805	1, 3746594	1, 3731329
20,5	1, 3791568	1, 3776463	1, 3761302	1, 3746091	1, 3730826
21	1, 3791065	1, 3775960	1, 3760799	1, 3745588	1, 3730323
21,5	1, 3790562	1, 3775457	1, 3760296	1, 3745085	1, 3729820
22	1, 3790059	1, 3774954	1, 3759793	1, 3744582	1, 3729317
22,5	1, 3789556	1, 3774451	1, 3759290	1, 3744079	1, 3728814
23	1, 3789053	1, 3773948	1, 3758787	1, 3743576	1, 3728311
23,5	1, 3788550	1, 3773445	1, 3758284	1, 3743073	1, 3727808
24	1, 3788047	1, 3772942	1, 3757781	1, 3742570	1, 3727305
24,5	1, 3787544	1, 3772439	1, 3757278	1, 3742067	1, 3726802
25	1, 3787041	1, 3771936	1, 3756775	1, 3741564	1, 3726299
25,5	1, 3786538	1, 3771433	1, 3756272	1, 3741061	1, 3725796
26	1, 3786035	1, 3770930	1, 3755769	1, 3740558	1, 3725293
26,5	1, 3785531	1. 3770427	1, 3755266	1, 3740055	1, 3724790
27	1, 3785027	1, 3769923	1, 3754763	1, 3739552	1, 3724286
27,5	1, 3784523	1, 3769419	1, 3754260	1, 3739048	1, 3723782
28	1, 3784019	1, 3768915	1, 3753756	1, 3738544	1, 3723278
28,5	1, 3783515	1, 3768411	1, 3753252	1, 3738040	1, 3722774
29	1, 3783011	1, 3767907	1, 3752748	1, 3737536	1, 3722270
29,5	1, 3782507	1, 3767403	1, 3752244	1, 3737032	1, 3721766
30	1, 3782003	1, 3766899	1, 3751740	1, 3736528	1, 3721262
Diff.	0, 0015103	0, 0015160	0, 0015212	0, 0015265	0, 0015320

TABLE I.

Therm. Reaumur.	Hauteur du Baromètre.				
	23ᵖ 7ˡ	23ᵖ 6ˡ	23ᵖ 5ˡ	23ᵖ 4ˡ	23ᵖ 3ˡ
—15°	1, 3751056	1, 3735683	1, 3720256	1, 3704772	1, 3689234
14,5	1, 3750557	1, 3735184	1, 3719757	1, 3704273	1, 3688735
14	1, 3750058	1, 3734685	1, 3719258	1, 3703774	1, 3688236
13,5	1, 3749559	1, 3734186	1, 3718759	1, 3703275	1, 3687737
13	1, 3749060	1, 3733687	1, 3718260	1, 3702776	1, 3687238
12,5	1, 3748561	1, 3733188	1, 3717761	1, 3702277	1, 3686739
12	1, 3748062	1, 3732689	1, 3717262	1, 3701778	1, 3686240
11,5	1, 3747563	1, 3732190	1, 3716763	1, 3701279	1, 3685741
11	1, 3747064	1, 3731691	1, 3716264	1, 3700780	1, 3685242
10,5	1, 3746565	1, 3731192	1, 3715765	1, 3700281	1, 3684743
10	1, 3746066	1, 3730693	1, 3715266	1, 3699782	1, 3684244
9,5	1, 3745567	1, 3730194	1, 3714767	1, 3699283	1, 3683745
9	1, 3745068	1, 3729695	1, 3714268	1, 3698784	1, 3683246
8,5	1, 3744569	1, 3729196	1, 3713769	1, 3698285	1, 3682747
8	1, 3744070	1, 3728697	1, 3713270	1, 3697786	1, 3682248
7,5	1, 3743571	1, 3728198	1, 3712769	1, 3697286	1, 3681749
7	1, 3743071	1, 3727698	1, 3712270	1, 3696786	1, 3681249
6,5	1, 3742571	1, 3727198	1, 3711770	1, 3696286	1, 3680749
6	1, 3742071	1, 3726698	1, 3711270	1, 3695786	1, 3680249
5,5	1, 3741571	1, 3726198	1, 3710770	1, 3695286	1, 3679749
5	1, 3741071	1, 3725698	1, 3710270	1, 3694786	1, 3679249
4,5	1, 3740571	1, 3725198	1, 3709770	1, 3694286	1, 3678749
4	1, 3740071	1, 3724698	1, 3709270	1, 3693786	1, 3678249
3,5	1, 3739571	1, 3724198	1, 3708770	1, 3693286	1, 3677749
3	1, 3739071	1, 3723698	1, 3708270	1, 3692786	1, 3677249
2,5	1, 3738571	1, 3723198	1, 3707770	1, 3692286	1, 3676749
2	1, 3738071	1, 3722698	1, 3707270	1, 3691786	1, 3676249
1,5	1, 3737571	1, 3722198	1, 3706770	1, 3691286	1, 3675749
1	1, 3737071	1, 3721698	1, 3706270	1, 3690786	1, 3675249
— 0,5	1, 3736571	1, 2721198	1, 3705770	1, 3690286	1, 3674749
0	1, 3736071	1, 3720698	1, 3705270	1, 3689786	1, 3674249
Diff.	0, 0015373	0, 0015428	0, 0015484	0, 0015537	0, 0015594

TABLE I.

Therm. Reaumur.	Hauteur du Baromètre.				
	$23^p \ 7^l$	$23^p \ 6^l$	$23^p \ 5^l$	$23^p \ 4^l$	$23^p \ 3^l$
0°	1, 3736071	1, 3720698	1, 3705270	1, 3689786	1, 3674249
0,5	1, 3735571	1, 3720198	1, 3704770	1, 3689286	1, 3673749
1	1, 3735071	1, 3719698	1, 3704270	1, 3688786	1, 3673249
1,5	1, 3734571	1, 3719197	1, 3703770	1, 3688286	1, 3672748
2	1, 3734071	1, 3718696	1, 3703269	1, 3687786	1, 3672247
2,5	1. 3733570	1, 3718195	1, 3702768	1, 3687285	1, 3671746
3	1, 3733069	1, 3717694	1, 3702267	1, 3686784	1, 3671245
3,5	1, 3732568	1, 3717193	1, 3701766	1, 3686283	1, 3670744
4	1, 3732067	1, 3716692	1, 3701265	1, 3685782	1, 3670243
4,5	1, 3731566	1, 3716191	1, 3700764	1, 3685281	1, 3669742
5	1, 3731065	1, 3715690	1, 3700263	1, 3684780	1, 3669241
5,5	1, 3730564	1, 3715189	1, 3699762	1, 3684279	1, 3668740
6	1, 3730063	1, 3714688	1, 3699261	1, 3683778	1, 3668239
6,5	1, 3729562	1, 3714187	1, 3698760	1, 3683277	1, 3667738
7	1, 3729061	1, 3713686	1, 3698259	1, 3682776	1, 3667237
7,5	1, 3728560	1, 3713185	1, 3697758	1, 3682275	1, 3666736
8	1, 3728059	1, 3712684	1, 3697257	1, 3681774	1, 3666235
8,5	1, 3727557	1, 3712183	1, 3696756	1, 3681273	1, 3665734
9	1, 3727055	1, 3711682	1, 3696255	1, 3680772	1, 3665233
9,5	1, 3726553	1, 3711181	1, 3695754	1, 3680271	1, 3664732
10	1, 3726051	1, 3710680	1, 3695253	1, 3679770	1, 3664230
10,5	1, 3725549	1, 3710178	1, 3694752	1, 3679268	1, 3663728
11	1, 3725047	1, 3709676	1, 3694251	1, 3678766	1, 3663226
11,5	1, 3724545	1, 3709174	1. 3693749	1, 3678264	1, 3662724
12	1, 3724043	1, 3708672	1, 3693247	1, 3677762	1, 3662222
12,5	1, 3723541	1, 3708170	1, 3692745	1, 3677260	1, 3661720
13	1, 3723039	1, 3707668	1, 3692243	1, 3676758	1, 3661218
13,5	1, 3722537	1, 3707166	1, 3691741	1, 3676256	1, 3660716
14	1, 3722035	1, 3706664	1, 3691239	1, 3675754	1, 3660214
14,5	1, 3721533	1, 3706162	1, 3690737	1, 3675252	1, 3659712
15	1, 3721031	1, 3705660	1, 3690235	1, 3674750	1, 3659210
Diff.	0, 0015372	0, 0015426	0, 0015484	0, 0015538	0, 0015593

TABLE I.

Therm. Reaumur.	Hauteur du Baromètre.				
	23^p 7^l	23^p 6^l	23^p 5^l	23^p 4^l	23^p 3^l
+15°	1, 3721031	1, 3705660	1, 3690235	1, 3674750	1, 3659210
15,5	1, 3720529	1, 3705158	1, 3689733	1, 3674248	1, 3658708
16	1, 3720027	1, 3704656	1, 3689231	1, 3673746	1, 3658206
16,5	1, 3719525	1, 3704154	1, 3688729	1, 3673244	1, 3657704
17	1, 3719023	1, 3703652	1, 3688227	1, 3672742	1, 3657202
17,5	1, 3718521	1, 3703150	1, 3687725	1, 3672240	1, 3656700
18	1, 3718019	1, 3702648	1, 3687223	1, 3671738	1, 3656198
18,5	1, 3717517	1, 3702145	1, 3686720	1, 3671236	1, 3655696
19	1, 3717015	1, 3701642	1, 3686217	1, 3670733	1, 3655193
19,5	1, 3716512	1, 3701139	1, 3685714	1, 3670230	1, 3654690
20	1, 3716009	1, 3700636	1, 3685211	1, 3669727	1, 3654187
20,5	1, 3715506	1, 3700133	1, 3684708	1, 3669224	1, 3653684
21	1, 3715003	1, 3699630	1, 3684205	1, 3668721	1, 3653181
21,5	1, 3714500	1, 3699127	1, 3683702	1, 3668218	1, 3652678
22	1, 3713997	1, 3698624	1, 3683199	1, 3667715	1, 3652175
22,5	1, 3713494	1, 3698121	1, 3682696	1, 3667212	1, 3651672
23	1, 3712991	1, 3697618	1, 3682193	1, 3666709	1, 3651169
23,5	1, 3712488	1, 3697115	1, 3681690	1, 3666206	1, 3650666
24	1, 3711985	1, 3696612	1, 3681187	1, 3665703	1, 3650163
24,5	1, 3711482	1, 3696109	1, 3680684	1, 3665200	1, 3649660
25	1, 3710979	1, 3695606	1, 3680181	1, 3664697	1, 3649157
25,5	1, 3710476	1, 3695103	1, 3679678	1, 3664194	1, 3648654
26	1, 3709973	1, 3694600	1, 3679175	1, 3663691	1, 3648151
26,5	1, 3709470	1, 3694097	1, 3678672	1, 3663188	1, 3647648
27	1, 3708967	1, 3693594	1, 3678168	1, 3662684	1, 3647145
27,5	1, 3708463	1, 3693091	1, 3677664	1, 3662180	1, 3646642
28	1, 3707959	1, 3692587	1, 3677160	1, 3662676	1, 3646138
28,5	1, 3707455	1, 3692083	1, 3676656	1, 3662172	1, 3645634
29	1, 3706951	1, 3691579	1, 3676152	1, 3660668	1, 3645130
29,5	1, 3706447	1, 3691075	1, 3675648	1, 3660164	1, 3644626
30	1, 3705943	1, 3690571	1, 3675144	1, 3659660	1, 3644122
Diff.	0, 0015371	0, 0015426	0, 0015484	0, 0015539	0, 0015593

TABLE I.

Therm. Reaumur.	Hauteur du Baromètre.				
	23ᵖ 2ˡ	23ᵖ 1ˡ	23ᵖ 0ˡ	22ᵖ 11ˡ	22ᵖ 10ˡ
—15°	1, 3673641	1, 3657991	1, 3642284	1, 3626521	1, 3610696
14,5	1, 3673142	1, 3657492	1, 3641785	1, 3626022	1, 3610197
14	1, 3672643	1, 3656993	1, 3641286	1, 3625523	1, 3609698
13,5	1, 3672144	1, 3656494	1, 3640787	1, 3625024	1, 3609199
13	1, 3671645	1, 3655995	1, 3640288	1, 3624525	1. 3608700
12,5	1. 3671146	1, 3655496	1, 3639789	1. 3624026	1, 3608201
12	1, 3670647	1, 3654997	1, 3639290	1, 3623527	1, 3607702
11,5	1, 3670148	1, 3654498	1, 3638791	1, 3623028	1, 3607203
11	1, 3669649	1, 3653999	1, 3638292	1, 3622529	1, 3606704
10,5	1, 3669150	1, 3653500	1, 3637792	1, 3622030	1, 3606205
10	1, 3668651	1, 3653001	1, 3637294	1, 3621531	1, 3605706
9,5	1, 3668152	1, 3652502	1, 3636795	1. 3621032	1, 3605207
9	1, 3667653	1, 3652003	1, 3636296	1, 3620533	1, 3604708
8,5	1, 3667153	1, 3651504	1, 3635797	1, 3620034	1, 3604209
8	1, 3666653	1, 3651005	1, 3635298	1, 3619534	1, 3603710
7,5	1, 3666153	1, 3650505	1, 3634798	1, 3619034	1, 3603211
7	1, 3665653	1, 3650005	1, 3634298	1, 3618534	1, 3602712
6,5	1, 3665153	1, 3649505	1, 3633798	1, 3618034	1, 3602212
6	1, 3664653	1, 3649005	1, 3633298	1, 3617534	1, 3601712
5,5	1, 3664153	1, 3648505	1, 3632798	1, 3617034	1, 3601212
5	1, 3663653	1, 3648005	1, 3632298	1, 3616534	1, 3600712
4,5	1, 3663153	1, 3647505	1, 3631798	1, 3616034	1, 3600212
4	1, 3662653	1, 3647005	1, 3631298	1, 3615534	1, 3599712
3,5	1, 3662153	1, 3646505	1, 3630798	1, 3615034	1, 3599212
3	1, 3661653	1, 3646005	1, 3630298	1, 3614534	1, 3598712
2,5	1, 3661153	1, 3645505	1, 3629798	1, 3614034	1, 3598212
2	1, 3660653	1, 3645005	1, 3629298	1, 3613534	1, 3597712
1,5	1, 3660153	1, 3644505	1, 3628798	1, 3613034	1, 3597212
1	1, 3659653	1, 3644005	1, 3628298	1, 3612534	1, 3596712
—0,5	1, 3659153	1, 3643505	1, 3627798	1, 3612034	1, 3596212
0	1, 3658653	1, 3643005	1, 3627298	1, 3611534	1, 3595712
Diff.	0, 0015649	0, 0015707	0, 0015764	0, 0015823	0, 0015879

TABLE I.

Therm. Beaumur.	*Hauteur du Baromètre.*				
	23^p 2^l	23^p 1^l	23^p 0^l	22^p 11^l	22^p 10^l
0°	1,3658653	1,3643005	1,3627298	1,3611534	1,3595712
┼ 0,5	1,3658153	1,3642505	1,3626798	1,3611034	1,3595212
1	1,3657653	1,3642005	1,3626298	1,3610534	1,3594712
1,5	1,3657153	1,3641504	1,3625797	1,3610034	1,3594211
2	1,3656653	1,3641003	1,3625296	1,3609533	1,3593710
2,5	1,3656153	1,3640502	1,3624795	1,3609032	1,3593209
3	1,3655652	1,3640001	1,3624294	1,3608531	1,3592708
3,5	1,3655151	1,3639500	1,3623793	1,3608030	1,3592207
4	1,3654650	1,3638999	1,3623292	1,3607529	1,3591706
4,5	1,3654149	1,3638498	1,3622791	1,3607028	1,3591205
5	1,3653648	1,3637997	1,3622290	1,3606527	1,3590704
5,6	1,3653147	1,3637496	1,3621789	1,3606026	1,3590203
6	1,3652646	1,3636995	1,3621288	1,3605525	1,3589702
6,5	1,3652145	1,3636494	1,3620787	1,3605024	1,3589201
7	1,3651644	1,3635993	1,3620286	1,3604523	1,3588700
7,5	1,3651143	1,3635492	1,3619785	1,3604022	1,3588199
8	1,3650642	1,3634991	1,3619284	1,3603521	1,3587698
8,5	1,3650141	1,3634490	1,3618783	1,3603020	1,3587197
9	1,3649640	1,3633989	1,3618282	1,3602519	1,3586696
9,5	1,3649139	1,3633488	1,3617781	1,3602018	1,3586195
10	1,3648638	1,3632986	1,3617280	1,3601516	1,3585693
10,5	1,3648137	1,3632484	1,3616779	1,3601014	1,3585191
11	1,3647635	1,3631982	1,3616277	1,3600512	1,3584689
11,5	1,3647133	1,3631480	1,3615775	1,3600010	1,3584187
12	1,3646631	1,3630978	1,3615273	1,3599508	1,3583685
12,5	1,3646129	1,3630476	1,3614771	1,3599006	1,3583183
13	1,3645627	1,3629974	1,3614269	1,3598504	1,3582681
13,5	1,3645125	1,3629472	1,3613767	1,3598002	1,3582179
14	1,3644623	1,3628970	1,3613265	1,3597500	1,3581677
14,5	1,3644121	1,3628468	1,3612763	1,3596998	1,3581175
┼15	1,3643619	1,3627966	1,3612261	1,3596496	1,3580673
Diff.	0,0015650	0,0015706	0,0015764	0,0015823	0,0015877

TABLE I.

Therm. Reaumur.	Hauteur du Baromètre.				
	23^p 2^l	23^p 1^l	23^p 0^l	22^p 11^l	22^p 10^l
+15°	1, 3643619	1, 3627966	1, 3612261	1, 3596496	1, 3580673
15,5	1, 3643117	1, 3627464	1, 3611759	1, 3595994	1, 3580171
16	1, 3642615	1, 3626962	1, 3611257	1, 3595492	1, 3579669
16,5	1, 3642113	1, 3626460	1, 3610755	1, 3594990	1, 3579167
17	1, 3641611	1, 3625958	1, 3610253	1, 3594488	1, 3578665
17,5	1, 3641109	1, 3625456	1, 3609751	1, 3593986	1, 3578163
18	1, 3640607	1, 3624953	1, 3609249	1, 3593484	1, 3577661
18,5	1, 3640105	1, 3624450	1, 3608747	1, 3592982	1, 3577159
19	1, 3639602	1, 3623947	1, 3608244	1, 3592480	1, 3576657
19,5	1, 3639099	1, 3623444	1, 3607741	1, 3591977	1, 3576154
20	1, 3638596	1, 3622941	1, 3607238	1, 3591474	1, 3575651
20,5	1, 3638093	1, 3622438	1, 3606735	1. 3590971	1, 3575148
21	1, 3637590	1, 3621935	1, 3606232	1, 3590468	1, 3574645
21,5	1, 3637087	1, 3621432	1, 3605729	1, 3589965	1, 3574142
22	1, 3636584	1, 3620929	1, 3605226	1, 3589462	1, 3573639
22,5	1, 3636081	1, 3620426	1, 3604723	1, 3588959	1, 3573136
23	1, 3635578	1, 3619923	1, 3604220	1, 3588456	1, 3572633
23,5	1, 3635075	1, 3619420	1, 3603717	1, 3587953	1, 3572130
24	1, 3634572	1, 3618917	1, 3603214	1, 3587450	1, 3571627
24,5	1, 3634069	1, 3618414	1, 3602711	1, 3586947	1, 3571124
25	1, 3633566	1, 3617911	1, 3602208	1, 3586444	1, 3570621
25,5	1, 3633063	1, 3617408	1, 3601705	1, 3585941	1, 3570118
26	1, 3632559	1, 3616905	1, 3601201	1, 3585438	1, 3569615
26,5	1, 3632055	1, 3616402	1, 3600697	1. 3584935	1, 3569112
27	1, 3631551	1, 3615899	1, 3600193	1, 3584431	1, 3568608
27,5	1, 3631047	1, 3615396	1, 3599689	1, 3583927	1, 3568104
28	1, 3630543	1, 3614893	1, 3599185	1, 3583423	1, 3567600
28,5	1, 3630039	1, 3614389	1, 3598681	1, 3582919	1, 3567096
29	1, 3629535	1, 3613885	1, 3598177	1, 3582415	1, 3566592
29,5	1, 3629031	1, 3613381	1, 3597673	1, 3581911	1, 3566088
+30	1, 3628527	1, 3612877	1, 3597169	1, 3581407	1, 3565584
Diff.	0, 0015651	0, 0015706	0, 0015764	0, 0015823	0, 0015877

TABLE I.

Therm. Reaumur.	Hauteur du Baromètre.				
	$22^{p}\ 9^{l}$	$22^{p}\ 8^{l}$	$22^{p}\ 7^{l}$	$22^{p}\ 6^{l}$	$22^{p}\ 5^{l}$
—15°	1,3594818	1,3578882	1,3562885	1,3546831	1,3530716
14,5	1,3594319	1,3578383	1,3562386	1,3546332	1,3530217
14	1,3593820	1,3577884	1,3561887	1,3545833	1,3529718
13,5	1,3593321	1,3577385	1,3561388	1,3545334	1,3529219
13	1,3592822	1,3576886	1,3560889	1,3544835	1,3528720
12,5	1,3592323	1,3576387	1,3560390	1,3544336	1,3528221
12	1,3591824	1,3575888	1,3559891	1,3543837	1,3527722
11,5	1,3591325	1,3575389	1,3559392	1,3543338	1,3527223
11	1,3590826	1,3574890	1,3558893	1,3542839	1,3526724
10,5	1,3590327	1,3574391	1,3558394	1,3542340	1,3526225
10	1,3589828	1,3573892	1,3557895	1,3541841	1,3525726
9,5	1,3589329	1,3573393	1,3557396	1,3541342	1,3525227
9	1,3588830	1,3572894	1,3556897	1,3540843	1,3524728
8,5	1,3588331	1,3572395	1,3556398	1,3540344	1,3524229
8	1,3587832	1,3571896	1,3555899	1,3539845	1,3523730
7,5	1,3587332	1,3571396	1,3555399	1,3539345	1,3523230
7	1,3586832	1,3570896	1,3554899	1,3538845	1,3522730
6,5	1,3586332	1,3570396	1,3554399	1,3538345	1,3522230
6	1,3585832	1,3569896	1,3553899	1,3537845	1,3521730
5,5	1,3585332	1,3569396	1,3553399	1,3537345	1,3521230
5	1,3584832	1,3568896	1,3552899	1,3536845	1,3520730
4,5	1,3584332	1,3568396	1,3552399	1,3536345	1,3520230
4	1,3583832	1,3567896	1,3551899	1,3535845	1,3519730
3,5	1,3583332	1,3567396	1,3551399	1,3535345	1,3519230
3	1,3582832	1,3566896	1,3550899	1,3534845	1,3518730
2,5	1,3582332	1,3566396	1,3550399	1,3534345	1,3518230
2	1,3581832	1,3565896	1,3549899	1,3533845	1,3517730
1,5	1,3581332	1,3565396	1,3549399	1,3533345	1,3517230
1	1,3580832	1,3564896	1,3548899	1,3532845	1,3516730
— 0,5	1,3580332	1,3564396	1,3548399	1,3532345	1,3516230
0	1,3579832	1,3563896	1,3547899	1,3531845	1,3515730
Diff.	0,0015936	0,0015997	0,0016054	0,0016115	0,0016176

TABLE I.

Therm. Reaumur.	Hauteur du Baromètre.				
	22^p 9^l	22^p 8^l	22^p 7^l	22^p 6^l	22^p 5^l
0°	1,3579833	1,3563896	1,3547899	1,3531845	1,3515730
0,5	1,3579333	1,3563396	1,3547399	1,3531345	1,3515230
1	1,3578833	1,3562896	1,3546899	1,3530845	1,3514730
1,5	1,3578333	1,3562396	1,3546399	1,3530344	1,3514229
2	1,3577832	1,3561895	1,3545898	1,3529843	1,3513728
2,5	1,3577331	1.3561394	1,3545397	1,3529342	1,3513227
3	1,3576830	1.3560893	1,3544896	1,3528841	1,3512726
3,5	1,3576329	1,3560392	1,3544395	1,3528340	1,3512225
4	1,3575828	1,3559891	1,3543894	1,3527839	1,3511724
4,5	1,3575327	1,3559390	1,3543393	1,3527338	1,3511223
5	1,3574826	1,3558889	1,3542892	1,3526837	1,3510722
5,5	1,3574325	1.3558388	1.3542391	1.3526336	1,3510221
6	1,3573824	1,3557887	1,3541890	1,3525835	1,3509720
6,5	1,3573323	1,3557386	1,3541389	1,3525334	1,3509219
7	1,3572822	1,3556885	1,3540888	1,3524833	1,3508718
7,5	1,3572321	1,3556384	1,3540387	1,3524332	1,3508217
8	1,3571820	1,3555883	1,3539886	1,3523831	1,3507716
8,5	1,3571319	1,3555382	1,3539385	1,3523330	1,3507215
9	1,3570818	1,3554881	1,3538884	1,3522829	1,3506714
9,5	1,3570317	1,3554380	1,3538383	1,3522328	1,3506213
10	1,3569816	1,3553878	1,3537881	1,3521827	1,3505712
10,5	1,3569315	1,3553376	1,3537379	1,3521326	1,3505210
11	1,3568813	1,3552874	1,3536877	1,3520824	1,3504708
11,5	1,3568311	1,3552372	1,3536375	1,3520322	1,3504206
12	1,3567809	1,3551870	1,3535873	1,3519820	1,3503704
12,5	1.3567307	1,3551368	1,3535371	1,3519318	1,3503202
13	1,3566805	1,3550866	1,3534869	1,3518816	1,3502700
13,5	1,3566303	1,3550364	1,3534367	1,3518314	1,3502198
14	1,3565801	1,3549862	1,3533865	1,3517812	1,3501696
14,5	1,3565299	1,3549360	1,3533363	1,3517310	1,3501194
15	1,3564797	1.3548858	1.3532861	1.3516808	1,3500692
Diff.	0,0015938	0,0015997	0,0016054	0,0016115	0,0016175

TABLE I.

Therm. Reaumur.	Hauteur du Baromètre.				
	22ᵖ 9ˡ	22ᵖ 8ˡ	22ᵈ 7ˡ	22ᵖ 6ˡ	22ᵖ 5ˡ
+15°	1, 3564797	1, 3548858	1, 3532861	1, 3516808	1, 3500692
15,5	1, 3564295	1, 3548356	1, 3532359	1, 3516306	1, 3500190
16	1, 3363793	1, 3547854	1, 3531857	1, 3515804	1, 3499688
16,5	1, 3563291	1, 3547352	1, 3531355	1, 3515302	1, 3499186
17	1, 3562789	1, 3546850	1, 3530853	1, 3514800	1, 3498684
17,5	1, 3562287	1, 3546348	1, 3530351	1, 3514298	1, 3498182
18	1, 3561785	1, 3545846	1, 3529849	1, 3513795	1, 3497680
18,5	1, 3561282	1, 3545344	1, 3529347	1, 3513292	1, 3497178
19	1, 3560779	1, 3544842	1, 3528844	1, 3512789	1, 3496675
19,5	1, 3560276	1, 3544339	1, 3528341	1, 3512286	1, 3496172
20	1, 3559773	1, 3543836	1, 3527838	1, 3511783	1, 3495669
20,5	1, 3559270	1, 3543333	1, 3527335	1. 3511280	1, 3495166
21	1, 3558767	1, 3542830	1, 3526832	1, 3510777	1, 3494663
21,5	1, 3558264	1, 3542327	1, 3526329	1, 3510274	1, 3494160
22	1, 3557761	1, 3541824	1, 3525826	1, 3509771	1, 3493657
22,5	1, 3557258	1, 3541321	1, 3525323	1, 3509268	1, 3493154
23	1, 3556755	1, 3540818	1, 3524820	1, 3508765	1, 3492651
23,5	1, 3556252	1, 3540315	3, 3524317	1, 3508262	1, 3492148
24	1, 3555749	1, 3539812	1, 3523814	1, 3507759	1, 3491645
24,5	1, 3555246	1, 3539309	1, 3523311	1, 3507256	1, 3491142
25	1, 3554743	1, 3538806	1, 3522808	1, 3506753	1, 3490639
25,5	1, 3554240	1, 3538303	1, 3522305	1, 3506250	1, 3490136
26	1, 3553737	1, 3537800	1, 3521802	1, 3505747	1, 3489633
26,5	1, 3553234	1, 3537296	1, 3521299	1, 3505244	1, 3489130
27	1, 3552730	1, 3536792	1, 3520796	1, 3504740	1, 3488627
27,5	1, 3552226	1, 3536288	1, 3520292	1, 3504236	1, 3488124
28	1, 3551722	1, 3535784	1, 3519788	1, 3503732	1, 3487620
28,5	1, 3551218	1, 3535280	1, 3519284	1, 3503228	1, 3487116
29	1, 3550714	1, 3534776	1, 3518780	1, 3502724	1, 3486612
29,5	1, 3550210	1, 3534272	1, 3518276	1, 3502220	1, 3486108
+30	1, 3549706	1, 3533768	1. 3517772	1. 3501716	1, 3485604
Diff.	0, 0015938	0, 0015997	0, 0016054	0, 0016114	0, 0016176

TABLE I.

Therm. Reaumur.	Hauteur du Baromètre.				
	22^p 4^l	22^p 3^l	22^p 2^l	22^p 1^l	22^p 0^l
—15°	1, 3514540	1, 3498306	1, 3482009	1, 3465650	1, 3449231
14,5	1, 3514041	1, 3497807	1, 3481510	1, 3465151	1, 3448732
14	1, 3513542	1, 3497308	1, 3481011	1, 3464652	1, 3448233
13,5	1, 3513043	1, 3496809	1, 3480512	1, 3464153	1, 3447734
13	1, 3512544	1, 3496310	1, 3480013	1, 3463654	1, 3447235
12,5	1, 3512045	1, 3495811	1, 3479514	1, 3463155	1, 3446736
12	1, 3511546	1, 3495312	1, 3479015	1, 3462656	1, 3446237
11,5	1, 3511047	1, 3494813	1, 3478516	1, 3462157	1, 3445738
11,	1, 3510548	1, 3494314	1, 3478017	1, 3461658	1, 3445239
10,5	1, 3510049	1, 3493815	1, 3477518	1, 3461159	1, 3444740
10	1, 3509550	1, 3493316	1, 3477019	1, 3460660	1, 3444241
9,5	1, 3509051	1, 3492817	1, 3476520	1, 3460161	1, 3443742
9	1, 3508552	1, 3492318	1, 3476021	1, 3459662	1, 3443243
8,5	1, 3508053	1, 3491819	1, 3475522	1, 3459163	1, 3442744
8	1, 3507554	1, 3491319	1, 3475023	1, 3458664	1, 3442245
7,5	1, 3507054	1, 3490819	1, 3474524	1, 3458165	1, 3441746
7,	1, 3506554	1, 3490319	1, 3474024	1, 3457666	1, 3441246
6,5	1, 3506054	1, 3489819	1, 3473524	1, 3457166	1, 3440746
6	1, 3505554	1, 3489319	1, 3473024	1, 3456666	1, 3440246
5,5	1, 3505054	1, 3488819	1, 3472524	1, 3456166	1, 3439746
5	1, 3504554	1, 3488319	1, 3472024	1, 3455666	1, 3439246
4,5	1, 3504054	1, 3487819	1, 3471524	1, 3455166	1, 3438746
4	1, 3503554	1, 3487319	1, 3471024	1, 3454666	1, 3438246
3,5	1, 3503054	1, 3486819	1, 3470524	1, 3454166	1, 3437746
3	1, 3502554	1, 3486319	1, 3470024	1, 3453666	1, 3437246
2,5	1, 3502054	1, 3485819	1, 3469524	1, 3453166	1, 3436746
2	1, 3501554	1, 3485319	1, 3469024	1, 3452666	1, 3436246
1,5	1, 3501054	1, 3484819	1, 3468524	1, 3452166	1, 3435746
1	1, 3500554	1, 3484319	1, 3468024	1, 3451666	1, 3435246
— 0,5	1, 3500054	1, 3483819	1, 3467524	1, 3451166	1, 3434746
0	1, 3499554	1, 3483319	1, 3467024	1, 3450666	1, 3434246
Diff.	0, 0016235	0, 0016296	0, 0016358	0, 0016420	0, 0016481

TABLE I.

Therm. Reaumur.	Hauteur du Baromètre.				
	$22^p \quad 4^l$	$22^p \quad 3^l$	$22^p \quad 2^l$	$22^p \quad 1^l$	$22^p \quad 0^l$
0°	1,3499554	1,3483319	1,3467024	1,3450666	1,3434246
+ 0,5	1,3499054	1,3482819	1,3466524	1,3450166	1,3433746
1	1,3498554	1,3482319	1,3466024	1,3449666	1,3433246
1,5	1,3498054	1,3481819	1,3465524	1,3449165	1,3432746
2	1,3497554	1,3481319	1,3465023	1,3448664	1,3432245
2,5	1,3497053	1,3480818	1,3464522	1,3448163	1,3431744
3	1,3496552	1,3480317	1,3464021	1,3447662	1,3431243
3,5	1,3496051	1,3479816	1,3463520	1,3447161	1,3430742
4	1,3495550	1,3479315	1,3463019	1,3446660	1,3430241
4,5	1,3495049	1,3478814	1,3462518	1,3446159	1,3429740
5	1,3494548	1,3478313	1,3462017	1,3445658	1,3429239
5,5	1,3494047	1,3477812	1,3461516	1,3445157	1,3428738
6	1,3493546	1,3477311	1,3461015	1,3444656	1,3428237
6,5	1,3493045	1,3476810	1,3460514	1,3444155	1,3427736
7	1,3492544	1,3476309	1,3460013	1,3443654	1,3427235
7,5	1,3492043	1,3475808	1,3459512	1,3443153	1,3426734
8	1,3491542	1,3475307	1,3459011	1,3442652	1,3426233
8,5	1,3491041	1,3474806	1,3458510	1,3442151	1,3425732
9	1,3490540	1,3474305	1,3458009	1,3441650	1,3425231
9,5	1,3490039	1,3473804	1,3457508	1,3441149	1,3424730
10	1,3489538	1,3473303	1,3457006	1,3440648	1,3424228
10,5	1,3489036	1,3472801	1,3456504	1,3440146	1,3423726
11	1,3488534	1,3472299	1,3456002	1,3439644	1,3423224
11,5	1,3488032	1,3471797	1,3455500	1,3439142	1,3422722
12	1,3487530	1,3471295	1,3454998	1,3438640	1,3422220
12,5	1,3487028	1,3470793	1,3454496	1,3438138	1,3421718
13	1,3486526	1,3470291	1,3453994	1,3437636	1,3421216
13,5	1,3486024	1,3469789	1,3453492	1,3437134	1,3420714
14	1,3485522	1,3469287	1,3452990	1,3436632	1,3420212
14,5	1,3485020	1,3468785	1,3452488	1,3436130	1,3419710
+ 15	1,3484518	1,3468283	1,3451986	1,3435628	1,3419208
Diff.	0,0016235	0,0016296	0,0016358	0,0016420	0,0016481

TABLE I.

Therm. Reaumur.	Hauteur du Baromètre.				
	$22^p\ 4^l$	$22^p\ 3^l$	$22^p\ 2^l$	$22^p\ 1^l$	$22^p\ 0^l$
+15°	1, 3484518	1, 3468283	1, 3451986	1, 3435623	1, 3419208
15,5	1, 3484016	1, 3467781	1, 3451484	1, 3435126	1, 3418706
16	1, 3483514	1, 3467279	1, 3450982	1, 3434624	1, 3418204
16,5	1, 3483012	1, 3466777	1, 3450480	1, 3434122	1, 3417702
17	1, 3482510	1, 3466275	1, 3449978	1, 3433620	1, 3417200
17,5	1, 3482007	1, 3465773	1, 3449476	1, 3433118	1, 3416697
18	1, 3481504	1, 3465271	1, 3448974	1, 3432616	1, 3416194
18,5	1, 3481001	1, 3464768	1, 3448472	1, 3432113	1, 3415691
19	1, 3480498	1, 3464265	1, 3447969	1, 3431610	1, 3415188
19,5	1, 3479995	1, 3463762	1, 3447466	1, 3431107	1, 3414685
20	1, 3479492	1, 3463259	1, 3446963	1, 3430604	1, 3414182
20,5	1, 3478989	1, 3462756	1, 3446460	1, 3430101	1, 3413679
21	1, 3478486	1, 3462233	1, 3445957	1, 3429598	1, 3413176
21,5	1, 3477983	1, 3461750	1, 3445454	1, 3429095	1, 3412673
22	1, 3477480	1, 3461247	1, 3444951	1, 3428592	1, 3412170
22,5	1, 3476977	1, 3460744	1, 3444448	1, 3428089	1, 3411667
23	1, 3476474	1, 3460241	1, 3443945	1, 3427586	1, 3411164
23,5	1, 3475971	1, 3459738	1, 3443442	1, 3427083	1, 3410661
24	1, 3475468	1, 3459235	1, 3442939	1, 3426580	1, 3410158
24,5	1, 3474965	1, 3458732	1, 3442436	1, 3426077	1, 3409655
25	1, 3474462	1, 3458229	1, 3441933	1, 3425574	1, 3409152
25,5	1, 3473959	1, 3457726	1, 3441430	1, 3425071	1, 3408649
26	1, 3473456	1, 3457223	1, 3440927	1, 3424568	1, 3408146
26,5	1, 3472953	1, 3456720	1, 3440424	1, 3424065	1, 3407643
27	1, 3472450	1, 3456216	1, 3439921	1, 3423561	1, 3407140
27,5	1, 3471947	1, 3455712	1, 3439417	1, 3423057	1, 3406637
28	1, 3471443	1, 3455208	1, 3438913	1, 3422553	1, 3406134
28,5	1, 3470939	1, 3454704	1, 3438409	1, 3422049	1, 3405631
29	1, 3470435	1, 3454200	1, 3437905	1, 3421545	1, 3405127
29,5	1, 3469931	1, 3453696	1, 3437401	1, 3421041	1, 3404623
+30	1, 3469427	1, 3453192	1, 3436897	1, 3420537	1, 3404119
Diff.	0, 0016235	0, 0016296	0, 0016359	0, 0016429	0, 0016481

TABLE I.

Therm. Reaumur.	Hauteur du Baromètre.				
	21^p 11^l	21^p 10^l	21^p 9^l	21^p 8^l	21^p 7^l
—15°	1,3432751	1,3416205	1,3399598	1,3382929	1,3366190
14,5	1,3432252	1,3415706	1,3399099	1,3382430	1,3365691
14	3,3431753	1,3415207	1,3398600	1,3381931	1,3365192
13,5	1,3431254	1,3414708	1,3398101	1,3381432	1,3364693
13	1,3430755	1,3414209	1,3397602	1,3380933	1,3364194
12,5	1,3430256	1,3413710	1,3397103	1,3380434	1,3363695
12	1,3429757	1,3413211	1,3396604	1,3379935	1,3363196
11,5	1,3429258	1,3412712	1,3396105	1,3379436	1,3362697
11	1,3428759	1,3412213	1,3395606	1,3378937	1,3362198
10,5	1,3428260	1,3411714	1,3395107	1,3378438	1,3361699
10	1,3427761	1,3411215	1,3394608	1,3377939	1,3361200
9,5	1,3427262	1,3410716	1,3394109	1,3377440	1,3360701
9	1,3426763	1,3410217	1,3393610	1,3376940	1,3360202
8,5	1,3426264	1,3409718	1,3393111	1,3376440	1,3359703
8	1,3425765	1,3409219	1,3392612	1,3375940	1,3359204
7,5	1,3425265	1,3408720	1,3392113	1,3375440	1,3358704
7	1,3424765	1,3408221	1,3391613	1,3374940	1,3358204
6,5	1,3424265	1,3407721	1,3391113	1,3374440	1,3357704
6	1,3423765	1,3407221	1,3390613	1,3373940	1,3357204
5,5	1,3423265	1,3406721	1,3390113	1,3373440	1,3356704
5	1,3422765	1,3406221	1,3389613	1,3372940	1,3356204
4,5	1,3422265	1,3405721	1,3389113	1,3372440	1,3355704
4	1,3421765	1,3405221	1,3388613	1,3371940	1,3355204
3,5	1,3421265	1,3404721	1,3388113	1,3371440	1,3354704
3	1,3420765	1,3404221	1,3387613	1,3370940	1,3354204
2,5	1,3420265	1,3403721	1,3387113	1,3370440	1,3353704
2	1,3419765	1,3403221	1,3386613	1,3369940	1,3353204
1,5	1,3419265	1,3402721	1,3386113	1,3369440	1,3352704
1	1,3418765	1,3402221	1,3385613	1,3368940	1,3352204
—0,5	1,3418265	1,3401721	1,3385113	1,3368440	1,3351704
0	1,3417765	1,3401221	1,3384613	1,3367940	1,3351204
Diff.	0,0016545	0,0016607	0,0016671	0,0016737	0,0016800

TABLE I.

Therm. Reaumur.	Hauteur du Baromètre.				
	$21^p \ 11^l$	$21^p \ 10^l$	$21^p \ 9^l$	$21^p \ 8^l$	$21^p \ 7^l$
$0°$	1, 3417765	1, 3401221	1, 3384613	1, 3367940	1, 3351204
✝ 0,5	1, 3417265	1, 3400720	1, 3384113	1, 3367440	1, 3350704
1	1, 3416765	1, 3400219	1, 3383612	1, 3366940	1, 3350204
1,5	1, 3416265	1, 3399718	1, 3383111	1, 3366439	1, 3349703
2	1, 3415764	1, 3399217	1, 3382610	1, 3365938	1, 3349202
2,5	1, 3415263	1, 3398716	1, 3382109	1, 3365437	1, 3348701
3	1, 3414762	1, 3398215	1, 3381608	1, 3364936	1, 3348200
3,5	1, 3414261	1, 3397714	1, 3381107	1, 3364435	1, 3347699
4	1, 3413760	1, 3397213	1, 3380606	1, 3363934	1, 3347198
4,5	1, 3413259	1, 3396712	1, 3380105	1, 3363433	1, 3346697
5	1, 3412758	1, 3396211	1, 3379604	1, 3362932	1, 3346196
5,5	1, 3412257	1, 3395710	1, 3379103	1, 3362431	1, 3345695
6	1, 3411756	1, 3395209	1, 3378602	1, 3361930	1, 3345194
6,5	1, 3411255	1, 3394708	1, 3378101	1, 3361429	1, 3344693
7	1, 3410754	1, 3394207	1, 3377600	1, 3360928	1, 3344192
7,5	1, 3410253	1, 3393706	1, 3377099	1, 3360427	1, 3343691
8	1, 3409752	1, 3393205	1, 3376598	1, 3359926	1, 3343190
8,5	1, 3409251	1, 3392704	1, 3376097	1, 3359425	1, 3342689
9	1, 3408750	1, 3392203	1, 3375596	1, 3358924	1, 3342188
9,5	1, 3408249	1, 3391702	1, 3375095	1, 3358423	1, 3341687
10	1, 3407748	1, 3391201	1, 3374594	1, 3357922	1, 3341186
10,5	1, 3407246	1, 3390700	1, 3374093	1, 3357421	1, 3340684
11	1, 3406744	1, 3390198	1, 3373591	1, 3356920	1, 3340182
11,5	1, 3406242	1, 3389696	1, 3373089	1, 3356418	1, 3339680
12	1, 3405740	1, 3389194	1, 3372587	1, 3355916	1, 3339178
12,5	1, 3405238	1, 3388692	1, 3372085	1, 3355414	1, 3338676
13	1, 3404736	1, 3388190	1, 3371583	1, 3354912	1, 3338174
13,5	1, 3404234	1, 3387688	1, 3371081	1, 3354410	1, 3337672
14	1, 3403732	1, 3387186	1, 3370579	1, 3353908	1, 3337170
14,5	1, 3403230	1, 3386684	1, 3370077	1, 3353406	1, 3336668
✝15	1, 3402728	1, 3386182	1, 3369575	1, 3352904	1, 3336166
Diff.	0, 0016545	0, 0016607	0, 0016672	0, 0016737	0, 0016799

TABLE I.

Therm. Reaumur.	Hauteur du Baromètre.				
	$21^p\ 11^l$	$21^p\ 10^l$	$21^p\ 9^l$	$21^p\ 8^l$	$21^p\ 7^l$
+15°	1, 3402728	1, 3386182	1, 3369575	1, 3352904	1, 3336166
15,5	1, 3402226	1, 3385680	1, 3369073	1, 3352402	1, 3335664
16	1, 3401724	1, 3385178	1, 3368571	1, 3351900	1, 3335162
16,5	1, 3401222	1, 3384676	1, 3368069	1, 3351398	1, 3334660
17	1, 3400720	1, 3384174	1, 3367567	1, 3350896	1, 3334158
17,5	1, 3400218	1, 3383672	1, 3367065	1, 3350394	1, 3333656
18	1, 3399716	1, 3383169	1, 3366563	1, 3349892	1, 3333154
18,5	1, 3399213	1, 3382666	1, 3366061	1, 3349390	1, 3332652
19	1, 3398710	1, 3382163	1, 3365558	1, 3348887	1, 3332149
19,5	1, 3398207	1, 3381660	1, 3365055	1, 3348384	1, 3331646
20	1, 3397704	1, 3381157	1, 3364552	1, 3347881	1, 3331143
20,5	1, 3397201	1, 3380654	1, 3364049	1, 3347378	1, 3330640
21	1, 3396698	1, 3380151	1, 3363546	1, 3346875	1, 3330137
21,5	1, 3396195	1, 3379648	1, 3363043	1, 3346372	1, 3329634
22	1, 3395692	1, 3379145	1, 3362540	1, 3345869	1, 3329131
22,5	1, 3395189	1, 3378642	1, 3362037	1, 3345366	1, 3328628
23	1, 3394686	1, 3378139	1, 3361534	1, 3344863	1, 3328125
23,5	1, 3394183	1, 3377636	1, 3361031	1, 3344360	1, 3327622
24	1, 3393680	1, 3377133	1, 3360528	1, 3343857	1, 3327119
24,5	1, 3393177	1, 3376630	1, 3360025	1, 3343354	1, 3326616
25	1, 3392674	1, 3376127	1, 3359522	1, 3342851	1, 3326113
25,5	1, 3392171	1, 3375624	1, 3359019	1, 3342348	1, 3325610
26	1, 3391668	1, 3375121	1, 3358516	1, 3341845	1, 3325107
26,5	1, 3391165	1, 3374618	1, 3358013	1, 3341342	1, 3324604
27	1, 3390662	1, 3374115	1, 3357509	1, 3340839	1, 3324100
27,5	1, 3390158	1, 3373611	1, 3357005	1, 3340335	1, 3323596
28	1, 3389654	1, 3373107	1, 3356501	1, 3339831	1, 3323092
28,5	1, 3389150	1, 3372603	1, 3355997	1, 3339327	1, 3322588
29	1, 3388646	1, 3372099	1, 3355493	1, 3338823	1, 3322084
29,5	1, 3388142	1, 3371595	1, 3354989	1, 3338319	1, 3321580
+30	1, 3387638	1, 3371091	1, 3354486	1, 3337815	1, 3321076
Diff.	0, 0016546	0, 0016606	0, 0016671	0, 0016738	0, 0016799

TABLE I.

Therm. Reaumur.	Hauteur du Baromètre.				
	21^p 6^l	21^p 5^l	21^p 4^l	21^p 3^l	21^p 2^l
—15°	1,3349390	1,3332524	1,3315592	1,3298595	1,3281531
14,5	1,3348891	1,3332025	1,3315093	1,3298096	1,3281032
14	1,3348392	1,3331526	1,3314594	1,3297597	1,3280533
13,5	1,3347893	1,3331027	1,3314095	1,3297098	1,3280034
13	1,3347394	1,3330528	1,3313596	1,3296599	1,3279535
12,5	1,3346895	1,3330029	1,3313097	1,3296100	1,3279036
12	1,3346396	1,3329530	1,3312598	1,3295601	1,3278537
11,5	1,3345897	1,3329031	1,3312099	1,3295102	1,3278038
11	1,3345398	1,3328532	1,3311600	1,3294603	1,3277539
10,5	1,3344899	1,3328033	1,3311101	1,3294104	1,3277040
10	1,3344400	1,3327534	1,3310602	1,3293605	1,3276541
9.5	1,3343901	1,3327035	1,3310103	1,3293106	1,3276042
9	1,3343402	1,3326536	1,3309604	1,3292607	1,3275543
8,5	1,3342903	1,3326037	1,3309105	1,2292108	1,3275044
8	1,3342404	1,3325538	1,3308605	1,3291608	1,3274545
7,5	1,3341904	1,3325039	1,3308105	1,3291108	1,3274045
7	1,3341404	1,3324539	1,3307605	1,3290608	1,3273545
6,5	1,3340904	1,3324039	1,3307105	1,3290108	1,3273045
6	1,3340404	1,3323539	1,3306605	1,3289608	1,3272545
5,5	1,3339904	1,3323039	1,3306105	1,3289108	1,3272045
5	1,3339404	1,3322539	1,3305605	1,3288608	1,3271545
4,5	1,3338904	1,3322039	1,3305105	1,3288108	1,3271045
4	1,3338404	1,3321539	1,3304605	1,3287608	1,3270545
3,5	1,3337904	1,3321039	1,3304105	1,3287108	1,3270045
3	1,3337404	1,3320539	1,3303605	1,3286608	1,3269545
2,5	1,3336904	1,3320039	1,3303105	1,3286108	1,3269045
2	1,3336404	1,3319539	1,3302605	1,3285608	1,3268545
1,5	1,3335904	1,3319039	1,3302105	1,3285108	1,3268045
1	1,3335404	1,3318539	1,3301605	1,3284608	1,3267545
— 0,5	1,3334904	1,3318039	1,3301105	1,3284108	1,3267045
0	1,3334404	1,3317539	1,3300605	1,3283608	1,3266545
Diff.	0,0016865	0,0016933	0,0016997	0,0017063	0,0017133

TABLE I.

Therm. Reaumur.	Hauteur du Baromètre.				
	21^p 6^l	21^p 5^l	21^p 4^l	21^p 3^l	21^p 2^l
0°	1, 3334404	1, 3317539	1, 3300605	1, 3283608	1, 3266545
0,5	1, 3333904	1, 3317039	1, 3300105	1, 3283108	1, 3266045
1	1, 3333404	1, 3316539	1, 3299605	1, 3282608	1, 3265545
1,5	1, 3332903	1, 3316039	1, 3299105	1, 3282108	1, 3265044
2	1, 3332402	1, 3315538	1, 3298605	1, 3281607	1, 3264543
2,5	1, 3331901	1, 3315037	1, 3298104	1, 3281106	1, 3264042
3	1, 3331400	1, 3314536	1, 3297603	1, 3280605	1, 3263541
3,5	1, 3330899	1, 3314035	1, 3297102	1, 3280104	1, 3263040
4	1, 3330398	1, 3313534	1, 3296601	1, 3279603	1, 3262539
4,5	1, 3329897	1, 3313033	1, 3296100	1, 3279102	1, 3262038
5	1, 3329396	1, 3312532	1, 3295599	1, 3278601	1, 3261537
5,5	1, 3328895	1, 3312031	1, 3295098	1, 3278100	1, 3261036
6	1, 3328394	1, 3311530	1, 3294597	1, 3277599	1, 3260535
6,5	1, 3327893	1, 3311029	1, 3294096	1, 3277098	1, 3260034
7	1, 3327392	1, 3310528	1, 3293595	1, 3276597	1, 3259533
7,5	1, 3326891	1, 3310027	1, 3293094	1, 3276096	1, 3259032
8	1, 3326390	1, 3309526	1, 3292593	1, 3275595	1, 3258531
8,5	1, 3325889	1, 3309025	1, 3292092	1, 3275094	1, 3258030
9	1, 3325388	1, 3308524	1, 3291591	1, 3274593	1, 3257529
9,5	1, 3324887	1, 3308023	1, 3291090	1, 3274092	1, 3257028
10	1, 3324386	1, 3307522	1, 3290588	1, 3273591	1, 3256527
10,5	1, 3323885	1, 3307020	1, 3290086	1, 3273089	1, 3256026
11	1, 3323384	1, 3306518	1, 3289584	1, 3272587	1, 3255524
11,5	1, 3322883	1, 3306016	1, 3289082	1, 3272085	1, 3255022
12	1, 3322381	1, 3305514	1, 3288580	1, 3271583	1, 3254520
12,5	1, 3321879	1, 3305012	1, 3288078	1, 3271081	1, 3254018
13	1, 3321377	1, 3304510	1, 3287576	1, 3270579	1, 3253516
13,5	1, 3320875	1, 3304008	1, 3287074	1, 3270077	1, 3253014
14	1, 3320373	1, 3303506	1, 3286572	1, 3269575	1, 3252512
14,5	1, 3319871	1, 3303004	1, 3286070	1, 3269073	1, 3252010
15	1, 3319369	1, 3302502	1, 3285568	1, 3268571	1, 3251508
Diff.	0, 0016866	0, 0016934	0, 0016997	0, 0017063	0, 0017133

TABLE I.

Therm. Reaumur.	Hauteur du Baromètre.				
	21^P 6^l	21^P 5^l	21^P 4^l	21^P 3^l	21^P 2^l
+15°	1,3319369	1,3302502	1,3285568	1,3268571	1,3251508
15,5	1,3318867	1,3302000	1,3285066	1,3268069	1,3251006
16	1,3318365	1,3301498	1,3284564	1,3267567	1,3250504
16,5	1,3317863	1,3300996	1,3284062	1,3267065	1,3250002
17	1,3317361	1,3300494	1,3283560	1,3266563	1,3249500
17,5	1,3316859	1,3299992	1,3283058	1,3266061	1,3248998
18	1,3316356	1,3299490	1,3282556	1,3265559	1,3248496
18,5	1,3315853	1,3298987	1,3282054	1,3265057	1,3247994
19	1,3315350	1,3298484	1,3281552	1,3264555	1,3247491
19,5	1,3314847	1,3297981	1,3281049	1,3264052	1,3246988
20	1,3314344	1,3297478	1,3280546	1,3263549	1,3246485
20,5	1,3313841	1,3296975	1,3280043	1,3263046	1,3245982
21	1,3313338	1,3296472	1,3279540	1,3262543	1,3245479
21,5	1,3312835	1,3295969	1,3279037	1,3262040	1,3244976
22	1,3312332	1,3295466	1,3278534	1,3261537	1,3244473
22,5	1,3311829	1,3294963	1,3278031	1,3261034	1,3243970
23	1,3311326	1,3294460	1,3277528	1,3260531	1,3243467
23,5	1,3310823	1,3293957	1,3277025	1,3260028	1,3242964
24	1,3310320	1,3293454	1,3276522	1,3259525	1,3242461
24,5	1,3309817	1,3292951	1,3276019	1,3259022	1,3241958
25	1,3309314	1,3292448	1,3275516	1,3258519	1,3241455
25,5	1,3308811	1,3291945	1,3275013	1,3258016	1,3240952
26	1,3308308	1,3291442	1,3274510	1,3257513	1,3240449
26,5	1,3307804	1,3290939	1,3274006	1,3257010	1,3239945
27	1,3307300	1,3290436	1,3273502	1,3256507	1,3239441
27,5	1,3306796	1,3289932	1,3272998	1,3256003	1,3238937
28	1,3306292	1,3289428	1,3272494	1,3255499	1,3238433
28,5	1,3305788	1,3288924	1,3271990	1,3254995	1,3237929
29	1,3305284	1,3288420	1,3271486	1,3254491	1,3237425
29,5	1,3304780	1,3287916	1,3270982	1,3253987	1,3236921
+30	1,3304276	1,3287412	1,3270478	1,3253483	1,3236417
Diff.	0,0016866	0,0016934	0,0016996	0,0017064	0,0017133

TABLE I.

Therm. Reaumur.	Hauteur du Baromètre.				
	21^p 1^l	21^p 0^l	20^p 11^l	20^p 10^l	20^p 9^l
—15°	1, 3264398	1, 3247199	1, 3229931	1, 3212593	1, 3195187
14,5	1, 3263899	1, 3246700	1, 3229432	1, 3212094	1, 3194688
14	1, 3263400	1, 3246201	1, 3228933	1, 3211595	1, 3194189
13,5	1, 3262901	1, 3245702	1, 3228434	1, 3211096	1, 3193690
13	1, 3262402	1, 3245203	1, 3227935	1, 3210597	1, 3193191
12,5	1, 3261903	1, 3244704	1, 3227436	1, 3210098	1, 3192692
12	1, 3261404	1, 3244205	1, 3226937	1, 3209599	1, 3192193
11,5	1, 3260905	1, 3243706	1, 3226438	1, 3209100	1, 3191694
11	1, 3260406	1, 3243207	1, 3225939	1, 3208601	1, 3191195
10,5	1, 3259907	1, 3242708	1, 3225440	1, 3208102	1, 3190696
10	1, 3259408	1, 3242209	1, 3224941	1, 3207603	1, 3190197
9,5	1, 3258909	1, 3241710	1, 3224442	1, 3207104	1, 3189698
9	1, 3258410	1, 3241211	1, 3223943	1, 3206605	1, 3189199
8,5	1, 3257911	1, 3240712	1, 3223444	1, 3206106	1, 3188700
8	1, 3257412	1, 3240212	1, 3222945	1, 3205606	1, 3188201
7,5	1, 3256912	1, 3239712	1, 3222446	1, 3205106	1, 3187701
7	1, 3256412	1, 3239212	1, 3221946	1, 3204606	1, 3187201
6,5	1, 3255912	1, 3238712	1, 3221446	1, 3204106	1, 3186701
6	1, 3255412	1, 3238212	1, 3220946	1, 3203606	1, 3186201
5,5	1, 3254912	1, 3237712	1, 3220446	1, 3203106	1, 3185701
5	1, 3254412	1, 3237212	1, 3219946	1, 3202606	1, 3185201
4,5	1, 3253912	1, 3236712	1, 3219446	1, 3202106	1, 3184701
4	1, 3253412	1, 3236212	1, 3218946	1, 3201606	1, 3184201
3,5	1, 3252912	1, 3235712	1, 3218446	1, 3201106	1, 3183701
3	1, 3252412	1, 3235212	1, 3217946	1, 3200606	1, 3183201
2,5	1, 3251912	1, 3234712	1, 3217446	1, 3200106	1, 3182701
2	1, 3251412	1, 3234212	1, 3216946	1, 3199606	1, 3182201
1,5	1, 3250912	1, 3233712	1, 3216446	1, 3199106	1, 3181701
1	1, 3250412	1, 3233212	1, 3215946	1, 3198606	1, 3181201
— 0,5	1, 3249912	1, 3232712	1, 3215446	1, 3198106	1, 3180701
0	1, 3249412	1, 3232212	1, 3214946	1, 3197606	1, 3180201
Diff.	0, 0017199	0, 0017267	0, 0017339	0, 0017405	0, 0017477

TABLE I.

Therm. Reaumur.	Hauteur du Baromètre.				
	21ᵖ 1ˡ	21ᵖ 0ˡ	20ᵖ 11ˡ	20ᵖ 10ˡ	20ᵖ 9ˡ
0°	1, 3249412	1, 3232212	1, 3214946	1, 3197606	1, 3180201
+ 0,5	1, 3248912	1, 3231712	1, 3214446	1, 3197106	1, 3179701
1	1, 3248412	1, 3231212	1, 3213946	1, 3196606	1, 3179201
1,5	1, 3247911	1, 3230712	1, 3213445	1, 3196106	1, 3178701
2	1, 3247410	1, 3230212	1, 3212944	1, 3195605	1, 3178200
2,5	1, 3246909	1, 3229711	1, 3212443	1, 3195104	1, 3177699
3	1, 3246408	1, 3229210	1, 3211942	1, 3194603	1, 3177198
3,5	1, 3245907	1, 3228709	1, 3211441	1, 3194102	1, 3176697
4	1, 3245406	1, 3228208	1, 3210940	1, 3193601	1, 3176196
4,5	1, 2244905	1, 3227707	1, 3210439	1, 3193100	1, 3175695
5	1, 3244404	1, 3227206	1, 3209938	1, 3192599	1, 3175194
5,5	1, 3243903	1, 3226705	1, 3209437	1, 3192098	1. 3174693
6	1, 3243402	1, 3226204	1, 3208936	1, 3191597	1, 3174192
6,5	1, 3242901	1, 3225703	1, 3208435	1, 3191096	1, 3173691
7	1, 3242400	1, 3225202	1, 3207934	1, 3190595	1, 3173190
7,5	1, 3241899	1, 3224701	1, 3207433	1, 3190094	1, 3172689
8	1, 3241398	1, 3224200	1, 3206932	1, 3189593	1, 3172188
8,5	1, 3240897	1, 3223699	1, 3206431	1, 3189092	1, 3171687
9	1, 3240396	1, 3223198	1, 3205930	1, 3188591	1, 3171186
9,5	1, 3239895	1, 3222697	1, 3205429	1, 3188090	1, 3170685
10	1, 3239394	1, 3222196	1, 3204927	1, 3187589	1, 3170183
10,5	1, 3238892	1, 3221694	1, 3204425	1, 3187087	1, 3169681
11	1, 3238390	1, 3221192	1, 3203923	1, 3186585	1, 3169179
11,5	1, 3237888	1, 3220690	1, 3203421	1, 3186083	1, 3168677
12	1, 3237386	1, 3220188	1, 3202919	1, 3185581	1, 3168175
12,5	1, 3236884	1, 3219686	1, 3202417	1, 3185079	1, 3167673
13	1, 3236382	1, 3219184	1, 3201915	1, 3184577	1, 3167171
13,5	1, 3235880	1, 3218682	1, 3201413	1, 3184075	1, 3166669
14	1, 3235378	1, 3218180	1, 3200911	1, 3183573	1, 3166167
14,5	1, 3234876	1, 3217678	1, 3200409	1, 3183071	1, 3165665
+ 15	1, 3234374	1, 3217176	1, 3199907	1, 3182569	1, 3165163
Diff.	0, 0017199	0, 0017267	0, 0017339	0, 0017405	0, 0017476

TABLE I.

Therm. Reaumur.	Hauteur du Baromètre.				
	$21^P \quad 1^l$	$21^F \quad 0^l$	$20^P \quad 11^l$	$20^P \quad 10^l$	$20^P \quad 9^l$
+15°	1, 3234374	1, 3217176	1, 3199907	1, 3182569	1, 3165163
15,5	1, 3233872	1, 3216674	1, 3199405	1, 3182067	1, 3164661
16	1, 3233370	1, 3216172	1, 3198903	1, 3181565	1, 3164159
16,5	1, 3232868	1, 3215670	1, 3198401	1, 3181063	1, 3163657
17	1, 3232366	1, 3215168	1, 3197899	1, 3180561	1, 3163155
17,5	1, 3231864	1, 3214666	1, 3197397	1, 3180059	1, 3162653
18	1, 3231362	1, 3214163	1, 3196895	1, 3179557	1, 3162151
18,5	1, 3230860	1, 3213660	1, 3196393	1, 3179054	1, 3161648
19	1, 3230357	1, 3213157	1, 3195890	1, 3178551	1, 3161145
19,5	1, 3229854	1, 3212654	1, 3195387	1, 3178048	1, 3160642
20	1, 3229351	1, 3212151	1, 3194884	1, 3177545	1, 3160139
20,5	1, 3228848	1, 3211648	1, 3194381	1, 3177042	1, 3159636
21	1, 3228345	1, 3211145	1, 3193878	1, 3176539	1, 3159133
21,5	1, 3227842	1, 3210642	1, 3193375	1, 3175036	1, 3158630
22	1, 3227339	1, 3210139	1, 3192872	1, 3175533	1, 3158127
22,5	1, 3226836	1, 3209635	1, 3192369	1, 3175030	1, 3157624
23	1, 3226333	1, 3209132	1, 3191866	1, 3174527	1, 3157121
23,5	1, 3225830	1, 3208629	1, 3191363	1, 3174024	1, 3156618
24	1, 3225327	1, 3208126	1, 3190860	1, 3173521	1, 3156115
24,5	1, 3224824	1, 3207623	1, 3190357	1, 3173018	1, 3155612
25	1, 3224321	1, 3207120	1, 3189854	1, 3172515	1, 3155109
25,5	1, 3223818	1, 3206617	1, 3189351	1, 3172012	1, 3154606
26	1, 3223315	1, 3206114	1, 3188848	1, 3171509	1, 3154103
26,5	1, 3222812	1, 3205611	1, 3188345	1, 3171006	1, 3153600
27	1, 3222309	1, 3205108	1, 3187841	1, 3170502	1, 3153097
27,5	1, 3221805	1, 3204604	1, 3187337	1, 3169998	1, 3152593
28	1, 3221301	1, 3204100	1, 3186833	1, 3169494	1, 3152089
28,5	1, 3220797	1, 3203596	1, 3186329	1, 3168990	1, 3151585
29	1, 3220293	1, 3203092	1, 3185825	1, 3168486	1, 3151081
29,5	1, 3219789	1, 3202588	1, 3185321	1, 3167982	1, 3150577
30	1, 3219285	1, 3202084	1, 3184817	1, 3167478	1, 3150073
Diff.	0, 0017199	0, 0017268	0, 0017338	0, 0017405	0, 0017476

TABLE I.

Therm. Reaumur.	Hauteur du Baromètre.				
	20ᵖ 8ˡ	20ᵖ 7ˡ	20ᵖ 6ˡ	20ᵖ · 5ˡ	20ᵖ 4ˡ
—15°	1, 3177709	1, 3160161	1, 3142543	1, 3124855	1. 3107089
14,5	1, 3177210	1, 3159662	1, 3142044	1, 3124356	1, 3106590
14	1, 3176711	1, 3159163	1, 3141545	1, 3123857	1, 3106091
13,5	1, 3176212	1, 3158664	1, 3141046	1, 3123358	1, 3105592
13	1, 3175713	1, 3158165	1, 3140547	1, 3122859	1, 3105093
12,5	1, 3175214	1, 3157666	1, 3140048	1, 3122360	1, 3104594
12	1, 3174715	1, 3157167	1, 3139549	1, 3121861	1, 3104095
11,5	1, 3174216	1, 3156668	1, 3139050	1, 3121362	1, 3103596
11	1, 3173717	1, 3156169	1, 3138551	1. 3120863	1, 3103097
10,5	1, 3173218	1, 3155670	1, 3138052	1, 3120364	1, 3102598
10	1, 3172719	1, 3155171	1, 3137553	1, 3119865	1, 3102099
9,5	1, 3172220	1, 3154672	1, 3137054	1, 3119366	1, 3101600
9	1, 3171721	1, 3154173	1, 3136555	1, 3118867	1, 3101101
8,5	1, 3171222	1, 3153674	1, 3136056	1, 3118368	1, 3100602
8	1, 3170723	1, 3153175	1, 3135557	1, 3117869	1, 3100103
7,5	1, 3170224	1, 3152676	1, 3135058	1, 3117369	1, 3099604
7	1, 3169724	1, 3152176	1, 3134558	1, 3116869	1, 3099104
6,5	1, 3169224	1, 3151676	1, 3134058	1, 3116369	1, 3098604
6	1, 3168724	1, 3151176	1, 3133558	1, 3115869	1, 3098104
5,5	1, 3168224	1, 3150676	1, 3133058	1, 3115369	1, 3097604
5	1, 3167724	1, 3150176	1, 3132558	1, 3114869	1, 3097104
4,5	1, 3167224	1. 3149676	1, 3132058	1, 3114369	1, 3096604
4	1, 3166724	1, 3149176	1, 3131558	1, 3113869	1, 3096104
3,5	1, 3166224	1, 3148676	1, 3131058	1. 3113369	1, 3095604
3	1, 3165724	1, 3148176	1, 3130558	1, 3112869	1, 3095104
2,5	1, 3165224	1, 3147676	1, 3130058	1, 3112369	1, 3094604
2	1, 3164724	1, 3147176	1, 3129558	1, 3111869	1, 3094104
1,5	1, 3164224	1, 3146676	1, 3129058	1, 3111369	1, 3093604
1	1, 3163724	1, 3146176	1, 3128558	1, 3110869	1, 3093104
0,5	1, 3163224	1, 3145676	1, 3128058	1, 3110369	1, 3092604
0	1, 3162724	1, 3145176	1, 3127558	1, 3109869	1. 3092104
Diff.	0, 0017548	0, 0017618	0, 0017688	0, 0017765	0, 0017833

TABLE I.

Hauteur du Baromètre.

Therm. Reaumur.	20^p 8^l	20^p 7^l	20^p 6^l	20^p 5^l	20^p 4^l
0°	1, 3162724	1, 3145176	1, 3127558	1, 3105869	1, 3092104
0,5	1, 3162224	1, 3144676	1, 3127058	1, 3109369	1, 3091604
1	1, 3161724	1, 3144175	1, 3126558	1, 3108869	1, 3091104
1,5	1, 3161224	1, 3143674	1, 3126058	1, 3108368	1, 3090604
2	1, 3160723	1, 3143173	1, 3125557	1, 3107867	1, 3090103
2,5	1, 3160222	1, 3142672	1, 3125056	1, 3107366	1, 3089602
3	1, 3159721	1, 3142171	1, 3124555	1, 3106865	1, 3089101
3,5	1, 3159220	1, 3141670	1, 3124054	1, 3106364	1, 3088600
4	1, 3158719	1, 3141169	1, 3123553	1, 3105863	1, 3088099
4,5	1, 3158218	1, 3140668	1, 3123052	1, 3105362	1, 3087598
5	1, 3157717	1, 3140167	1, 3122551	1, 3104861	1, 3087097
5,6	1, 3157216	1, 3139666	1, 3122050	1, 3104360	1, 3086596
6	1, 3156715	1, 3139165	1, 3121549	1, 3103859	1, 3086095
6,5	1, 3156214	1, 3138664	1, 3121048	1, 3103358	1, 3085594
7	1, 3155713	1, 3138163	1, 3120547	1, 3102857	1, 2085093
7,5	1, 3155212	1, 3137662	1, 3120046	1, 3102356	1, 3084592
8	1, 3154711	1, 3137161	1, 3119545	1, 3101855	1, 3084091
8,5	1, 3154210	1, 3136660	1, 3119044	1, 3101354	1, 3083590
9	1, 3153709	1, 3136159	1, 3118543	1, 3100853	1, 3083089
9,5	1, 3153208	1, 3135658	1, 3118042	1, 3100352	1, 3082588
10	1, 3152707	1, 3135157	1, 3117541	1, 3099850	1, 3082087
10,5	1, 3152205	1, 3134656	1, 3117039	1, 3099348	1, 3081585
11	1, 3151703	1, 3134155	1, 3116537	1, 3098846	1, 3081083
11,5	1, 3151201	1, 3133653	1, 3116035	1, 3098344	1, 3080581
12	1, 3150699	1, 3133151	1, 3115533	1, 3097842	1, 3080079
12,5	1, 3150197	1, 3132649	1, 3115031	1, 3097340	1, 3079577
13	1, 3149695	1, 3132147	1, 3114529	1, 3096838	1, 3079075
13,5	1, 3149193	1, 3131645	1, 3114027	1, 3096336	1, 3078573
14	1, 3148691	1, 3131143	1, 3113525	1, 3095834	1, 3078071
14,5	1, 3148189	1, 3130641	1, 3113023	1, 3095332	1, 3077569
15	1, 3147687	1, 3130139	1, 3112521	1, 3094830	1, 3077067
Diff.	0, 0017548	0, 0017618	0, 0017690	0, 0017764	0, 0017835

TABLE I.

Therm. Reaumur.	Hauteur du Baromètre.				
	20^p 8^l	20^p 7^l	20^p 6^l	20^p 5^l	20^p 4^l
+15°	1, 3147687	1, 3130139	1, 3112521	1, 3094830	1, 3077067
15,5	1, 3147185	1, 3129637	1, 3112019	1, 3094328	1, 3076565
16	1, 3146683	1, 3129135	1, 3111517	1, 3093826	1, 3076063
16,5	1, 3146181	1, 3128633	1, 3111015	1, 3093324	1, 3075561
17	1, 3145679	1, 3128131	1, 3110513	1, 3092822	1, 3075059
17,5	1, 3145177	1, 3127629	1, 3110011	1, 3092320	1, 3074557
18	1, 3144675	1, 3127127	1, 3109508	1, 3091818	1, 3074055
18,5	1, 3144172	1, 3126625	1, 3109005	1, 3091316	1, 3073553
19	1, 3143669	1, 3126122	1, 3108502	1, 3090814	1, 3073050
19,5	1, 3143166	1, 3125619	1, 3107999	1, 3090312	1, 3072547
20	1, 3142663	1, 3125116	1, 3107496	1, 3089809	1, 3072044
20,5	1, 3142160	1, 3124613	1. 3106993	1, 3089306	1, 3071541
21	1, 3141657	1, 3124110	1, 3106490	1, 3088803	1, 3071038
21,5	1, 3141154	1, 3123607	1, 3105987	1, 3088300	1, 3070535
22	1, 3140651	1, 3123104	1, 3105484	1, 3087797	1, 3070032
22,5	1, 3140148	1, 3122601	1, 3104981	1, 3087294	1, 3069529
23	1, 3139645	1, 3122098	1, 3104478	1, 3086791	1, 3069026
23,5	1, 3139142	1, 3121595	1, 3103975	1, 3086288	1, 3068523
24	1, 3138639	1, 3121092	1, 3103472	1, 3085785	1, 3068020
24,5	1, 3138136	1, 3120589	1, 3102969	1, 3085282	1, 3067517
25	1, 3137633	1, 3120086	1, 3102466	1, 3084779	1, 3067014
25,5	1, 3137130	1, 3119583	1, 3101963	1, 3084276	1, 3066511
26	1, 3136627	1, 3119079	1, 3101460	1, 3083772	1, 3066008
26,5	1, 3136124	1, 3118575	1, 3100957	1, 3083268	1, 3065505
27	1, 3135620	1, 3118071	1, 3100454	1, 3082764	1, 3065001
27,5	1, 3135116	1, 3117567	1, 3099950	1, 3082260	1, 3064497
28	1, 3134612	1, 3117063	1, 3099446	1, 3081756	1, 3063993
28,5	1, 3134108	1, 3116559	1, 3098942	1, 3081252	1, 3063489
29	1, 3133604	1, 3116055	1, 3098438	1, 3080748	1, 3062985
29,5	1, 3133100	1, 3115551	1, 3097934	1, 3080244	1, 3062481
+30	1, 3132596	1, 3115048	1, 3097430	1, 3079741	1, 3061977
Diff.	0, 0017548	0, 0017618	0, 0017690	0, 0017764	0, 0017835

TABLE I.

Therm. Réaumur.	Hauteur du Baromètre.				
	20ᵖ 3ˡ	20ᵖ 2ˡ	20ᵖ 1ˡ	20ᵖ 0ˡ	19ᵖ 11ˡ
—15°.	1, 3089256	1, 3071347	1, 3053364	1, 3035303	1, 3017171
14,5	1, 3088757	1, 3070848	1, 3052865	1, 3034804	1, 3016672
14	1, 3088258	1, 3070349	1, 3052366	1, 3034305	1, 3016173
13,5	1, 3087759	1, 3069850	1, 3051867	1, 3033806	1, 3015674
13	1, 3087260	1, 3069351	1, 3051368	1, 3033307	1, 3015175
12,5	1, 3086761	1, 3068852	1, 3050869	1, 3032808	1, 3014676
12	1, 3086262	1, 3068353	1, 3050370	1, 3032309	1, 3014177
11,5	1, 3085763	1, 3067854	1, 3049871	1, 3031810	1, 3013678
11	1, 3085264	1, 3067355	1, 3049372	1, 3031311	1, 3013179
10,5	1, 3084765	1, 3066856	1, 3048873	1, 3030812	1, 3012680
10	1, 3084266	1, 3066357	1, 3048374	1, 3030313	1, 3012181
9,5	1, 3083767	1, 3065858	1, 3047875	1, 3029814	1, 3011682
9	1, 3083268	1, 3065359	1, 3047376	1, 3029315	1, 3011183
8,5	1, 3082769	1, 3064860	1, 3046877	1, 3028816	1, 3010684
8	1, 3082270	1, 3064361	1, 3046377	1, 3028317	1, 3010185
7,5	1, 3081770	1, 3063862	1, 3045877	1, 3027818	1, 3009686
7	1, 3081270	1, 3063362	1, 3045377	1, 3027318	1, 3009186
6,5	1, 3080770	1, 3062862	1, 3044877	1, 3026818	1, 3008686
6	1, 3080270	1, 3062362	1, 3044377	1, 3026318	1, 3008186
5,5	1, 3079770	1, 3061862	1, 3043877	1, 3025818	1, 3007686
5	1, 3079270	1, 3061362	1, 3043377	1, 3025318	1, 3007186
4,5	1, 3078770	1, 3060862	1, 3042877	1, 3024818	1, 3006686
4	1, 3078270	1, 3060362	1, 3042377	1, 3024318	1, 3006186
3,5	1, 3077770	1, 3059862	1, 3041877	1, 3023818	1, 3005686
3	1, 3077270	1, 3059362	1, 3041377	1, 3023318	1, 3005186
2,5	1, 3076770	1, 3058862	1, 3040877	1, 3022818	1, 3004686
2	1, 3076270	1, 3058362	1, 3040377	1, 3022318	1, 3005186
1,5	1, 3075770	1, 3057862	1, 3039877	1, 3021818	1, 3003686
1	1, 3075270	1, 3057362	1, 3039377	1, 3021318	1, 3003186
—0,5	1, 3074770	1, 3056862	1, 3038877	1, 3020818	1, 3002686
0	1, 3074270	1, 3056362	1, 3038377	1, 3020318	1, 3002186
Diff.	0, 0017908	0, 0017984	0, 0018060	0, 0018132	0, 0018210

TABLE I.

Therm. Reaumur.	Hauteur du Baromètre.				
	20ᵖ 3ˡ	20ᵖ 2ˡ	20ᵖ 1ˡ	20ᵖ 0ˡ	19ᵖ 11ˡ
0°	1, 3074270	1, 3056362	1, 3038373	1, 3020318	1, 3002187
+ 0,5	1, 3073770	3, 3055862	1, 3037873	1, 3019818	1, 3001687
1	1, 3073270	1, 3055361	1, 3037373	1, 3019318	1, 3001187
1,5	1, 3072770	1, 3054860	1, 3036873	1, 3018818	1, 3000686
2	1, 3072269	1, 3054359	1, 3036373	1, 3018318	1, 3000185
2,5	1, 3071768	1, 3053858	1, 3035873	1, 3017818	1, 2999684
3	1, 3071267	1, 3053357	1, 3035373	1, 3017317	1, 2999183
3,5	1, 3070766	1, 3052856	1, 3034873	1, 3016816	1, 2998682
4	1, 3070265	1, 3052355	1, 3034372	1, 3016315	1, 2998188
4,5	1, 3069764	1, 3051854	1, 3033871	1, 3015814	1, 2997680
5	1, 3069263	1, 3051353	1, 3033370	1, 3015313	1, 2997179
5,5	1. 3068762	1, 3050852	1, 3032869	1, 3014812	1, 2996678
6	1, 3068261	1, 3050351	1, 3032368	1, 3014311	1, 2996177
6,5	1, 3067760	1, 3049850	1, 3031867	1, 3013810	1, 2995676
7	1, 3067259	1, 3049349	1, 3031366	1, 3013309	1, 2995175
7,5	1, 3066758	1, 3048848	1, 3030865	1, 3012808	1, 2994674
8	1, 3066257	1, 3048347	1, 3030364	1, 3012307	1, 2994173
8,5	1, 3065756	1, 3047846	1, 3029863	1, 3011806	1, 2993672
9	1, 3065255	1, 3047345	1, 3029362	1, 3011305	1, 2993171
9,5	1, 3064753	1, 3046844	1, 3028861	1, 3010803	1, 2992670
10	1, 3064251	1, 3046343	1, 3028360	1, 3010301	1, 2992169
10,5	1, 3063749	1, 3045842	1, 3027858	1, 3009799	1, 2991667
11	1, 3063247	1, 3045340	1, 3027356	1, 3009297	1, 2991165
11,5	1, 3062745	1, 3044838	1, 3026854	1, 3008795	1, 2990663
12	1, 3062243	1, 3044336	1, 3026352	1, 3008293	1, 2990161
12,5	1, 3061741	1, 3043834	1, 3025850	1, 3007791	1, 2989659
13	1, 3061239	1, 3043332	1, 3025348	1, 3007289	1, 2989157
13,5	1, 3060737	1, 3042830	1, 3024846	1, 3006787	1, 2988655
14	1, 3060235	1, 3042328	1, 3024344	1, 3006285	1, 2988153
14,5	1, 3059733	1, 3041826	1, 3023842	1, 3005783	1, 2987651
+ 15	1, 3059231	1, 3041324	1, 3023340	1, 3005281	1, 2987149
Diff.	0, 0017908	0, 0017983	0, 0018057	0, 0018131	0, 0018210

TABLE I.

Therm. Reaumur.	Hauteur du Baromètre.				
	20ᵖ 3ˡ	20ᵖ 2ˡ	20ᵖ 1ˡ	20ᵖ 0ˡ	19ᵖ 11ˡ
+15°	1, 3059231	1, 3041324	1, 3023340	1, 3005281	1, 2987149
15,5	1, 3058729	1, 3040822	1, 3022838	1, 3004779	1, 2986647
16	1, 3058227	1, 3040320	1, 3022336	1, 3004277	1, 2986145
16,5	1, 3057725	1, 3039818	1, 3021834	1, 3003775	1, 2985643
17	1, 3057223	1, 3039316	1, 3021332	1, 3003273	1, 2985141
17,5	1, 3056721	1, 3038814	1, 3020830	1, 3002771	1, 2984639
18	1, 3056219	1, 3038312	1, 3020328	1, 3002269	1, 2984137
18,5	1, 3055717	1, 3037810	1, 3019825	1, 3001767	1, 2983635
19	1, 3055215	1, 3037307	1, 3019322	1, 3001265	1, 2983132
19,5	1, 3054713	1, 3036804	1, 3018819	1, 3000762	1, 2982629
20	1, 3054210	1, 3036301	1, 3018316	1, 3000259	1, 2982126
20,5	1, 3053707	1, 3035798	1, 3017813	1, 2999756	1, 2981623
21	1, 3053204	1, 3035295	1, 3017310	1, 2999253	1, 2981120
21,5	1, 3052701	1, 3034792	1, 3016807	1, 2998750	1, 2980617
22	1, 3052198	1, 3034289	1, 3016304	1, 2998247	1, 2980114
22,5	1, 3051695	1, 3033786	1, 3015801	1, 2997744	1, 2979611
23	1, 3051192	1, 3033283	1, 3015298	1, 2997241	1, 2979108
23,5	1, 3050689	1, 3032780	1, 3014795	1, 2996738	1, 2978605
24	1, 3050186	1, 3032277	1, 3014292	1, 2996235	1, 2978102
24,5	1, 3049683	1, 3031774	1, 3013789	1, 2995732	1, 2977599
25	1, 3049180	1, 3031271	1, 3013286	1, 2995229	1, 2977096
25,5	1, 3048677	1, 3030768	1, 3012783	1, 2994726	1, 2976593
26	1, 3048174	1, 3030265	1, 3012280	1, 2994223	1, 2976090
26,5	1, 3047670	1, 3029761	1, 3011777	1, 2993719	1, 2975587
27	1, 3047166	1, 3029257	1, 3011274	1, 2993215	1, 2975083
27,5	1, 3046662	1, 3028753	1, 3010770	1, 2992711	1, 2974579
28	1, 3046158	1, 3028249	1, 3010266	1, 2992207	1, 2974075
28,5	1, 3045654	1, 3027745	1, 3009762	1, 2991703	1, 2973571
29	1, 3045150	1, 3027241	1, 3009258	1, 2991199	1, 2973067
29,5	1, 3044646	1, 3026737	1, 3008754	1, 2990695	1, 2972563
+30	1, 3044142	1, 3026233	1, 3008250	1, 2990191	1, 2972059
Diff.	0, 0017908	0, 0017984	0, 0018059	0, 0018132	0, 0018210

TABLE I.

Therm. Reaumur	Hauteur du Baromètre.				
	$19^p\ 10^l$	$19^p\ 9^l$	$19^p\ 8^l$	$19^p\ 7^l$	$19^p\ 6^l$
—15°	1, 2998961	1, 2980676	1, 2962313	1, 2943870	1, 2925352
14,5	1, 2998462	1, 2980177	1, 2961814	1, 2943371	1, 2924853
14	1, 2997963	1, 2979678	1, 2961315	1, 2942872	1, 2924354
13,5	1, 2997464	1, 2979179	1, 2960816	1, 2942373	1, 2923855
13	1, 2996965	1, 2978680	1, 2960317	1, 2941874	1, 2923356
12,5	1, 2996466	1, 2978181	1, 2959818	1, 2941375	1, 2922857
12	1, 2995967	1, 2977682	1, 2959319	1, 2940876	1, 2922358
11,5	1, 2995468	1, 2977183	1, 2958820	1, 2940377	1, 2921859
11	1, 2994969	1, 2976684	1, 2958321	1, 2939878	1, 2921360
10,5	1, 2994470	1, 2976185	1, 2957822	1, 2939379	1, 2920861
10	1, 2993971	1, 2975686	1, 2957323	1, 2938880	1, 2920362
9,5	1, 2993472	1, 2975187	1, 2956824	1, 3938381	1, 2919863
9	1, 2992973	1, 2974688	1, 2956325	1, 2937882	1, 2919364
8,5	1, 2992474	1, 2974189	1, 2955826	1, 2937383	1, 2918865
8	1, 2991975	1, 2973690	1, 2955326	1, 2936884	1, 2918366
7,5	1, 2991476	1, 2973190	1, 2954826	1, 2936384	1, 2917866
7	1, 2990976	1, 2972691	1, 2954326	1, 2935884	1, 2917366
6,5	1, 2990476	1, 2972191	1, 2953876	1, 2935384	1, 2916866
6	1, 2989976	1, 2971691	1, 2953326	1, 2934884	1, 2916366
5,5	1, 2989476	1, 2971191	1, 2952826	1, 2934384	1, 2915866
5	1, 2988976	1, 2970691	1, 2952326	1, 2933884	1, 2915366
4,5	1, 2988476	1, 2970191	1, 2951826	1, 2933384	1, 2914866
4	1, 2987976	1, 2969691	1, 2951326	1, 2932884	1, 2914366
3,5	1, 2987476	1, 2969191	1, 2950826	1, 2932384	1, 2913866
3	1, 2986976	1, 2968691	1, 2950326	1, 2931884	1, 2913366
2,5	1, 2986476	1, 2968191	1, 2949826	1, 2931384	1, 2912866
2	1, 2985976	1, 2967691	1, 2949326	1, 2930884	1, 2912366
1,5	1, 2985476	1, 2967191	1, 2948826	1, 2930384	1, 2911866
1	1, 2984976	1, 2966691	1, 2948326	1, 2929884	1, 2911366
— 0,5	1, 2984476	1, 2966191	1, 2947826	1, 2929384	1, 2910866
0	1, 2983976	1, 2965691	1, 2947326	1, 2928884	1, 2910366
Diff.	0, 0018285	0, 0018364	0, 0018442	0, 0018518	0, 0018598

TABLE I.

Therm. Reaumur.	Hauteur du Baromètre.				
	19^p 10^l	19^p 9^l	29^p 8^l	19^p 7^l	19^p 6^l
0°	1,2983976	1,2965691	1,2947326	1,2928884	1,2910366
✝ 0,5	1,2983476	1,2965191	1,2946826	1,2928384	1,2909866
1	1,2982975	1,2964690	1,2946326	1,2927884	1,2909366
1,5	1,2982474	1,2964189	1,2945826	1,2927384	1,2908865
2	1,2981973	1,2963688	1,2945326	1,2926884	1,2908364
2,5	1,2981472	1,2963187	1,2944826	1,2926383	1,2907863
3	1,2980971	1,2962686	1,2944326	1,2925882	1,2907362
3,5	1,2980470	1,2962185	1,2943825	1,2925381	1,2906861
4	1,2979969	1,2961684	1,2943324	1,2924880	1,2906360
4,5	1,2979468	1,2961183	1,2942823	1,2924379	1,2905859
5	1,2978967	1,2960682	1,2942322	1,2923878	1,2905358
5,5	1,2978466	1,2960181	1,2941821	1,2923377	1,2904857
6	1,2977965	1,2959680	1,2941320	1,2922876	1,2904356
6,5	1,2977464	1,2959179	1,2940819	1,2922375	1,2903855
7	1,2976963	1,2958678	1,2940318	1,2921874	1,2903354
7,5	1,2976462	1,2958177	1,2939817	1,2921373	1,2902853
8	1,2975961	1,2957676	1,2939316	1,2920872	1,2902352
8,5	1,2975460	1,2957175	1,2938815	1,2920371	1,2901851
9	1,2974959	1,2956674	1,2938314	1,2919870	1,2901350
9,5	1,2974458	1,2956173	1,2937812	1,2919368	1,2900849
10	1,2973957	1,2955672	1,2937310	1,2918866	1,2900347
10,5	1,2973456	1,2955170	1,2936808	1,2918364	1,2899845
11,	1,2972955	1,2954668	1,2936306	1,2917862	1,2899343
11,5	1,2972454	1,2954166	1,2935804	1,2917360	1,2898841
12	1,2971952	1,2953664	1,2935302	1,2916858	1,2898339
12,5	1,2971450	1,2953162	1,2934800	1,2916356	1,2897837
13	1,2970948	1,2952660	1,2934298	1,2915854	1,2897335
13,5	1,2970446	1,2952158	1,2933796	1,2915352	1,2896833
14	1,2969944	1,2951656	1,2933294	1,2914850	1,2896331
14,5	1,2969442	1,2951154	1,2932792	1,2914348	1,2895829
✝ 15	1,2968940	1,2950652	1,2932290	1,2913846	1,2895327
Diff.	0,0018286	0,0018363	0,0018443	0,0018518	0,0018597

TABLE I.

Therm. Reaumur.	Hauteur du Baromètre.				
	19^p 10^l	19^p 9^l	19^p 8^l	19^p 7^l	19^p 6^l
+15°	1, 2968940	1, 2950652	1, 2932290	1, 2913846	1, 2895327
15,5	1, 2968438	1, 2950150	1, 2931788	1, 2913344	1, 2894825
16	1, 2967936	1, 2949648	1, 2931286	1, 2912842	1, 2894323
16,5	1, 2967434	1, 2949146	1, 2930784	1, 2912340	1, 2893821
17	1, 2966932	1, 2948644	1, 2930282	1, 2911838	1, 2893319
17,5	1, 2966430	1, 2948142	1, 2929780	1, 2911336	1, 2892817
18	1, 2965927	1, 2947640	1, 2929278	1, 2910834	1, 2892315
18,5	1, 2965424	1, 2947138	1, 2928776	1, 2910332	1, 2891813
19	1, 2964921	1, 2946635	1, 2928273	1, 2909830	1, 2891311
19,5	1, 2964418	1, 2946132	1, 2927770	1, 2909327	1, 2890808
20	1, 2963915	1, 2945629	1, 2927267	1, 2908824	1, 2890305
20,5	1. 2963412	1. 2945126	1, 2926764	1. 2908321	1, 2889802
21	1, 2962909	1, 2944623	1, 2926261	1, 2907818	1, 2889299
21,5	1, 2962406	1, 2944120	1, 2925758	1, 2907315	1, 2888796
22	1, 2961903	1, 2943617	1, 2925255	1, 2906812	1, 2888293
22,5	1, 2961400	1, 2943114	1, 2924752	1, 2906309	1, 2887790
23	1, 2960897	1, 2942611	1, 2924249	1, 2905806	1, 2887287
23,5	1, 2960394	1, 2942108	1, 2923746	1, 2905303	1, 2886784
24	1, 2959891	1, 2941605	1, 2923243	1, 2904800	1, 2886281
24,5	1, 2959388	1, 2941102	1, 2922740	1, 2904297	1, 2885778
25	1, 2958885	1, 2940599	1, 2922237	1, 2903794	1, 2885275
25,5	1, 2958382	1, 2940096	1, 2921734	1, 2903291	1, 2884772
26	1, 2957879	1, 2939593	1, 2921231	1, 2902788	1, 2884269
26,5	1, 2957375	1, 2939090	1, 2920728	1, 2902285	1, 2883766
27	1, 2956871	1, 2938587	1, 2920224	1, 2901781	1, 2883262
27,5	1, 2956367	1, 2938083	1, 2919720	1, 2901277	1, 2882758
28	1, 2955863	1, 2937579	1, 2919216	1, 2900773	1, 2882254
28,5	1, 2955359	1, 2937075	1, 2918712	1, 2900269	1, 2881750
29	1, 2954855	1, 2936571	1, 2918208	1, 2899765	1, 2881246
29,5	1, 2954351	1, 2936067	1, 2917704	1, 2899261	1, 2880742
+30	1, 2953847	1, 2935563	1, 2917200	1, 2898757	1, 2880238
Diff.	0, 0018286	0, 0018362	0, 0018443	0, 0018519	0, 0018597

TABLE L.

Therm. Reaumur.	Hauteur du Baromètre.				
	19^p 5^l	19^p 4^l	19^p 3^l	19^p 2^l	19^p 1^l
15°	1, 2906754	1, 2888071	1, 2869311	1, 2850471	1, 2831547
14,5	1, 2906255	1, 2887572	1, 2868812	1, 2849972	1, 2831048
14	1, 2905756	1, 2887073	1, 2868313	1, 2849473	1, 2830549
13,5	1, 2905257	1, 2886574	1, 2867814	1, 2848974	1, 2830050
13	1, 2904758	1, 2886075	1, 2867315	1, 2848475	1, 2829551
12,5	1, 2904259	1, 2885576	1, 2866816	1, 2847976	1, 2829052
12	1, 2903760	1, 2885077	1, 2866317	1, 2847477	1, 2828553
11,5	1, 2903261	1, 2884578	1, 2865818	1, 2846978	1, 2828054
11,	1, 2902762	1, 2884079	1, 2865319	1, 2846479	1, 2827555
10,5	1, 2902263	1, 2883580	1, 2864820	1, 2845980	1, 2827056
10	1, 2901764	1, 2883081	1, 2864321	1, 2845481	1, 2826557
9,5	1, 2901265	1, 2882582	1, 2863822	1, 2844982	1, 2826058
9	1, 2900766	1, 2882083	1, 2863323	1, 2844483	1, 2825559
8,5	1, 2900267	1, 2881584	1, 2862824	1, 2843984	1, 2825060
8	1, 2899768	1, 2881084	1, 2862325	1, 2843485	1, 2824561
7,5	1, 2899268	1, 2880584	1, 2861826	1, 2842986	1, 2824062
7.	1, 2898768	1, 2880084	1, 2861326	1, 2842486	1, 2823562
6,5	1, 2898268	1, 2879584	1, 2860826	1, 2841986	1, 2823062
6	1, 2897768	1, 2879084	1, 2860326	1, 2841486	1, 2822562
5,5	1, 2897268	1, 2878584	1, 2859826	1, 2840986	1, 2822062
5	1, 2896768	1, 2878084	1, 2859326	1, 2840486	1, 2821562
4,5	1, 2896268	1, 2877584	1, 2858826	1, 2839986	1, 2821062
4	1, 2895768	1, 2877084	1, 2858326	1, 2839486	1, 2820562
3,5	1, 2895268	1, 2876584	1, 2857826	1, 2838986	1, 2820062
3	1, 2894768	1, 2876084	1, 2857326	1, 2838486	1, 2819562
2,5	1, 2894268	1, 2875584	1, 2856826	1, 2837986	1, 2819062
2	1, 2893768	1, 2875084	1, 2856326	1, 2837486	1, 2818562
1,5	1, 2893268	1, 2874584	1, 2855826	1, 2836986	1, 2818062
1	1, 2892768	1, 2874084	1, 2855326	1, 2836486	1, 2817562
0,5	1, 2892268	1, 2873584	1, 2854826	1, 2835986	1, 2817062
0	1, 2891768	1, 2873084	1, 2854326	1, 2835486	1, 2816562
Diff.	0, 0018683	0, 0018759	0, 0018840	0, 0018924	0, 0019006

TABLE I.

Therm. Reaumur.	Hauteur du Baromètre.				
	$19^p \quad 5^l$	$19^p \quad 4^l$	$19^p \quad 3^l$	$19^p \quad 2^l$	$19^p \quad 1^l$
0°	1, 2891768	1, 2873084	1, 2854326	1, 2835486	1, 2816562
+ 0,5	1, 2891267	1, 2872584	1, 2853826	1, 2834986	1, 2816062
1	1, 2890766	1, 2872084	1, 2853326	1, 2834486	1, 2815561
1,5	1, 2890265	1, 2871584	1, 2852826	1, 2833986	1, 2815060
2	1, 2889764	1, 2871084	1, 2852325	1, 2833486	1, 2814559
2,5	1, 2889263	1, 2870584	1, 2851824	1, 2832985	1, 2814058
3	1, 2888762	1, 2870083	1, 2851323	1, 2832484	1, 2813557
3,5	1, 2888261	1, 2869582	1, 2850822	1, 2831983	1, 2813056
4	1, 2887760	1, 3869081	1, 2850321	1, 2831482	1, 2812555
4,5	1, 2887259	1, 2868580	1, 2849820	1, 2830981	1, 2812054
5	1, 2886758	1, 2868079	1, 2849319	1, 2830480	1, 2811553
5,5	1, 2886257	1, 2867578	1, 2848818	1, 2829979	1, 2811052
6	1, 2885756	1, 2867077	1, 2848317	1, 2829478	1, 2810551
6,5	1, 2885255	1, 2866576	1, 2847816	1, 2828977	1, 2810050
7	1, 2884754	1, 2866075	1, 2847315	1, 2828476	1, 2809549
7,5	1, 2884253	1, 2865574	1, 2846814	1, 2827975	1, 2809048
8	1, 2883752	1, 2865073	1, 2846313	1, 2827474	1, 2808547
8,5	1, 2883251	1, 2864572	1, 2845812	1, 2826973	1, 2808046
9	1, 2882750	1, 2864071	1, 2845311	1, 2826472	1, 2807545
9,5	1, 2882249	1, 2863570	1, 2844810	1, 2825971	1, 2807044
10	1, 2881748	1, 2863068	1, 2844308	1, 2825470	1, 2806543
10,5	1, 2881247	1, 2862566	1, 2843806	1, 2824968	1, 2806041
11	1, 2880746	1, 2862064	1, 2843304	1, 2824466	1, 2805539
11,5	1, 2880244	1, 2861562	1, 2842802	1, 2823964	1, 2805037
12	1, 2879742	1, 2861060	1, 2842300	1, 2823462	1, 2804535
12,5	1, 2879240	1, 2860558	1, 2841798	1, 2822960	1, 2804033
13	1, 2878738	1, 2860056	1, 2841296	1, 2822458	1, 2803531
13,5	1, 2878236	1, 2859554	1, 2840794	1, 2821956	1, 2803029
14	1, 2877734	1, 2859052	1, 2840292	1, 2821454	1, 2802527
14,5	1, 2877232	1, 2858550	1, 2839790	1, 2820952	1, 2802025
+15	1, 2876730	1, 2858048	1, 2839288	1, 2820450	1, 2801523
Diff.	0, 0018683	0, 0018759	0, 0018839	0, 0018925	0, 0019006

TABLE I.

Therm. Reaumur.	Hauteur du Baromètre.				
	19ᵖ 5ˡ	19ᵖ 4ˡ	19ᵖ 3ˡ	19ᵖ 2ˡ	19ᵖ 1ˡ
+15°	1, 2876730	1, 2858048	1, 2839288	1, 2820450	1, 2801523
15,5	1, 2876228	1, 2857546	1, 2838786	1, 2819948	1, 2801021
16	1, 2875726	1, 2857044	1, 2838284	1, 2819446	1, 2800519
16,5	1, 2875224	1, 2856542	1, 2837782	1, 2818944	1, 2800017
17	1, 2874722	1, 2856040	1, 2837280	1, 2818442	1, 2799515
17,5	1, 2874220	1, 2855538	1, 2836778	1, 2817939	1, 2799013
18	1, 2873718	1, 2855036	1, 2836276	1, 2817436	1, 2798511
18,5	1, 2873215	1, 2854533	1, 2835774	1, 2816933	1, 2798008
19	1, 2872712	1, 2854030	1, 2835272	1, 2816430	1, 2797505
19,5	1, 2872209	1, 2853527	1, 2834769	1, 2815927	1, 2797002
20	1, 2871706	1, 2853024	1, 2834266	1, 2815424	1, 2796499
20,5	1, 2871203	1, 2852521	1, 2833763	1, 2814921	1, 2795996
21	1, 2870700	1, 2852018	1, 2833260	1, 2814418	1, 2795493
21,5	1, 2870197	1, 2851515	1, 2832757	1, 2813915	1, 2794990
22	1, 2869694	1, 2851012	1, 2832254	1, 2813412	1, 2794487
22,5	1, 2869191	1, 2850509	1, 2831751	1, 2812909	1, 2793984
23	1, 2868688	1, 2850006	1, 2831248	1, 2812406	1, 2793481
23,5	1, 2868185	1, 2849503	1, 2830745	1, 2811903	1, 2792978
24	1, 2867682	1, 2849000	1, 2830242	1, 2811400	1, 2792475
24,5	1, 2867179	1, 2848497	1, 2829739	1, 2810897	1, 2791972
25	1, 2866676	1, 2847994	1, 2829236	1, 2810394	1, 2791469
25,5	1, 2866173	1, 2847491	1, 2828733	1, 2809891	1, 2790966
26	1, 2865670	1, 2846988	1, 2828229	1, 2809388	1, 2790463
26,5	1, 2865167	1, 2846485	1, 2827725	1, 2808885	1, 2789960
27	1, 2864664	1, 2845981	1, 2827221	1, 2808382	1, 2789457
27,5	1, 2864161	1, 2845477	1, 2826717	1, 2807878	1, 2788954
28	1, 2863657	1, 2844973	1, 2826213	1, 2807374	1, 2788450
28,5	1, 2863153	1, 2844469	1, 2825709	1, 2806870	1, 2787946
29	1, 2862649	1, 2843965	1, 2825205	1, 2806366	1, 2787442
29,5	1, 2862145	1, 2843461	1, 2824701	1, 2805862	1, 2786938
+30	1, 2861641	1, 2842957	1, 2824197	1, 2805358	1, 2786434
Diff.	0, 0018683	0, 0018760	0, 0018839	0, 0018925	0, 0019005

TABLE I.

Therm. Réaumur.	Hauteur du Baromètre.				
	19ᵖ 0ˡ	18ᵖ 11ˡ	18ᵖ 10ˡ	18ᵖ 9ˡ	18ᵖ 8ˡ
—15°	1, 2812542	1, 2793453	1, 2774276	1, 2755018	1, 2735672
14,5	1, 2812043	1, 2792954	1, 2773777	1, 2754519	1, 2735173
14	1, 2811544	1, 2792455	1, 2773278	1, 2754020	1, 2734674
13,5	1, 2811045	1, 2791956	1, 2772779	1, 2753521	1, 2734175
13	1, 2810546	1, 2791457	1, 2772280	1, 2753022	1, 2733676
12,5	1, 2810047	1, 2790958	1, 2771718	1, 2752523	1, 2733177
12	1, 2809548	1, 2790459	1, 2771282	1, 2752024	1, 2732678
11,5	1, 2809049	1, 2789960	1, 2770783	1, 2751525	1, 2732179
11	1, 2808550	1, 2789461	1, 2770284	1, 2751026	1, 2731680
10,5	1, 2808051	1, 2788962	1, 2769785	1, 2750527	1, 2731181
10	1, 2807552	1, 2788463	1, 2769286	1, 2750028	1, 2730682
9,5	1, 2807053	1, 2787964	1, 2768787	1, 2749529	1, 2730183
9	1, 2806554	1, 2787465	1, 2768288	1, 2749030	1, 2729684
8,5	1, 2806054	1, 2786966	1, 2767789	1, 2748531	1, 2729185
8	1, 2805554	1, 2786466	1, 2767290	1, 2748032	1, 2728686
7,5	1, 2805054	1, 2785966	1, 2766791	1, 2747533	1, 2728187
7	1, 2804554	1, 2785466	1, 2766292	1, 2747033	1, 2727687
6,5	1, 2804054	1, 2784966	1, 2765792	1, 2746533	1, 2727187
6	1, 2803554	1, 2784466	1, 2765292	1, 2746033	1, 2726687
5,5	1, 2803054	1, 2783966	1, 2764792	1, 2745533	1, 2726187
5	1, 2802554	1, 2783466	1, 2764292	1, 2745033	1, 2725687
4,5	1, 2802054	1, 2782966	1, 2763792	1, 2744533	1, 2725187
4	1, 2801554	1, 2782466	1, 2763292	1, 2744033	1, 2724687
3,5	1, 2801054	1, 2781966	1, 2762792	1, 2743533	1, 2724187
3	1, 2800554	1, 2781466	1, 2762292	1, 2743033	1, 2723687
2,5	1, 2800054	1, 2780966	1, 2761792	1, 2742533	1, 2723187
2	1, 2799554	1, 2780466	1, 2761292	1, 2742033	1, 2722687
1,5	1, 2799054	1, 2779966	1, 2760792	1, 2741533	1, 2722187
1	1, 2798554	1, 2779466	1, 2760292	1, 2741033	1, 2721687
—0,5	1, 2798054	1, 2778966	1, 2759792	1, 2740533	1, 2721187
0	1, 2797554	1, 2778466	1, 2759292	1, 2740033	1, 2720687
Diff.	0, 0019088	0, 0019175	0, 0019258	0, 0019346	0, 0019432

TABLE I.

Therm. Reaumur.	Hauteur du Baromètre.				
	19ᵖ 0ˡ	18ᵖ 11ˡ	18ᵖ 10ˡ	18ᵖ 9ˡ	18ᵖ 8ˡ
0°	1, 2797554	1, 2778466	1, 2759292	1, 2740033	1, 2720687
0,5	1, 2797054	1, 2777966	1, 2758791	1, 2739533	1, 2720187
1	1, 2796554	1, 2777466	1, 2758290	1, 2739033	1, 2719687
1,5	1, 2796054	1, 2776966	1, 2757789	1, 2738533	1, 2719187
2	1, 2795554	1, 2776465	1, 2757288	1, 2738032	1, 2718686
2,5	1, 2795053	1, 2775964	1, 2756787	1, 2737531	1, 2718185
3	1, 2794552	1, 2775463	1, 2756286	1, 2737030	1, 2717684
3,5	1, 2794051	1, 2774962	1, 2755785	1, 2736529	1, 2717183
4	1, 2793550	1, 2774461	1, 2755284	1, 2736028	1, 2716682
4,5	1, 2793049	1, 2773960	1, 2754783	1, 2735527	1, 2716181
5	1, 2792548	1, 2773459	1, 2754282	1, 2735026	1, 2715680
5,5	1, 2792047	1, 2772958	1, 2753781	1, 2734525	1, 2715179
6	1, 2791546	1, 2772457	1, 2753280	1, 2734024	1, 2714678
6,5	1, 2791045	1, 2771956	1, 2752779	1, 2733523	1, 2714177
7	1, 2790544	1, 2771455	1, 2752278	1, 2733022	1, 2713676
7,5	1, 2790043	1, 2770954	1, 2751777	1, 2732521	1, 2713175
8	1, 2789542	1, 2770453	1, 2751276	1, 2732020	1, 2712674
8,5	1, 2789041	1, 2769952	1, 2750775	1, 2731519	1, 2712173
9	1, 2788540	1, 2769451	1, 2750274	1, 2731018	1, 2711672
9,5	1, 2788039	1, 2768949	1, 2749773	1, 2730517	1, 2711171
10	1, 2787538	1, 2768447	1, 2749272	1, 2730015	1, 2710669
10,5	1, 2787036	1, 2767945	1, 2748771	1, 2729513	1, 2710167
11	1, 2786534	1, 2767443	1, 2748269	1, 2729011	1, 2709665
11,5	1, 2786032	1, 2766941	1, 2747767	1, 2728509	1, 2709163
12	1, 2785530	1, 2766439	1, 2747265	1, 2728007	1, 2708661
12,5	1, 2785028	1, 2765937	1, 2746763	1, 2727505	1, 2708159
13	1, 2784526	1, 2765435	1, 2746261	1, 2727003	1, 2707657
13,5	1, 2784024	1, 2764933	1, 2745759	1, 2726501	1, 2707155
14	1, 2783522	1, 2764431	1, 2745257	1, 2725999	1, 2706653
14,5	1, 2783020	1, 2763929	1, 2744755	1, 2725497	1, 2706151
15	1, 2782518	1, 2763427	1, 2744253	1, 2724995	1, 2705649
Diff.	0, 0019089	0, 0019174	0, 0019258	0, 0019346	0, 0019431

TABLE I.

Therm. Reaumur.	Hauteur du Baromètre.				
	19ᵖ 0ˡ	18ᵖ 11ˡ	18ᵖ 10ˡ	18ᵖ 9ˡ	18ᵖ 8ˡ
+15°	1, 2782518	1, 2763427	1, 2744253	1, 2724995	1, 2705649
15,5	1, 2782016	1, 2762925	1, 2743751	1, 2724493	1, 2705147
16	1, 2781514	1, 2762423	1, 2743249	1, 2723991	1, 2704645
16,5	1, 2781012	1, 2761921	1, 2742747	1, 2723489	1, 2704143
17	1, 2780510	1, 2761419	1, 2742245	1, 2722987	1, 2703641
17,5	1, 2780008	1, 2760917	1, 2741743	1. 2722485	1, 2703139
18	1, 2779505	1, 2760415	1, 2741241	1, 2721983	1, 2702637
18,5	1, 2779002	1, 2759913	1, 2740739	1, 2721481	1, 2702135
19	1, 2778499	1, 2759411	1, 2740237	1, 2720978	1, 2701632
19,5	1, 2777996	1, 2758909	1, 2739734	1, 2720475	1, 2701129
20	1, 2777493	1, 2758406	1, 2739231	1, 2719972	1, 2700626
20,5	1, 2776990	1, 2757903	1, 2738728	1, 2719469	1, 2700123
21	1, 2776487	1, 2757400	1, 2738225	1, 2718966	1, 2699620
21,5	1, 2775984	1, 2756897	1, 2737722	1, 2718463	1, 2699117
22	1, 2775481	1, 2756394	1, 2737219	1, 2717960	1, 2698614
22,5	1, 2774978	1, 2755891	1, 2736716	1, 2717457	1, 2698111
23	1, 2774475	1, 2755388	1, 2736213	1, 2716954	1, 2697608
23,5	1, 2773972	1, 2754885	1, 2735710	1, 2716451	1, 2697105
24	1, 2773469	1, 2754382	1, 2735207	1, 2715948	1, 2696602
24,5	1, 2772966	1, 2753879	1, 2734704	1, 2715445	1. 2696099
25	1, 2772463	1, 2753376	1, 2734201	1, 2714942	1, 2695596
25,5	1, 2771960	1, 2752873	1, 2733698	1, 2714439	1, 2695093
26	1, 2771457	1, 2752370	1, 2733195	1, 2713936	1, 2694590
26,5	1, 2770954	1, 2751867	1, 2732691	1, 2713433	1, 2694087
27	1, 2770451	1, 2751364	1, 2732187	1. 2712930	1, 2693584
27,5	1, 2769948	1, 2750860	1, 2731683	1, 2712426	1, 2693080
28	1, 2769444	1, 2750356	1, 2731179	1, 2711922	1, 2692576
28,5	1, 2768940	1, 2749852	1, 2730675	1, 2711418	1, 2692072
29,	1, 2768436	1, 2749348	1, 2730171	1, 2710914	1, 2691568
29,5	1, 2767932	1, 2748844	1, 2729667	1, 2710410	1, 2691064
+30	1, 2767428	1, 2748340	1, 2729163	1, 2709906	1, 2690560
Diff.	0, 0019089	0, 0019175	0, 0019257	0, 0019346	0, 0019430

TABLE I.

Therm. Reaumur.	Hauteur du Baromètre.				
	18ᴾ 7ˡ	18ᴾ 6ˡ	18ᴾ 5ˡ	18ᴾ 4ˡ	18ᴾ 3ˡ
—15°	1, 2716240	1, 2696720	1, 2677115	1, 2657419	1, 2637634
14,5	1, 2715741	1, 2696221	1, 2676616	1, 2656920	1, 2637135
14	1, 2715242	1, 2695722	1, 2676117	1, 2656421	1, 2636636
13,5	1, 2714743	1, 2695223	1, 2675618	1, 2655922	1, 2636137
13	1, 2714244	1, 2694724	1, 2675119	1, 2655423	1, 2635638
12,5	1, 2713745	1, 2694225	1, 2674620	1, 2654924	1, 2635139
12	1, 2713246	1, 2693726	1, 2674121	1, 2654425	1, 2634640
11,5	1, 2712747	1, 2693227	1, 2673622	1, 2653926	1, 2634141
11	1, 2712248	1, 2692728	1, 2673123	1, 2653427	1, 2633642
10,5	1, 2711749	1, 2692229	1, 2672624	1, 2652928	1, 2633143
10	1, 2711250	1, 2691730	1, 2672125	1, 2652429	1, 2632644
9,5	1, 2710751	1, 2691231	1, 2671626	1, 2651930	1, 2632145
9	1, 2710252	1, 2690732	1, 2671127	1, 2651431	1, 2631646
8,5	1, 2709753	1, 2690233	1, 2670628	1, 2650932	1, 2631147
8	1, 2709254	1, 2689734	1, 2670129	1, 2650432	1, 2630648
7,5	1, 2708754	1, 2689235	1, 2669630	1, 2649932	1, 2630148
7	1, 2708254	1, 2688736	1, 2669131	1, 2649432	1, 2629648
6,5	1, 2707754	1, 2688237	1, 2668631	1, 2648932	1, 2629148
6	1, 2707254	1, 2687738	1, 2668131	1, 2648432	1, 2628648
5,5	1, 2706754	1, 2687238	1, 2667631	1, 2647932	1, 2628148
5	1, 2706254	1, 2686738	1, 2667131	1, 2647432	1, 2627648
4,5	1, 2705754	1, 2686238	1, 2666631	1, 2646932	1, 2627148
4	1, 2705254	1, 2685738	1, 2666131	1, 2646432	1, 2626648
3,5	1, 2704754	1, 2685238	1, 2665631	1, 2645932	1, 2626148
3	1, 2704254	1, 2684738	1, 2665131	1, 2645432	1, 2625648
2,5	1, 2703754	1, 2684238	1, 2664631	1, 2644932	1, 2625148
2	1, 2703254	1, 2683738	1, 2664131	1, 2644432	1, 2624648
1,5	1, 2702754	1, 2683238	1, 2663631	1, 2643932	1, 2624148
1	1, 2702254	1, 2682738	1, 2663131	1, 2643432	1, 2623648
0,5	1, 2701754	1, 2682238	1, 2662631	1, 2642932	1, 2623148
—0	1, 2701254	1, 2681738	1, 2662131	1, 2642432	1, 2622648
Diff.	0, 0019518	0, 0019606	0, 0019697	0, 0019784	0, 0019875

TABLE I.

	Hauteur du Baromètre.				
Therm. Reaumur.	18ᴾ 7ˡ	18ᴾ 6ˡ	18ᴾ 5ˡ	18ᴾ 4ˡ	18ᴾ 3ˡ
0°	1, 2701254	1, 2681738	1, 2662131	1, 2642432	1, 2622648
+ 0,5	1, 2700754	1, 2681238	1, 2661631	1, 2641932	1, 2622148
1	1, 2700254	1, 2680738	1, 2661130	1, 2641432	1, 2621648
1,5	1, 2699754	1, 2680237	1, 2660629	1, 2640932	1, 2621148
2	1, 2699253	1, 2679736	1, 2660128	1, 2640432	1, 2620647
2,5	1, 2698752	1, 2679235	1, 2659627	1, 2639932	1, 2620146
3	1, 2698251	1, 2678734	1, 2659126	1, 2639431	1, 2619645
3,5	1, 2697750	1, 2678233	1, 2658625	1, 2638930	1, 2619144
4	1, 2697249	1, 2677732	1, 2658124	1, 2638429	1, 2618643
4,5	1, 2696748	1, 2677231	1, 2657623	1, 2637928	1, 2618142
5	1, 2696247	1, 2676730	1, 2657122	1, 2637427	1, 2617641
5,6	1, 2695746	1, 2676229	1, 2656621	1, 2636926	1, 2617140
6	1, 2695245	1, 2675728	1, 2656120	1, 2636425	1, 2616639
6,5	1, 2694744	1, 2675227	1, 2655619	1, 2635924	1, 2616138
7	1, 2694243	1, 2674726	1, 2655118	1, 2635423	1, 2615637
7,5	1, 2693742	1, 2674225	1, 2654617	1, 2634922	1, 2615136
8	1, 2693241	1, 2673724	1, 2654116	1, 2634421	1, 2614635
8,5	1, 2692740	1, 2673223	1, 2653615	1, 2633920	1, 2614134
9	1, 2692239	1, 2672722	1, 2653114	1, 2633419	1, 2613633
9,5	1, 2691738	1, 2672221	1, 2652613	1, 2632918	1, 2613132
10	1, 2691237	1, 2671720	1, 2652112	1, 2632416	1, 2612630
10,5	1, 2690736	1, 2671219	1, 2651611	1, 2631914	1, 2612128
11	1, 2690235	1, 2670717	1, 2651109	1, 2631412	1, 2611626
11,5	1, 2689733	1, 2670215	1, 2650607	1, 2630910	1, 2611124
12	1, 2689231	1, 2669713	1, 2650105	1, 2630408	1, 2610622
12,5	1, 2688729	1, 2669211	1, 2649603	1, 2629906	1, 2610120
13	1, 2688227	1, 2668709	1, 2649101	1, 2629404	1, 2609618
13,5	1, 2687725	1, 2668207	1, 2648599	1, 2628902	1, 2609116
14	1, 2687223	1, 2667705	1, 2648097	1, 2628400	1, 2608614
14,5	1, 2686721	1, 2667203	1, 2647595	1, 2627898	1, 2608112
15	1, 2686219	1, 2666701	1, 2647093	1, 2627396	1, 2607610
Diff.	0, 0019517	0, 0019607	0, 0019698	0, 0019785	0, 0019875

TABLE I.

Therm. Reaumur.	Hauteur du Baromètre.				
	18ᵖ 7ˡ	18ᵖ 6ˡ	18ᵖ 5ˡ	18ᵖ 4ˡ	18ᵖ 3ˡ
+15°	1, 2686219	1, 2666701	1, 2647093	1, 2627396	1, 2607610
15,5	1, 2685717	1, 2666199	1, 2646591	1, 2626894	1, 2607108
16	1, 2685215	1, 2665697	1, 2646089	1, 2626392	1, 2606606
16,5	1, 2684713	1, 2665195	1, 2645587	1, 2625890	1, 2606104
17	1, 2684211	1, 2664693	1, 2645085	1, 2625388	1, 2605602
17,5	1, 2683709	1, 2664191	1, 2644583	1, 2624886	1, 2605100
18	1, 2683207	1, 2663689	1, 2644081	1, 2624384	1, 2604598
18,5	1, 2682704	1, 2663186	1, 2643579	1, 2623881	1, 2604096
19	1, 2682201	1, 2662683	1, 2643076	1, 2623378	1, 2603593
19,5	1, 2681698	1, 2662180	1, 2642573	1, 2622875	1, 2603090
20	1, 2681195	1, 2661677	1, 2642070	1, 2622372	1, 2602587
20,5	1, 2680692	1, 2661174	1, 2641567	1, 2621869	1, 2602084
21	1, 2680189	1, 2660671	1, 2641064	1, 2621366	1, 2601581
21,5	1, 2679686	1, 2660168	1, 2640561	1, 2620863	1, 2601078
22	1, 2679183	1, 2659665	1, 2640058	1, 2620360	1, 2600575
22,5	1, 2678680	1, 2659162	1, 2639555	1, 2619857	1, 2600072
23	1, 2678177	1, 2658659	1, 2639052	1, 2619354	1, 2599569
23,5	1, 2677674	1, 2658156	1, 2638549	1, 2618851	1, 2599066
24	1, 2677171	1, 2657653	1, 2638046	1, 2618348	1, 2598563
24,5	1, 2676668	1, 2657150	1, 2637543	1, 2617845	1, 2598060
25	1, 2676165	1, 1656647	1, 2637040	1, 2617342	1, 2597557
25,5	1, 2675662	1, 2656144	1, 2636537	1, 2616839	1, 2597054
26	1, 2675159	1, 2655641	1, 2636034	1, 2616336	1, 2596551
26,5	1, 2674656	1, 2655137	1, 2635531	1, 2615833	1, 2596048
27	1, 2674153	1, 2654633	1, 2635028	1, 2615329	1, 2595545
27,5	1, 2673649	1, 2654129	1, 2634524	1, 2614825	1, 2595042
28	1, 2673145	1, 2653625	1, 2634020	1, 2614321	1, 2594538
28,5	1, 2672641	1, 2653121	1, 2633516	1, 2613817	1, 2594034
29	1, 2672137	1, 2652617	1, 2633012	1, 2613313	1, 2593530
29,5	1, 2671633	1, 2652113	1, 2632508	1, 2612809	1, 2593026
30	1, 2671129	1, 2651609	1, 2632004	1, 2612305	1, 2592522
Diff.	0, 0019519	0, 0019606	0, 0019698	0, 0019784	0, 0019875

TABLE I.

Therm. Reaumur.	Hauteur du Baromètre.				
	$18^p\ 2^l$	$18^p\ 1^l$	$18^p\ 0^l$	$17^p\ 11^l$	$17^p\ 10^l$
—15°	1, 2617759	1, 2597790	1, 2577729	1, 2557577	1, 2537329
14,5	1, 2617260	1, 2597291	1, 2577230	1, 2557078	1, 2536830
14	1, 2616761	1, 2596792	1, 2576731	1, 2556579	1, 2536331
13,5	1, 2616262	1, 2596293	1, 2576232	1, 2556080	1, 2535832
13	1, 2615763	1, 2595794	1, 2575733	1, 2555581	1, 2535333
12,5	1, 2615264	1, 2595295	1, 2575234	1, 2555082	1, 2534834
12	1, 2614765	1, 2594796	1, 2574735	1, 2554583	1, 2534335
11,5	1, 2614266	1, 2594297	1, 2574236	1, 2554084	1, 2533836
11	1, 2613767	1, 2593798	1, 2573737	1, 2553585	1, 2533337
10,5	1, 2613268	1, 2593299	1, 2573238	1, 2553086	1, 2532838
10	1, 2612769	1, 2592800	1, 2572739	1, 2552587	1, 2532339
9,5	1, 2612270	1, 2592301	1, 2572240	1, 2552088	1, 2531840
9	1, 2611771	1, 2591802	1, 2571741	1, 2551589	1, 2531341
8,5	1, 2611272	1, 2591303	1, 2571242	1, 2551090	1, 2530842
8	1, 2610772	1, 2590804	1, 2570743	1, 2550591	1, 2530343
7,5	1, 2610272	1, 2590304	1, 2570243	1, 2550092	1, 2529844
7	1, 2609772	1, 2589804	1, 2569743	1, 2549592	1, 2529345
6,5	1, 2609272	1, 2589304	1, 2569243	1, 2549092	1, 2528845
6	1, 2608772	1, 2588804	1, 2568743	1, 2548592	1, 2528345
5,5	1, 2608272	1, 2588304	1, 2568243	1, 2548092	1, 2527845
5	1, 2607772	1, 2587804	1, 2567743	1, 2547592	1, 2527345
4,5	1, 2607272	1, 2587304	1, 2567243	1, 2547092	1, 2526845
4	1, 2606772	1, 2586804	1, 2566743	1, 2546592	1, 2526345
3,5	1, 2606272	1, 2586304	1, 2566243	1, 2546092	1, 2525845
3	1, 2605772	1, 2585804	1, 2565743	1, 2545592	1, 2525345
2,5	1, 2605272	1, 2585304	1, 2565243	1, 2545092	1, 2524845
2	1, 2604772	1, 2584804	1, 2564743	1, 2544592	1, 2524345
1,5	1, 2604272	1, 2584304	1, 2564243	1, 2544092	1, 2523845
1	1, 2603772	1, 2583804	1, 2563743	1, 2543592	1, 2523345
— 0,5	1, 2603272	1, 2583304	1, 2563243	1, 2543092	1, 2522845
0	1, 2602772	1, 2582804	1, 2562743	1, 2542592	1, 2522345
Diff.	0, 0019968	0, 0020061	0, 0020151	0, 0020247	0, 0020340

TABLE I.

Therm. Reaumur.	Hauteur du Baromètre.				
	18ᵖ 2ˡ	18ᵖ . 1ˡ	18ᵖ 0ˡ	17ᵖ 11ˡ	17ᵖ 10ˡ
0°	1, 2602772	1, 2582804	1, 2562743	1, 2542592	1, 2522345
+ 0,5	1, 2602272	1, 2582304	1, 2562243	1, 3542092	1, 2521845
1	1, 2601772	1, 2581804	1, 2561743	1, 2541591	1, 2521345
1,5	1, 2601272	1, 2581303	1, 2561243	1, 2541090	1, 2520844
2	1, 2600772	1, 2580802	1, 2560742	1, 2540589	1, 2520343
2,5	1, 2600272	1, 2580301	1, 2560241	1, 2540088	1, 2519842
3	1, 2599771	1, 2579800	1, 2559740	1, 2539587	1, 2519341
3,5	1, 2599270	1, 2579299	1, 2559239	1, 2539086	1, 2518840
4	1, 2598769	1, 2578798	1, 2558738	1, 2538585	1, 2518339
4,5	1, 2598268	1, 2578297	1, 2558237	1, 2538084	1, 2517838
5	1, 2597767	1, 2577796	1, 2557736	1, 2537583	1, 2517337
5,5	1, 2597266	1, 2577295	1, 2557235	1, 2537082	1, 2516836
6	1, 2596765	1, 2576794	1, 2556734	1, 2536581	1, 2516335
6,5	1, 2596264	1, 2576293	1, 2556233	1, 2536080	1, 2515834
7	1, 2595763	1, 2575792	1, 2555732	1, 2535579	1, 2515333
7,5	1, 2595262	1, 2575291	1, 2555231	1, 2535078	1, 2514832
8	1, 2594761	1, 2574790	1, 2554730	1, 2534577	1, 2514331
8,5	1, 2594260	1, 2574289	1, 2554229	1, 2534076	1, 2513830
9	1, 2593759	1, 2573788	1, 2553728	1, 2533575	1, 2513329
9,5	1, 2593257	1, 2573287	1, 2553227	1, 2533074	1, 2512828
10	1, 2592755	1, 2572786	1, 2552725	1, 2532573	1, 2512327
10,5	1, 2592253	1, 2572284	1, 2552223	1, 2532072	1, 2511825
11	1, 2591751	1, 2571782	1, 2551721	1, 2531571	1, 2511323
11,5	1, 2591249	1, 2571280	1, 2551219	1, 2531069	1, 2510821
12	1, 2590747	1, 2570778	1, 2550717	1, 2530567	1, 2510319
12,5	1, 2590245	1, 2570276	1, 2550215	1, 2530065	1, 2509817
13	1, 2589743	1, 2569774	1, 2549713	1, 2529563	1, 2509315
13,5	1, 2589241	1, 2569272	1, 2549211	1, 2529061	1, 2508813
14	1, 2588739	1, 2568770	1, 2548709	1, 2528559	1, 2508311
14,5	1, 2588237	1, 2568268	1, 2548207	1, 2528057	1, 2507809
+ 15	1, 2587735	1, 2567766	1, 2547705	1, 2527555	1, 2507307
Diff.	0, 0019968	0, 0020061	0, 0020151	0, 0020247	0, 0020341

TABLE I.

Therm. Reaumur.	Hauteur du Baromètre.				
	$18^p\ 2^l$	$18^p\ 1^l$	$18^p\ 0^l$	$17^p\ 11^l$	$17^p\ 10^l$
+15°	1, 2587735	1, 2567766	1, 2547705	1, 2527555	1, 2507307
15,5	1, 2587233	1, 2567264	1, 2547203	1, 2527053	1, 2506805
16	1, 2586731	1, 2566762	1, 2546701	1, 2526551	1, 2506303
16,5	1, 2586229	1, 2566260	1, 2546199	1, 2526049	1, 2505801
17	1, 2585727	1, 2565758	1, 2545697	1, 2525547	1, 2505299
17,5	1, 2585225	1, 2565256	1, 2545195	1, 2525045	1, 2504797
18	1, 2584723	1, 2564754	1, 2544693	1, 2524543	1, 2504295
18,5	1, 2584221	1, 2564251	1, 2544191	1, 2524040	1, 2503792
19	1, 2583718	1, 2563748	1, 2543689	1, 2523537	1, 2503289
19,5	1, 2583215	1, 2563245	1, 2543186	1, 2523034	1, 2502786
20	1, 2582712	1, 2562742	1, 2542683	1, 2522531	1, 2502283
20,5	1, 2582209	1, 2562239	1, 2542180	1, 2522028	1, 2501780
21	1, 2581706	1, 2561736	1, 2541677	1, 2521525	1, 2501277
21,5	1, 2581203	1, 2561233	1, 2541174	1, 2521022	1, 2500774
22	1, 2580700	1, 2560730	1, 2540671	1, 2520519	1, 2500271
22,5	1, 2580197	1, 2560227	1, 2540168	1, 2520016	1, 2499768
23	1, 3579694	1, 2559724	1, 2539665	1, 2519513	1, 2499265
23,5	1, 2579191	1, 2559221	1, 2539162	1, 2519010	1, 2498762
24	1, 2578688	1, 2558718	1, 2538659	1, 2518507	1, 2498259
24,5	1, 2578185	1, 2558215	1, 2538156	1, 2518004	1, 2497756
25	1, 2577682	1, 2557712	1, 2537653	1, 2517501	1, 2497253
25,5	1, 2577179	1, 2557209	1, 2537150	1, 2516998	1, 2496750
26	1, 2576676	1, 2556706	1, 2536647	1, 2516495	1, 2496247
26,5	1, 2576173	1, 2556203	1, 2536144	1, 2515992	1, 2495744
27	1, 2575670	1, 2555700	1, 2535641	1, 2515489	1, 2495241
27,5	1, 2575166	1, 2555197	1, 2535137	1, 2514986	1, 2494737
28	1, 2574662	1, 2554694	1, 2534633	1, 2514482	1, 2494233
28,5	1, 2574158	1, 2554190	1, 2534129	1, 2513978	1, 2493729
29	1, 2573654	1, 2553686	1, 2533625	1, 2513474	1, 2493225
29,5	1, 2573150	1, 2553162	1, 2533121	1, 2512970	1, 2492721
+30	1, 2572646	1, 2552678	1, 2532617	1, 2512466	1, 2492217
Diff.	0, 0019968	0, 0020061	0, 0020150	0, 0020248	0, 0020341

TABLE I.

Hauteur du Baromètre.

Therm. Reaumur.	17^p 9^l	17^p 8^l	17^p 7^l	17^p 6^l	17^p 5^l
—15°	1, 2516989	1, 2496552	1, 2476017	1, 2455385	1, 2434657
14,5	1, 2516490	1, 2496053	1, 2475518	1, 2454886	1, 2434158
14	1, 2515991	1, 2495554	1, 2475019	1, 2454387	1, 2433659
13,5	1, 2515492	1, 2495055	1, 2474520	1, 2453888	1, 2433160
13	1, 2514993	1, 2494556	1, 2474021	1, 2453389	1, 2432661
12,5	1, 2514494	1, 2494057	1, 2473522	1, 2452890	1, 2432162
12	1, 2513995	1, 2493558	1, 2473023	1, 2452391	1, 2431663
11,5	1, 2513496	1, 2493059	1, 2472524	1, 2451892	1, 2431164
11	1, 2512997	1, 2492560	1, 2472025	1, 2451393	1, 2430665
10,5	1, 2512498	1, 2492061	1, 2471526	1, 245c894	1, 2430166
10	1, 2511999	1, 2491562	1, 2471027	1, 245c395	1, 2429667
9,5	1, 2511500	1, 2491063	1, 2470528	1, 2449896	1. 2429168
9	1, 2511001	1, 2490564	1, 2470029	1, 2449397	1, 2428669
8,5	1, 2510502	1, 2490065	1, 2469530	1, 2448898	1, 2428170
8	1, 2510003	1, 2489565	1, 2469030	1, 2448399	1, 2427671
7,5	1, 2509504	1, 2489065	1, 2468530	1, 2447899	1, 2427171
7	1, 2509004	1, 2488565	1, 2468030	1, 2447400	1, 2426671
6,5	1, 2508504	1, 2488065	1, 2467530	1, 2446900	1, 2426171
6	1, 2508004	1, 2487565	1, 2467030	1, 2446400	1, 2425671
5,5	1, 2507504	1, 2487065	1, 2466530	1, 2445900	1, 2425171
5	1, 2507004	1, 2486565	1, 2466030	1, 2445400	1, 2424671
4,5	1, 2506504	1, 2486065	1, 2465530	1, 2444900	1, 2424171
4	1, 2506004	1, 2485565	1, 2465030	1, 2444400	1, 2423671
3,5	1, 2505504	1, 2485065	1, 2464530	1, 2443900	1, 2423171
3	1, 2505004	1, 2484565	1, 2464030	1, 2443400	1, 2422671
2,5	1, 2504504	1, 2484065	1, 2463530	1, 2442900	1, 2422171
2	1, 2504004	1, 2483565	1, 2463030	1, 2442400	1, 2421671
1,5	1, 2503504	1, 2483065	1, 2462530	1, 2441900	1, 2421171
1	1, 2503004	1, 2482565	1, 2462030	1, 2441400	1, 2420671
—0,5	1, 2502504	1, 2482065	1, 2461530	1, 2440900	1, 2420171
0	1, 2502004	1, 2481565	1, 2461030	1, 2440400	1, 2419671
Diff.	0, 0020438	0, 0020535	0, 0020631	0, 0020728	0, 0020831

TABLE I.

Therm. Reaumur.	Hauteur du Baromètre.				
	17^p 9^l	17^p 8^l	17^p 7^l	17^p 6^l	17^p 5^l
0°	1, 2502004	1, 2481565	1, 2461030	1, 2440400	1, 2419671
+ 0,5	1, 2501504	1, 2481065	1, 2460530	1, 2439900	1, 2419171
1	1, 2501004	1, 2480565	1, 2460030	1, 2439399	1, 2418671
1,5	1, 2500503	1, 2480065	1, 2459530	1, 2438898	1, 2418171
2	1, 2500002	1, 2479565	1, 2459029	1, 2438397	1, 2417670
2,5	1, 2499501	1, 2479064	1, 2458528	1, 2437896	1, 2417169
3	1, 2499000	1, 2478563	1, 2458027	1, 2437395	1, 2416668
3,5	1, 2498499	1, 2478062	1, 2457526	1, 2436894	1, 2416167
4	1, 2497998	1, 2477561	1, 2457025	1, 2436393	1, 2415666
4,5	1, 2497497	1, 2477060	1, 2456524	1, 2435892	1, 2415165
5	1, 2496996	1, 2476559	1, 2456023	1, 2435391	1, 2414664
5,5	1, 2496495	1, 2476058	1, 2455522	1, 2434890	1, 2414163
6	1, 2495994	1, 2475557	1, 2455021	1, 2434389	1, 2413662
6,5	1, 2495493	1, 2475056	1, 2454520	1, 2433888	1, 2413161
7	1, 2494992	1, 2474555	1, 2454019	1, 2433387	1, 2412660
7,5	1, 2494491	1, 2474054	1, 2453518	1, 2432886	1, 2412159
8	1, 2493990	1, 2473553	1, 2453017	1, 2432385	1, 2411658
8,5	1, 2493489	1, 2473052	1, 2452516	1, 2431884	1, 2411157
9	1, 2492988	1, 2472551	1, 2452015	1, 2431383	1, 2410656
9,5	1, 2492487	1, 2472050	1, 2451514	1, 2430882	1, 2410155
10	1, 2491985	1, 2471549	1, 2451012	1, 2430381	1, 2409654
10,5	1, 2491483	1, 2471047	1, 2450510	1, 2429880	1, 2409153
11	1, 2490981	1, 2470545	1, 2450008	1, 2429379	1, 2408651
11,5	1, 2490479	1, 2470043	1, 2449506	1, 2428877	1, 2408149
12	1, 2489977	1, 2469541	1, 2449004	1, 2428375	1, 2407647
12,5	1, 2489475	1, 2469039	1, 2448502	1, 2427873	1, 2407145
13	1, 2488973	1, 2468537	1, 2448000	1, 2427371	1, 2406643
13,5	1, 2488471	1, 2468035	1, 2447498	1, 2426869	1, 2406141
14	1, 2487969	1, 2467533	1, 2446996	1, 2426367	1, 2405639
14,5	1, 2487467	1, 2467031	1, 2446494	1, 2425865	1, 2405137
+ 15	1, 2486965	1, 2466529	1, 2445992	1, 2425363	1, 2404635
Diff.	0, 0020437	0, 0020536	0, 0020629	0, 0020728	0, 0020833

TABLE I.

Therm. Reaumur.	Hauteur du Baromètre.				
	17^p 9^l	17^p 8^l	17^p 7^l	17^p 6^l	17^p 5^l
+15°	1, 2486965	1, 2466529	1, 2445992	1, 2425363	1, 2404635
15,5	1, 2486463	1, 2466027	1, 2445490	1, 2424861	1, 2404133
16	1, 2485961	1, 2465525	1, 2444988	1, 2424359	1, 2403631
16,5	1, 2485459	1, 2465023	1, 2444486	1, 2423857	1, 2403129
17	1, 2484957	1, 2464521	1, 2443984	1, 2423355	1, 2402627
17,5	1, 2484455	1, 2464019	1, 2443482	1, 2422853	1, 2402125
18	1, 2483952	1, 2463517	1, 2442980	1, 2422351	1, 2401623
18,5	1, 2483449	1, 2463015	1, 2442478	1, 2421849	1, 2401120
19	1, 2482946	1, 2462512	1, 2441976	1, 2421346	1, 2400617
19,5	1, 2482443	1, 2462009	1, 2441474	1, 2420843	1, 2400114
20	1, 2481940	1, 2461506	1, 2440971	1, 2420340	1, 2399611
20,5	1, 2481437	1, 2461003	1, 2440468	1, 2419837	1. 2399108
21	1, 2480934	1, 2460500	1, 2439965	1, 2419334	1, 2398605
21,5	1, 2480431	1, 2459997	1, 2439462	1, 2418831	1, 2398102
22	1, 2479928	1, 2459494	1, 2438959	1, 2418328	1, 2397599
22,5	1, 2479426	1, 2458991	1, 2438456	1, 2417825	1, 2397096
23	1, 2478923	1, 2458488	1, 2437953	1, 2417322	1, 2396593
23,5	1, 2478420	1, 2457985	1, 2437450	1, 2416819	1, 2396090
24	1, 2477917	1, 2457482	1, 2436947	1, 2416316	1, 2395587
24,5	1, 2477414	1, 2456979	1, 2436444	1, 2415813	1, 2395084
25	1, 2476911	1, 2456476	1, 2435941	1, 2415310	1, 2394581
25,5	1, 2476408	1, 2455973	1, 2435438	1, 2414807	1, 2394078
26	1, 2475905	1, 2455470	1, 2434935	1, 2414304	1, 2393575
26,5	1, 2475402	1, 2454967	1, 2434432	1, 2413800	1, 2393072
27	1, 2474899	1, 2454463	1, 2433928	1, 2413296	1, 2392568
27,5	1, 2474396	1, 2453959	1, 2433424	1, 2412792	1, 2392064
28	1, 2473893	1, 2453455	1, 2432920	1, 2412288	1, 2391560
28,5	1, 2473389	1, 2452951	1, 2432416	1, 2411784	1, 2391056
29	1, 2472885	1, 2452447	1, 2431912	1, 2411280	1, 2390552
29,5	1, 2472381	1, 2451943	1, 2431408	1, 2410776	1, 2390048
+30	1, 2471877	1, 2451439	1, 2430904	1, 2410272	1, 2389544
Diff.	0, 0020437	0, 0020536	0, 0020630	0, 0020728	0, 0020833

TABLE I.

Therm. Reaumur.	Hauteur du Baromètre.				
	17^p 4^l	17^p 3^l	17^p 2^l	17^p 1^l	17^p 0^l
—15°	1, 2413826	1, 2392897	1, 2371866	1, 2350729	1, 2329494
14,5	1, 2413327	1, 2392398	1, 2371367	1, 2350230	1, 2328995
14	1, 2412828	1, 2391899	1, 2370868	1, 2349731	1, 2328496
13,5	1, 2412329	1, 2391400	1, 2370369	1, 2349232	1, 2327997
13	1, 2411830	1, 2390901	1, 2369870	1, 2348733	1, 2327498
12,5	1, 2411331	1, 2390402	1, 2369371	1, 2348234	1, 2326999
12	1, 2410832	1, 2389903	1, 2368872	1, 2347735	1, 2326500
11,5	1, 2410333	1, 2389404	1, 2368373	1, 2347236	1, 2326001
11,	1, 2409834	1, 2388905	1, 2367874	1, 2346737	1, 2325502
10,5	1, 2409335	1, 2388406	1, 2367375	1, 2346238	1, 2325003
10	1, 2408836	1, 2387907	1, 2366876	1, 2345739	1, 2324504
9,5	1. 2408337	1. 2387408	1, 2366377	1. 2345240	1, 2324005
9	1, 2407838	1, 2386909	1, 2365878	1, 2344741	1, 2323506
8,5	1, 2407339	1, 2386410	1, 2365379	1, 2344242	1, 2323007
8	1, 2406839	1, 2385911	1, 2364880	1, 2343743	1, 2322507
7,5	1, 2406339	1, 2385411	1, 2364380	1, 2343244	1, 2322007
7,	1, 2405839	1, 2384911	1, 2363880	1, 2342745	1, 2321507
6,5	1, 3405339	1, 2384411	1, 2363380	1, 2342245	1, 2321007
6	1, 2404839	1, 2383911	1, 2362880	1, 2341745	1, 2320507
5,5	1, 2404339	1, 2383411	1, 2362380	1, 2341245	1, 2320007
5	1, 2403839	1, 2382911	1, 2361880	1, 2340745	1, 2319507
4,5	1, 2403339	1, 2382411	1, 2361380	1, 2340245	1, 2319007
4	1, 2402839	1, 2381911	1, 2360880	1, 2339745	1, 2318507
3,5	1, 2402339	1, 2381411	1, 2360380	1, 2339245	1, 2318007
3	1, 2401839	1, 2380911	1, 2359880	1, 2338745	1, 3317507
2,5	1, 2401339	1, 2380411	1, 2359380	1, 2338245	1, 2317007
2	1, 2400839	1, 2379911	1, 2358880	1, 2337745	1, 2316507
1,5	1, 2400339	1, 2379411	1, 2358380	1, 2337245	1, 2316607
1	1, 2399839	1, 2378911	1, 2357880	1, 2336745	1, 2315507
— 0,5	1, 2399339	1, 2378411	1, 2357380	1, 2336245	1, 2315007
0	1, 2398839	3, 2377911	1, 2356880	1, 2335745	1, 2314507
Diff.	0, 0020928	0, 0021031	0, 0021136	0, 0021236	0, 0021340

TABLE I.

Therm. Reaumur.	Hauteur du Baromètre.				
	$17^p\ 4^l$	$17^p\ 3^l$	$17^p\ 2^l$	$17^p\ 1^l$	$17^p\ 0^l$
0°	1,2398839	1,2377911	1,2356880	1,2335745	5,2314507
+ 0,5	1,2398339	1,2377411	1,2356380	1,2335245	1,2314007
1	1,2397839	1,2376911	1,2355880	1,2334745	1,2313507
1,5	1,2397339	1,2376410	1,2355379	1,2334244	1,2313007
2	1,2396838	1,2375909	1,2354878	1,2333743	1,2312507
2,5	1,2396337	1,2375408	1,2354377	1,2333242	1,2312007
3	1,2395836	1,2374907	1,2353876	1,2332741	1,2311507
3,5	1,2395335	1,2374406	1,2353375	1,2332240	1,2311006
4	1,2394834	1,2373905	1,2352874	1,2331739	1,2310505
4,5	1,2394333	1,2373404	1,2352373	1,2331238	1,2310004
5	1,2393832	1,2372903	1,2351872	1,2330737	1,2309503
5,5	1,2393331	1,2372402	1,2351371	1.2330236	1,2309002
6	1,2392830	1,2371901	1,2340870	1,2329735	1,2308501
6,5	1,2392329	1,2371400	1,2340369	1,2329234	1,2308000
7	1,2391828	1,2370899	1,2349868	1,2328733	1,2307499
7,5	1,2391327	1,2370398	1,2349367	1,2328232	1,2306998
8	1,2390826	1,2369897	1,2348866	1,2327731	1,2306497
8,5	1,2390325	1,2369396	1,2348365	1,2327230	1,2305996
9	1,2389824	1,2368895	1,2347864	1,2326729	1,2305495
9,5	1,2389323	1,2368394	1,2347362	1,2326228	1,2304994
10	1,2388821	1,2367893	1,2346860	1,2325726	1,2304492
10,5	1,2388319	1,2367391	1,2346358	1,2325224	1,2303990
11,	1,2387817	1,2366889	1,2345856	1,2324722	1,2303488
11,5	1,2387315	1,2366387	1,2345354	1,2324220	1,2302986
12	1,2386813	1,2365885	1,2344852	1,2323718	1,2302484
12,5	1,2386311	1,2365383	1,2344350	1,2323216	1,2301982
13	1,2385809	1,2364881	1,2343848	1,2322714	1,2301480
13,5	1,2385307	1,2364379	1,2343346	1,2322212	1,2300978
14	1,2384805	1,2363877	1,2342844	1,2321710	1,2300476
14,5	1,2384303	1,2363375	1,2342342	1,2321208	1,2299974
+15	1,2383801	1,2362873	1,2341840	1,2320706	1,2299472
Diff.	0,0020928	0,0021032	0,0021134	0,0021236	0,0021340

TABLE I.

Therm. Reaumur.	Hauteur du Baromètre.				
	17^p 4^l	17^p 3^l	17^p 2^l	17^p 1^l	17^p 0^l
+15°	1, 2383801	1, 2362873	1, 2341840	1, 2320706	1, 2299472
15,5	1, 2383299	1, 2362371	1, 2341338	1, 2320204	1, 2298970
16	1, 2382797	1, 2361869	1, 2340836	1, 2319702	1, 2298468
16,5	1, 2382295	1, 2361367	1, 2340334	1, 2319200	1, 2297966
17	1, 2381793	1, 2360865	1, 2339332	1, 2318698	1, 2297464
17,5	1, 2381291	1, 2360363	1, 2339330	1, 2318196	1, 2296962
18	1, 2380789	1, 2359861	1, 2338828	1, 2317694	1, 2296459
18,5	1, 2380287	1, 2359359	1, 2338326	1, 2317192	1, 2295956
19	1, 2379785	1, 2358856	1, 2337824	1, 2316690	1, 2295453
19,5	1, 2379283	1, 2358353	1, 2337322	1, 2316187	1, 2294950
20	1, 2378780	1, 2357850	1, 2336819	1, 2315684	1, 2294447
20,5	1, 2378277	1, 2357347	1, 2336316	1, 2315181	1, 2293944
21	1, 2377774	1, 2356844	1, 2335813	1, 2314678	1, 2293441
21,5	1, 2377271	1, 2356341	1, 2335310	1, 2314175	1, 2292938
22	1, 2376768	1, 2355838	1, 2334807	1, 2313672	1, 2292435
22,5	1, 2376265	1, 2355335	1, 2334304	1, 2313169	1, 2291932
23	1, 2375762	1, 2354832	1, 2333801	1, 2312666	1, 2291429
23,5	1, 2375259	1, 2354329	1, 2333298	1, 2312163	1, 2290926
24	1, 2374756	1, 2353826	1, 2332795	1, 2311660	1, 2290423
24,5	1, 2374253	1, 2353323	1, 2332292	1, 2311157	1, 2289920
25	1, 2373750	1, 2352820	1, 2331789	1, 2310654	1, 2289417
25,5	1, 2373247	1, 2352317	1, 2331286	1, 2310151	1, 2288914
26	1, 2372743	1, 2351814	1, 2330783	1, 2309648	1, 2288411
26,5	1, 2372239	1, 2351311	1, 2330280	1, 2309145	1, 2287908
27	1, 2371735	1, 2350808	1, 2329777	1, 2308642	1, 2287404
27,5	1, 2371231	1, 2350304	1, 2329273	1, 2308138	1, 2286900
28	1, 2370737	1, 2349800	1, 2328769	1, 2307634	1, 2286396
28,5	1, 2370223	1, 2349296	1, 2328265	1, 2307130	1, 2285892
29	1, 2369719	1, 2348792	1, 2327761	1, 2306626	1, 2285388
29,5	1, 2369215	1, 2348288	1, 2327257	1, 2306122	1, 2284884
+30	1, 2368711	1, 2347784	1, 2326753	1, 2305618	1, 2284360
Diff.	0, 0020927	0, 0021032	0, 0021134	0, 0021236	0, 0021340

TABLE I.

Therm. Reaumur.	Hauteur du Baromètre.				
	$16^p\ 11^l$	$16^p\ 10^l$	$16^p\ 9^l$	$16^p\ 8^l$	$16^p\ 7^l$
—15°	1, 2308154	1, 2286706	1, 2265157	1, 2243495	1, 2221723
14,5	1, 2307655	1, 2286207	1, 2264658	1, 2242996	1, 2221224
14	1, 2307156	1, 2285708	1, 2264159	1, 2242497	1, 2220725
13,5	1, 2306657	1, 2285209	1, 2263660	1, 2241998	1, 2220226
13	1, 2306158	1, 2284710	1, 2263161	1, 2241499	1, 2219727
12,5	1, 2305659	1, 2284211	1, 2262662	1, 2241000	1, 2219228
12	1, 2305160	1, 2283712	1, 2262163	1, 2240501	1, 2218729
11,5	1, 2304661	1, 2283213	1, 2261644	1, 2240002	1, 2218230
11	1, 2304162	1, 2282714	1, 2261165	1, 2239503	1, 2217731
10,5	1, 2303663	1, 2282215	1, 2260666	1, 2239004	1, 2217232
10	1, 2303164	1, 2281716	1, 2260167	1, 2238505	1, 2216733
9,5	1, 2302665	1, 2281217	1, 2259668	1, 2238006	1, 2216234
9	1, 2302166	1, 2280718	1, 2259169	1, 2237507	1, 2215735
8,5	1, 2301667	1, 2280219	1, 2258669	1, 2237007	1, 2215236
8	1, 2301167	1, 2279720	1, 2258169	1, 2236507	1, 2214736
7,5	1, 2300667	1, 2279221	1, 2257669	1, 2236007	1, 2214236
7	1, 2300167	1, 2278721	1, 2257169	1, 2235507	1, 2213736
6,5	1, 2299667	1, 2278221	1, 2256669	1, 2235007	1, 2213236
6	1, 2299167	1, 2277721	1, 2256169	1, 2234507	1, 2212736
5,5	1, 2298667	1, 2277221	1, 2255669	1, 2234007	1, 2212236
5	1, 2298167	1, 2276721	1, 2255169	1, 2233507	1, 2211736
4,5	1, 2297667	1, 2276221	1, 2254669	1, 2233007	1, 2211236
4	1, 2297167	1, 2275721	1, 2254169	1, 2232507	1, 2210736
3,5	1, 2296667	1, 2275221	1, 2253669	1, 2232007	1, 2210236
3	1, 2296167	1, 2274721	1, 2253169	1, 2231507	1, 2209736
2,5	1, 2295667	1, 2274221	1, 2252669	1, 2231007	1, 2209236
2	1, 2295167	1, 2273721	1, 2252169	1, 2230507	1, 2208736
1,5	1, 2294667	1, 2273221	1, 2251669	1, 2230007	1, 2208236
1	1, 2294167	1, 2272721	1, 2251169	1, 2229507	1, 2207736
0,5	1, 2293667	1, 2272221	1, 2250669	1, 2229007	1, 2207236
—0	1, 2293167	1, 2271721	1, 2250169	1, 2228507	1, 2206736
Diff.	0, 0021447	0, 0021550	0, 0021662	0, 0021771	0, 0021878

TABLE I.

Therm. Reaumur.	Hauteur du Baromètre.				
	$16^p\ 11^l$	$16^p\ 10^l$	$16^p\ 9^l$	$16^p\ 8^l$	$16^p\ 7^l$
0°	1, 2293167	1, 2271721	1, 2250169	1, 2228507	1, 2206736
+ 0,5	1, 2292667	1, 2271221	1, 2249669	1, 2228007	1, 2206236
1	1, 2292167	1, 2270720	1, 2249168	1, 2227507	1, 2205736
1,5	1, 2291667	1, 2270219	1, 2248667	1, 2227006	1, 2205236
2	1, 2291167	1, 2269718	1, 2248166	1, 2226505	1, 2204735
2,5	1, 2290666	1, 2269217	1, 2247665	1, 2226004	1, 2204234
3	1, 2290165	1, 2268716	1, 2247164	1, 2225503	1, 2203733
3,5	1, 2289664	1, 2268215	1, 2246663	1, 2225002	1, 2203232
4	1, 2289163	1, 2267714	1, 2246162	1, 2224501	1, 2202731
4,5	1, 2288662	1, 2267213	1, 2245661	1, 2224000	1, 2202230
5	1, 2288161	1, 2266712	1, 2245160	1, 2223499	1, 2201729
5,5	1, 2287660	1, 2266211	1, 2244659	1, 2222998	1, 2201228
6	1, 2287159	1, 2265710	1, 2244158	1, 2222497	1, 2200727
6,5	1, 2286658	1, 2265209	1, 2243657	1, 2221996	1, 2200226
7	1, 2286157	1, 2264708	1, 2243156	1, 2221495	1, 2199725
7,5	1, 2285656	1, 2264207	1, 2242655	1, 2220994	1, 2199224
8	1, 2285155	1, 2263706	1, 2242154	1, 2220493	1, 2198723
8,5	1, 2284654	1, 2263205	1, 2241653	1, 2219992	1, 2198222
9	1, 2284153	1, 2262704	1, 2241152	1, 2219491	1, 2197721
9,5	1, 2283652	1, 2262203	1, 2240651	1, 2218990	1, 2197220
10	1, 2283150	1, 2261701	1, 2240149	1, 2218489	1, 2196719
10,5	1, 2282648	1, 2261199	1, 2239647	1, 2217987	1, 2196217
11	1, 2282146	1, 2260697	1, 2239145	1, 2217485	1, 2195715
11,5	1, 2281644	1, 2260195	1, 2238643	1, 2216983	1, 2195213
12	1, 2281142	1, 2259693	1, 2238141	1, 2216481	1, 2194711
12,5	1, 2280640	1, 2259191	1, 2237639	1, 2215979	1, 2194209
13	1, 2280138	1, 2258689	1, 2237137	1, 2215477	1, 2193707
13,5	1, 2279636	1, 2258187	1, 2236635	1, 2214975	1, 2193205
14	1, 2279134	1, 2257685	1, 2236133	1, 2214473	1, 2192703
14,5	1, 2278632	1, 2257183	1, 2235631	1, 2213971	1, 2192201
+15	1, 2278130	1, 2256681	1, 2235129	1, 2213469	1, 2191699
Diff.	0, 0021447	0, 0021552	0, 0021661	0, 0021770	0, 0021877

TABLE I.

Therm. Reaumur.	Hauteur du Baromètre.				
	16^p 11^l	16^p 10^l	16^p 9^l	16^p 8^l	16^p 7^l
+15°	1, 2278130	1, 2256681	1, 2235129	1, 2213469	1, 2191699
15,5	1, 2277628	1, 2256179	1, 2234627	1, 2212967	1, 2191197
16	1, 2277126	1, 2255677	1, 2234125	1, 2212465	1, 2190695
16,5	1, 2276624	1, 2255175	1, 2233623	1, 2211963	1, 2190193
17	1, 2276122	1, 2254673	1, 2233121	1, 2211461	1, 2189691
17,5	1, 2275620	1, 2254171	1, 2232619	1, 2210959	1, 2189189
18	1, 2275118	1, 2253669	1, 2232117	1, 2210457	1, 2188687
18,5	1, 2274616	1, 2253167	1, 2231615	1, 2209955	1, 2188184
19	1, 2274113	1, 2252665	1, 2231113	1, 2209453	1, 2187681
19,5	1, 2273610	1, 2252163	1, 2230610	1, 2208950	1, 2187178
20	1, 2273107	1, 2251660	1, 2230107	1, 2208447	1, 2186675
20,5	1, 2272604	1, 2251157	1, 2229604	1, 2207944	1, 2186172
21	1, 2272101	1, 2250654	1, 2229101	1, 2207441	1, 2185669
21,5	1, 2271598	1, 2250151	1, 2228598	1, 2206938	1, 2185166
22	1, 2271095	1, 2249648	1, 2228095	1, 2206435	1, 2184663
22,5	1, 2270592	1, 2249145	1, 2227592	1, 2205932	1, 2184160
23	1, 2270089	1, 2248642	1, 2227089	1, 2205429	1, 2183657
23,5	1, 2269586	1, 2248139	1, 2226586	1, 2204926	1, 2183154
24	1, 2269083	1, 2247636	1, 2226083	1, 2204423	1, 2182651
24,5	1, 2268580	1, 2247133	1, 2225580	1, 2203920	1, 2182148
25	1, 2268077	1, 2246630	1, 2225077	1, 2203417	1, 2181645
25,5	1, 2267574	1, 2246127	1, 2224574	1, 2202914	1, 2181142
26	1, 2267071	1, 2245624	1, 2224071	1, 2202411	1, 2180639
26,5	1, 2266568	1, 2245120	1, 2223568	1, 2201908	1, 2180136
27	1, 2266065	1, 2244616	1, 2223065	1, 2201405	1, 2179633
27,5	1, 2265562	1, 2244112	1, 2222562	1, 2200901	1, 2179130
28	1, 2265058	1, 2243608	1, 2222058	1, 2200397	1, 2178627
28,5	1, 2264554	1, 2243104	1, 2221554	1, 2199893	1, 2178123
29	1, 2264050	1, 2242600	1, 2221050	1, 2199389	1, 2177619
29,5	1, 2263546	1, 2242096	1, 2220546	1, 2198885	1, 2177115
+30	1, 2263042	1, 2241592	1, 2220042	1, 2198381	1, 2176611
Diff.	0, 0021449	0, 0021551	0, 0021660	0, 0021770	0, 0021877

TABLE I.

Therm. Reaumur.	Hauteur du Baromètre.				
	16^p 6^l	16^p 5^l	16^p 4^l	16^p 3^l	16^p 2^l
—15°	1, 2199844	1, 2177856	1, 2155753	1, 2133539	1, 2111210
14,5	1, 2199345	1, 2177357	1, 2155254	1, 2133040	1, 2110711
14	1, 2198846	1, 2176858	1, 2154755	1, 2132541	1, 2110212
13,5	1, 2198347	1, 2176359	1, 2154256	1, 2132042	1, 2109713
13	1, 2197848	1, 2175860	1, 2153757	1, 2131543	1, 2109214
12,5	1, 2197349	1, 2175361	1, 2153258	1, 2131044	1, 2108715
12	1, 2196850	1, 2174862	1, 2152759	1, 2130545	1, 2108216
11,5	1, 2196351	1, 2174363	1, 2152260	1, 2130046	1, 2107717
11	1, 2195852	1, 2173864	1, 2151761	1, 2129547	1, 2107218
10,5	1, 2195353	1, 2173365	1, 2151262	1, 2129048	1, 2106719
10	1, 2194854	1, 2172866	1, 2150763	1, 2128549	1, 2106220
9,5	1, 2194355	1, 2172367	1, 2150264	1, 2128050	1, 2105721
9	1, 2193856	1, 2171868	1, 2149765	1, 2127551	1, 2105222
8,5	1, 2193357	1, 2171369	1, 2149265	1, 2127052	1, 2104723
8	1, 2192858	1, 2170870	1, 2148765	1, 2126553	1, 2104224
7,5	1, 2192358	1, 2170371	1, 2148265	1, 2126053	1, 2103725
7	1, 2191858	1, 2169871	1, 2147765	1, 2125553	1, 2103225
6,5	1, 2191358	1, 2169371	1, 2147265	1, 2125053	1, 2102725
6	1, 2190858	1, 2168871	1, 2146765	1, 2124553	1, 2102225
5,5	1, 2190358	1, 2168371	1, 2146265	1, 2124053	1, 2101725
5	1, 2189858	1, 2167871	1, 2145765	1, 2123553	1, 2101225
4,5	1, 2189358	1, 2167371	1, 2145265	1, 2123053	1, 2100725
4	1, 2188858	1, 2166871	1, 2144765	1, 2122553	1, 2100225
3,5	1, 2188358	1, 2166371	1, 2144265	1, 2122053	1, 2099725
3	1, 2187858	1, 2165871	1, 2143765	1, 2121553	1, 2099225
2,5	1, 2187358	1, 2165371	1, 2143265	1, 2121053	1, 2098725
2	1, 2186858	1, 2164871	1, 2142765	1, 2120553	1, 2098225
1,5	1, 2186358	1, 2164371	1, 2142265	1, 2120053	1, 2097725
1	1, 2185858	1, 2163871	1, 2141765	1, 2129553	1, 2097225
— 0,5	1, 2185358	1, 2163371	1, 2141265	1, 2119053	1, 2096725
0	1, 2184858	1, 2162871	1, 2140765	1, 2118553	1, 2096225
Diff.	0, 0021987	0, 0022104	0, 0022213	0, 0022328	0, 0022445

TABLE I.

Therm. Beaumur.	Hauteur du Baromètre.				
	$16^p \; 6^l$	$16^p \; 5^l$	$16^p \; 4^l$	$16^p \; 3^l$	$16^p \; 2^l$
0°	1, 2184858	1, 2162871	1, 2140765	1, 2118553	1, 2096225
0,5	1, 2184358	1, 2162371	1, 2140265	1, 2118053	1, 2095725
1	1, 2183858	1, 2161871	1, 2139765	1, 2117553	1, 2095224
1,5	1, 2183358	1, 2161370	1, 2139265	1, 2117052	1, 2094723
2	1, 2182858	1, 2160869	1, 2138765	1, 2116551	1, 2094222
2,5	1, 2182358	1, 2160368	1, 2138265	1, 2116050	1, 2093721
3	1, 2181857	1, 2159867	1, 2137764	1, 2115549	1. 2093220
3,5	1, 2181356	1, 2159366	1, 2137263	1, 2115048	1, 2092719
4	1, 2180855	1, 2158865	1, 2136762	1, 2114547	1, 2092218
4,5	1, 2180354	1, 2158364	1, 2136261	1, 2114046	1, 2091717
5	1, 2179853	1, 2157863	1, 2135760	1, 2113545	1, 2091216
5,5	1, 2179352	1, 2157362	1. 2135259	1, 2113044	1, 2090715
6	1, 2178851	1, 2156861	1, 2134758	1, 2112543	1, 2090214
6,5	1, 2178350	1, 2156360	1, 2134257	1, 2112042	1, 2089713
7	1, 2177849	1, 2155859	1, 2133756	1, 2111541	1, 2089212
7,5	1, 2177348	1, 2155358	1, 2133255	1, 2111040	1, 2088711
8	1, 2176847	1, 2154857	1, 2132754	1, 2110539	1, 2088210
8,5	1, 2176346	1, 2154356	1, 2132253	1, 2110038	1, 2087709
9	1, 2175845	1, 2153855	1, 2131752	1, 2109537	1, 2087208
9,5	1, 2175344	1, 2153354	1, 2131251	1, 2109036	1, 2086707
10	1, 2174843	1, 2152853	1, 2130750	1, 2108535	1, 2086206
10,5	1, 2174341	1, 2152351	1, 2130249	1, 2108033	1, 2085705
11	1, 2173839	1, 2151849	1, 2129747	1, 2107531	1, 2085203
11,5	1, 2173337	1, 2151347	1, 2129245	1, 2107029	1, 2084701
12	1, 2172835	1, 2150845	1, 2128743	1, 2106527	1, 2084199
12,5	1, 2172333	1, 2150343	1, 2128241	1, 2106025	1, 2083697
13	1, 2171831	1, 2149841	1, 2127739	1, 2105523	1, 2083195
13,5	1, 2171329	1, 2149339	1, 2127237	1, 2105021	1, 2082693
14	1, 2170827	1, 2148837	1, 2126735	1, 2104519	1, 2082191
14,5	1, 2170325	1, 2148335	1, 2126233	1, 2104017	1, 2081689
15	1, 2169823	1, 2147833	1, 2125731	1, 2103515	1, 2081187
Diff.	0, 0021988	0, 0022104	0, 0022214	0, 0022328	0, 0022445

TABLE I.

Therm. Reaumur.	Hauteur du Baromètre.				
	$16^p\ 6^l$	$16^p\ 5^l$	$16^p\ 4^l$	$16^p\ 3^l$	$16^p\ 2^l$
+15°	1, 2169823	1, 2147833	1, 2125731	1, 2103515	1, 2081187
15,5	1, 2169321	1, 2147331	1, 2125229	1, 2103013	1, 2080685
16	1, 2168819	1, 2146829	1, 2124727	1, 2102511	1, 2080183
16,5	1, 2168317	1, 2146327	1, 2124225	1, 2102009	1, 2079681
17	1, 2167815	1, 2145825	1, 2123723	1, 2101507	1, 2079179
17,5	1, 2167313	1, 2145323	1, 2123220	1, 2101005	1, 2078677
18	1, 2166810	1, 2144820	1, 2122717	1, 2100503	1, 2078175
18,5	1, 2166307	1, 2144317	1, 2122214	1, 2100000	1, 2077673
19	1, 2165804	1, 2143814	1, 2121711	1, 2099497	1, 2077171
19,5	1, 2165301	1, 2143311	1, 2121208	1, 2098994	1, 2076668
20	1, 2164798	1, 2142808	1, 2120705	1, 2098491	1, 2076165
20,5	1, 2164295	1, 2142305	1, 2120202	1, 2097988	1, 2075662
21	1, 2163792	1, 2141802	1, 2119699	1, 2097485	1, 2075159
21,5	1, 2163289	1, 2141299	1, 2119196	1, 2096982	1, 2074656
22	1, 2162786	1, 2140796	1, 2118693	1, 2096479	1, 2074153
22,5	1, 2162283	1, 2140293	1, 2118190	1, 2095976	1, 2073650
23	1, 2161780	1, 2139790	1, 2117687	1, 2095473	1, 2073147
23,5	1, 2161277	1, 2139287	1, 2117184	1, 2094970	1, 2072644
24	1, 2160774	1, 2138784	1, 2116681	1, 2094467	1, 2072141
24,5	1, 2160271	1, 2138281	1, 2116178	1, 2093964	1, 2071638
25	1, 2159768	1, 2137778	1, 2115675	1, 2093461	1, 2071135
25,5	1, 2159265	1, 2137275	1, 2115172	1, 2092958	1, 2070632
26	1, 2158762	1, 2136772	1, 2114669	1, 2092455	1, 2070129
26,5	1, 2158259	1, 2136269	1, 2114166	1, 2091952	1, 2069625
27	1, 2157756	1, 2135766	1, 2113663	1, 2091449	1, 2069121
27,5	1, 2157253	1, 2135263	1, 2113160	1, 2090946	1, 2068617
28	1, 2156749	1, 2134760	1, 2112656	1, 2090443	1, 2068113
28,5	1, 2156245	1, 2134257	1, 2112152	1, 2089939	1, 2067609
29,	1, 2155741	1, 2133753	1, 2111648	1, 2089435	1, 2067105
29,5	1, 2155237	1, 2133249	1, 2111144	1, 2088931	1, 2066601
+30	1, 2154733	1, 2132745	1, 2110640	1, 2088427	1, 2066097
Diff.	0, 0021989	0, 0022103	0, 0022214	0, 0022329	0, 0022444

TABLE I.

Therm. Reaumur.	Hauteur du Baromètre.				
	16ᵖ 1ˡ	16ᵖ 0ˡ	15ᵖ 11	15ᵖ 10ˡ	15ᵖ 9ˡ
—15°	1, 2088765	1, 2066205	1, 2043529	1, 2020726	1, 1997810
14,5	1, 2088266	1, 2065706	1, 2043030	1, 2020227	1, 1997311
14	1, 2087767	1, 2065207	1, 2042531	1, 2019723	1, 1996812
13,5	1, 2087268	1, 2064708	1, 2042032	1, 2019229	1, 1996313
13	1, 2086769	1, 2064209	1, 2041533	1, 2018730	1, 1995814
12,5	1, 2086270	1, 2063710	1, 2041034	1, 2018231	1, 1995315
12	1, 2085771	1, 2063211	1, 2040535	1, 2017732	1, 1994816
11,5	1, 2085272	1, 2062712	1, 2040036	1, 2017233	1, 1994317
11	1, 2084773	1, 2062213	1, 2039537	1, 2016734	1, 1993818
10,5	1, 2084274	1, 2061714	1, 2039038	1, 2016235	1, 1993319
10	1, 2083775	1, 2061215	1, 2038539	1, 2015736	1, 1992820
9,5	1, 2083276	1, 2060716	1, 2038040	1, 2015237	1, 1992321
9	1, 2082777	1, 2060217	1, 2037541	1, 2014738	1, 1991822
8,5	1, 2082278	1, 2059718	1, 2037041	1, 2014239	1, 1991323
8	1, 2081779	1, 2059218	1, 2036541	1, 2013740	1, 1990824
7,5	1, 2081280	1, 2058718	1, 2036041	1, 2013241	1, 1990325
7	1, 2080780	1, 2058218	1, 2035541	1, 2012742	1, 1989826
6,5	1, 2080280	1, 2057718	1, 2035041	1, 2012243	1, 1989326
6	1, 2079780	1, 2057218	1, 2034541	1, 2011743	1, 1988826
5,5	1, 2079280	1, 2056718	1, 2034041	1, 2011243	1, 1988326
5	1, 2078780	1, 2056218	1, 2033541	1, 2010743	1, 1987826
4,5	1, 2078280	1, 2055718	1, 2033041	1, 2010243	1, 1987326
4	1, 2077780	1, 2055218	1, 2032541	1, 2009743	1, 1986826
3,5	1, 2077280	1, 2054718	1, 2032041	1, 2009243	1, 1986326
3	1, 2076780	1, 2054218	1, 2031541	1, 2008743	1, 1985826
2,5	1, 2076280	1, 2053718	1, 2031041	1, 2008243	1, 1985326
2	1, 2075780	1, 2053218	1, 2030541	1, 2007743	1, 1984826
1,5	1, 2075280	1, 2052718	1, 2030041	1, 2007243	1, 1984326
1	1, 2074780	1, 2052218	1, 2029541	1, 2006743	1, 1983826
—0,5	1, 2074280	1, 2051718	1, 2029041	1, 2006243	1, 1983326
0	1, 2073780	1, 2051218	1, 2028541	1, 2005743	1, 1982826
Diff.	0, 0022561	0, 0022676	0, 0022800	0, 0022916	0, 0023040

TABLE I.

Therm. Reaumur.	Hauteur du Baromètre.				
	16^p 1^l	16^p 0^l	15^p 11^l	15^p 10^l	15^p 9^l
$0^°$	1, 2073780	1, 2051218	1, 2028541	1, 2005743	1, 1982826
+ 0,5	1, 2073280	1, 2050718	1, 2028041	1, 2005243	1, 1982326
1	1, 2072780	1, 2050218	1, 2027541	1, 2004743	1, 1981825
1,5	1, 2072279	1, 2049718	1, 2027040	1, 2004242	1, 1981324
2	1, 2071778	1, 2049218	1, 2026539	1, 2003741	1, 1980823
2,5	1, 2071277	1, 2048717	1, 2026038	1, 2003240	1, 1980322
3	1, 2070776	1, 2048216	1, 2025537	1, 2002739	1, 1979821
3,5	1, 2070275	1, 2047715	1, 2025036	1, 2002238	1, 1979320
4	1, 2069774	1, 2047214	1, 2024535	1, 2001737	1, 1978819
4,5	1, 2069273	1, 2046713	1, 2024034	1, 2001236	1, 1978318
5	1, 2068772	1, 2046212	1, 2023533	1, 2000735	1, 1977817
5,5	1, 2068271	1, 2045711	1, 2023032	1, 2000234	1, 1977316
6	1, 2067770	1, 2045210	1, 2022531	1, 1999733	1, 1976815
6,5	1, 2067269	1, 2044709	1, 2022030	1, 1999232	1, 1976314
7	1, 2066768	1, 2044208	1, 2021529	1, 1998731	1, 1975813
7,5	1, 2066267	1, 2043707	1, 2021028	1, 1998230	1, 1975312
8	1, 2065766	1, 2043206	1, 2020527	1, 1997729	1, 1974811
8,5	1, 2065265	1, 2042705	1, 2020026	1, 1997228	1, 1974310
9	1, 2064764	1, 2042204	1, 2019525	1, 1996727	1, 1973809
9,5	1, 2064263	1, 2041703	1, 2019024	1, 1996226	1, 1973308
10	1, 2063762	1, 2041202	1, 2018523	1, 1995725	1, 1972807
10,5	1, 2063260	1, 2040700	1, 2018022	1, 1995224	1, 1972306
11	1, 2062758	1, 2040198	1, 2017520	1, 1994722	1, 1971804
11,5	1. 2062256	1, 2039696	1, 2017018	1, 1994220	1, 1971302
12	1, 2061754	1, 2039194	1, 2016516	1, 1993718	1, 1970800
12,5	1, 2061252	1, 2038692	1, 2016014	1, 1993216	1, 1970298
13	1, 2060750	1, 2038190	1, 2015512	1, 1992714	1, 1969796
13,5	1, 2060248	1, 2037688	1, 2015010	1, 1992212	1, 1969294
14	1, 2059746	1, 2037186	1, 2014508	1, 1991710	1, 1968792
14,5	1, 2059244	1, 2036684	1, 2014006	1, 1991208	1, 1968290
+15	1, 2058742	1, 2036182	1, 2013504	1, 1990706	1, 1967788
Diff.	0, 0022561	0, 0022677	0, 0022798	0, 0022917	0, 0023040

TABLE I.

Therm. Reaumur.	Hauteur du Baromètre.				
	16^p 1^l	16^p 0^l	15^p 11^l	15^p 10^l	15^p 9^l
+15°	1, 2058742	1, 2036182	1, 2013504	1, 1990706	1, 1967788
15,5	1, 2058240	1, 2035680	1, 2013002	1, 1990204	1, 1967286
16	1, 2057738	1, 2035178	1, 2012500	1, 1989702	1, 1966784
16,5	1, 2057236	1, 2034676	1, 2011998	1, 1989200	1, 1966282
17	1, 2056734	1, 2034174	1, 2011496	1, 1988698	1, 1965780
17,5	1, 2056232	1, 2033672	1, 2010994	1, 1988196	1, 1965278
18	1, 2055730	1, 2033170	1, 2010492	1, 1987693	1, 1964776
18,5	1, 2055228	1, 2032668	1, 2009989	1, 1987190	1, 1964274
19	1, 2054726	1, 2032166	1, 2009486	1, 1986687	1, 1963771
19,5	1, 2054223	1, 2031663	1, 2008983	1, 1986184	1, 1963268
20	1, 2053720	1, 2031160	1, 2008480	1, 1985681	1, 1962765
20,5	1, 2053217	1, 2030657	1, 2007977	1, 1985178	1, 1962262
21	1, 2052714	1, 2030154	1, 2007474	1, 1984675	1, 1961759
21,5	1, 2052211	1, 2029651	1, 2006971	1, 1984172	1, 1961256
22	1, 2051708	1, 2029148	1, 2006468	1, 1983669	1, 1960753
22,5	1, 2051205	1, 2028645	1, 2005965	1, 1983166	1, 1960250
23	1, 2050702	1, 2028142	1, 2005462	1, 1982663	1, 1959747
23,5	1, 2050199	1, 2027639	1. 2004959	1, 1982160	1, 1959244
24	1, 2049696	1, 2027136	1, 2004456	1, 1981657	1, 1958741
24,5	1, 2049193	1, 2026633	1, 2003953	1, 1981154	1, 1958238
25	1, 2048690	1, 2026130	1, 2003450	1, 1980651	1, 1957735
25,5	1, 2048187	1, 2025627	1, 2002947	1, 1980148	1, 1957232
26	1, 2047684	1, 2025123	1, 2002444	1, 1979645	1, 1956729
26,5	1, 2047181	1, 2024619	1, 2001941	1, 1979142	1, 1956226
27	1, 2046677	1, 2024115	1, 2001438	1, 1978638	1, 1955723
27,5	1, 2046173	1, 2023611	1, 2000935	1, 1978134	1, 1955219
28	1, 2045669	1, 2023107	1, 2000432	1, 1977630	1, 1954715
28,5	1, 2045165	1, 2022603	1, 1999928	1, 1977126	1, 1954211
29	1, 2044661	1, 2022099	1, 1999424	1, 1976622	1, 1953707
29,5	1, 2044157	1, 2021595	1, 1998920	1, 1976118	1, 1953203
+30	1, 2043653	1, 2021091	1. 1998416	1, 1975614	1, 1952699
Diff.	0, 0022561	0, 0022676	0, 0022800	0, 0022916	0, 0023039

TABLE I.

Therm. Reaumur.	Hauteur du Baromètre.				
	15ᵖ 8ˡ	15ᵖ 7ˡ	15ᵖ 6ˡ	15ᵖ 5ˡ	15ᵖ 4ˡ
—15°	1, 1974771	1, 1951607	1, 1928323	1, 1904912	1, 1881371
14,5	1, 1974272	1, 1951108	1, 1927824	1, 1904413	1, 1880872
14	1, 1973773	1, 1950609	1, 1927325	1, 1903914	1, 1880373
13,5	1, 1973274	1, 1950110	1, 1926826	1, 1903415	1, 1879874
13	1, 1972775	1, 1949611	1, 1926327	1, 1902916	1, 1879375
12,5	1, 1972276	1, 1949112	1, 1925828	1, 1902417	1, 1878876
12	1, 1971777	1, 1948613	1, 1925329	1, 1901918	1, 1878377
11,5	1, 1971278	1, 1948114	1, 1924830	1, 1901419	1, 1877878
11	1, 1970779	1, 1947615	1, 1924331	1, 1900920	1, 1877379
10,5	1, 1970280	1, 1947116	1, 1923832	1, 1900421	1, 1876880
10	1, 1969781	1, 1946617	1, 1923333	1, 1899922	1, 1876381
9,5	1, 1969282	1, 1946118	1, 1922834	1, 1899423	1, 1875882
9	1, 1968783	1, 1945619	1, 1922335	1, 1898924	1, 1875383
8,5	1, 1968284	1, 1945120	1, 1921836	1, 1898425	1, 1874884
8	1, 1967785	1, 1944620	1, 1921337	1, 1897925	1, 1874385
7,5	1, 1967285	1, 1944120	1, 1920838	1, 1897425	1, 1873886
7	1, 1966785	1, 1943620	1, 1920338	1, 1896925	1, 1873386
6,5	1, 1966285	1, 1943120	1, 1919838	1, 1896425	1, 1872886
6	1, 1965785	1, 1942620	1, 1919338	1, 1895925	1, 1872386
5,5	1, 1965285	1, 1942120	1, 1918838	1, 1895425	1, 1871886
5	1, 1964785	1, 1941620	1, 1918338	1, 1894925	1, 1871386
4,5	1, 1964285	1, 1941120	1, 1917838	1, 1894415	1, 1870886
4	1, 1963785	1, 1940620	1, 1917338	1, 1893925	1, 1870386
3,5	1, 1963285	1, 1940120	1, 1916838	1, 1893425	1, 1869886
3	1, 1962785	1, 1939620	1, 1916338	1, 1892925	1, 1869386
2,5	1, 1962285	1, 1939120	1, 1915838	1, 1892425	1, 1868886
2	1, 1961785	1, 1938620	1, 1915338	1, 1891925	1, 1868386
1,5	1, 1961285	1, 1938120	1, 1914838	1, 1891425	1, 1867886
1	1, 1960785	1, 1937620	1, 1914338	1, 1890925	1, 1867386
— 0,5	1, 1960285	1, 1937120	1, 1913838	1, 1890425	1, 1866886
0	1, 1959785	1, 1936620	1, 1913338	1, 1889925	1, 1866386
Diff.	0, 0023164	0, 0023283	0, 0023412	0, 0023540	0, 0023668

TABLE I.

Therm. Reaumur.	Hauteur du Baromètre.				
	15ᵖ 8ˡ	15ᵖ 7ˡ	15ᵖ 6ˡ	15ᵖ 5ˡ	15ᵖ 4ˡ
0°	1, 1959785	1, 1936620	1, 1913338	1, 1889925	1, 1866386
✝ 0,5	1, 1959285	1, 1936120	1, 1912838	1, 1889425	1, 1865886
1	1, 1958785	1, 1935620	1, 1912338	1, 1888925	1, 1865386
1,5	1, 1958285	1, 1935120	1, 1911837	1, 1888425	1, 1864885
2	1, 1957785	1, 1934620	1, 1911336	1, 1887924	1, 1864384
2,5	1, 1957285	1, 1934120	1, 1910835	1, 1887423	1, 1863883
3	1, 1956785	1, 1933619	1, 1910334	1, 1886922	1, 1863382
3,5	1, 1956284	1, 1933118	1, 1909833	1, 1886421	1, 1862881
4	1, 1955783	1, 1932617	1, 1909332	1, 1885920	1, 1862380
4,5	1, 1955282	1, 1932116	1, 1908831	1, 1885419	1, 1861879
5	1, 1954781	1, 1931615	1, 1908330	1, 1884918	1, 1861378
5,5	1, 1954280	1, 1931114	1, 1907829	1, 1884417	1, 1860877
6	1, 1953779	1, 1930613	1, 1907328	1, 1883916	1, 1860376
6,5	1, 1953278	1, 1930112	1, 1906827	1, 1883415	1, 1859875
7	1, 1952777	1, 1929611	1, 1906326	1, 1882914	1, 1859374
7,5	1, 1952276	1, 1929110	1, 1905825	1, 1882413	1, 1858873
8	1, 1951775	1, 1928609	1, 1905324	1, 1881912	1, 1858372
8,5	1, 1951274	1, 1928108	1, 1904823	1, 1881411	1, 1857871
9	1, 1950773	1, 1927607	1, 1904322	1, 1880910	1, 1857370
9,5	1, 1950271	1, 1927105	1, 1903821	1, 1880409	1, 1856868
10	1, 1949769	1, 1926603	1, 1903319	1, 1879908	1, 1856366
10,5	1, 1949267	1, 1926101	1, 1902817	1, 1879407	1, 1855864
11,	1, 1948765	1, 1925599	1, 1902315	1, 1878905	1, 1855362
11,5	1, 1948263	1, 1925097	1, 1901813	1, 1878403	1, 1854860
12	1, 1947761	1, 1924595	1, 1901311	1, 1877901	1, 1854358
12,5	1, 1947259	1, 1924093	1, 1900809	1, 1877399	1, 1853856
13	1, 1946757	1, 1923591	1, 1900307	1, 1876897	1, 1853354
13,5	1, 1946255	1, 1923089	1, 1899805	1, 1876395	1, 1852852
14	1, 1945753	1, 1922587	1, 1899303	1, 1875893	1, 1852350
14,5	1, 1945251	1, 1922085	1, 1898801	1, 1875391	1, 1851848
✝15	1, 1944749	1, 1921583	1, 1898299	1, 1874889	1, 1851346
Diff.	0, 0023165	0, 0023283	0, 0023411	0, 0023541	0, 0023667

TABLE I.

Therm. Reaumur.	Hauteur du Baromètre.				
	15ᵖ 8ˡ	15ᵖ 7ˡ	15ᵖ 6ˡ	15ᵖ 5ˡ	15ᵖ 4ˡ
+15°	1, 1944749	1, 1921583	1, 1898299	1, 1874889	1, 1851346
15,5	1, 1944247	1, 1921081	1, 1897797	1, 1874387	1, 1850844
16	1, 1943745	1, 1920579	1, 1897295	1, 1873885	1, 1850342
16,5	1, 1943243	1, 1920077	1, 1896793	1, 1873382	1, 1849840
17	1, 1942741	1, 1919575	1, 1896291	1, 1872879	1, 1849338
17,5	1, 1942239	1, 1919073	1, 1895789	1, 1872376	1, 1848836
18	1, 1941737	1, 1918571	1, 1895287	1, 1871873	1, 1848334
18,5	1, 1941234	1, 1918069	1, 1894784	1, 1871370	1, 1847832
19	1, 1940731	1, 1917567	1, 1894281	1, 1870867	1, 1847329
19,5	1, 1940228	1, 1917064	1, 1893778	1, 1870364	1, 1846826
20	1, 1939725	1, 1916561	1, 1893275	1, 1869861	1, 1846323
20,5	1, 1939222	1, 1916058	1, 1892772	1, 1869358	1, 1845820
21	1, 1938719	1, 1915555	1, 1892269	1, 1868855	1, 1845317
21,5	1, 1938216	1, 1915052	3, 1891766	1, 1868352	1, 1844814
22	1, 1937713	1, 1914549	1, 1891263	1, 1867849	1, 1844311
22,5	1, 1937210	1, 1914046	1, 1890760	1, 1867346	1, 1843808
23	1, 1936707	1, 1913543	1, 1890257	1, 1866843	1, 1843305
23,5	1, 1936204	1, 1913040	1, 1889754	1, 1866340	1, 1842802
24	1, 1935701	1, 1912537	1, 1889251	1, 1865837	1, 1842299
24,5	1, 1935198	1, 1912034	1, 1888748	1, 1865334	1, 1841796
25	1, 1934695	1, 1911531	1, 1888245	1, 1864831	1, 1841293
25,5	1, 1934192	1, 1911028	1, 1887742	1, 1864328	1, 1840790
26	1, 1933689	1, 1910525	1, 1887239	1, 1863825	1, 1840287
26,5	1, 1933186	1, 1910021	1, 1886736	1, 1863322	1, 1839784
27	1, 1932683	1, 1909517	1, 1886233	1, 1862819	1, 1839281
27,5	1, 1932179	1, 1909013	1, 1885729	1, 1862316	1, 1838777
28	1, 1931675	1, 1908509	1, 1885225	1, 1861813	1, 1838273
28,5	1, 1931171	1, 1908005	1, 1884721	1, 1861310	1, 1837769
29	1, 1930667	1, 1907501	1, 1884217	1, 1860807	1, 1837265
29,5	1, 1930163	1, 1906997	1, 1883713	1, 1860303	1, 1836761
+30	1, 1929659	1, 1906493	1, 1883209	1, 1859799	1, 1836257
Diff.	0, 0023166	0, 0023284	0, 0023410	0, 0023542	0, 0023667

TABLE I.

Therm. Reaumur.	Hauteur du Baromètre.				
	$15^p\ 3^l$	$15^p\ 2^l$	$15^p\ 1^l$	$15^p\ 0^l$	$14^p\ 11^l$
—15°	1, 1857704	1, 1833908	1, 1809977	1, 1785917	1, 1761723
14,5	1, 1857205	1, 1833409	1, 1809478	1, 1785418	1, 1761224
14	1, 1856706	1, 1832910	1, 1808979	1, 1784919	1, 1760725
13,5	1, 1856207	1, 1832411	1, 1808480	1, 1784420	1, 1760226
13	1, 1855708	1, 1831912	1, 1807981	1, 1783921	1, 1759727
12,5	1, 1855209	1, 1831413	1, 1807482	1, 1783422	1, 1759228
12	1, 1854710	1, 1830914	1, 1806983	1, 1782923	1, 1758729
11,5	1, 1854211	1, 1830415	1, 1806484	1, 1782424	1, 1758230
11	1, 1853712	1, 1829916	1, 1805985	1, 1781925	1, 1757731
10,5	1, 1853213	1, 1829417	1, 1805486	1, 1781426	1, 1757232
10	1, 1852714	1, 1828918	1, 1804987	1, 1780927	1, 1756733
9,5	1, 1852215	1, 1828419	1, 1804488	1, 1780428	1, 1756234
9	1, 1851716	1, 1827920	1, 1803989	1, 1779929	1, 1755735
8,5	1, 1851217	1, 1827421	1, 1803490	1, 1779430	1, 1755236
8	1, 1850717	1, 1826922	1, 1802991	1, 1778931	1, 1754737
7,5	1, 1850217	1, 1826423	1, 1802492	1, 1778432	1, 1754237
7,	1, 1849717	1, 1825923	1, 1801992	1, 1777932	1, 1753737
6,5	1, 1849217	1, 1825423	1, 1801492	1, 1777432	1, 1753237
6	1, 1848717	1, 1824923	1, 1800992	1, 1776932	1, 1752737
5,5	1, 1848217	1, 1824423	1, 1800492	1, 1776432	1, 1752237
5	1, 1847717	1, 1823923	1, 1799992	1, 1775932	1, 1751737
4,5	1, 1847217	1, 1823423	1, 1799492	1, 1775432	1, 1751237
4	1, 1846717	1, 1822923	1, 1798992	1, 1774932	1, 1750737
3,5	1, 1846217	1, 1822423	1, 1798492	1, 1774432	1, 1750237
3	1, 1845717	1, 1821923	1, 1797992	1, 1773932	1, 1749737
2,5	1, 1845217	1, 1821423	1, 1797492	1, 1773432	1, 1749237
2	1, 1844717	1, 1820923	1, 1796992	1, 1772932	1, 1748737
1,5	1, 1844217	1, 1820423	1, 1796492	1, 1772432	1, 1748237
1	1, 1843717	1, 1819923	1, 1795992	1, 1771932	1, 1747737
—0,5	1, 1843217	1, 1819423	1, 1795492	1, 1771432	1, 1747237
0	1, 1842717	1, 1818923	1, 1794992	1, 1770932	1, 1746737
Diff.	0, 0023795	0, 0023931	0, 0024060	0, 0024194	0, 0024331

TABLE I.

Therm. Reaumur.	Hauteur du Baromètre.				
	15^p 3^l	15^p 2^l	15^p 1^l	15^p 0^l	14^p 11^l
0°	1, 1842717	1, 1818923	1, 1794992	1, 1770932	1, 1746737
+ 0,5	1, 1842217	1, 1818423	1, 1794492	1, 1770432	1, 1746237
1	1, 1841717	1, 1817923	1, 1793992	1, 1769932	1, 1745737
1,5	1, 1841217	1, 1817423	1, 1793492	1, 1769431	1, 1745236
2	1, 1840717	1, 1816922	1, 1792991	1, 1768930	1, 1744735
2,5	1, 1840217	1, 1816421	1, 1792490	1, 1768429	1, 1744234
3	1, 1839717	1, 1815920	1, 1791989	1, 1767928	1, 1743733
3,5	1, 1839216	1, 1815419	1, 1791488	1, 1767427	1, 1743232
4	1, 1838715	1, 1814918	1, 1790987	1, 1766926	1, 1742731
4,5	1, 1838214	1, 1814417	1, 1790486	1, 1766425	1, 1742230
5	1, 1837713	1, 1813916	1, 1789985	1, 1765924	1, 1741729
5,5	1, 1837212	1, 1813415	1, 1789484	1, 1765423	1, 1741228
6	1, 1836711	1, 1812914	1, 1788983	1, 1764922	1, 1740727
6,5	1, 1836210	1, 1812413	1, 1788482	1, 1764421	1, 1740226
7	1, 1835709	1, 1811912	1, 1787981	1, 1763920	1, 1739725
7,5	1, 1835208	1, 1811411	1, 1787480	1, 1763419	1, 1739224
8	1, 1834707	1, 1810910	1, 1786979	1, 1762918	1, 1738723
8,5	1, 1834206	1, 1810409	1, 1786478	1, 1762417	1, 1738222
9	1, 1833704	1, 1809907	1, 1785977	1, 1761916	1, 1737721
9,5	1, 1833202	1, 1809405	1, 1785475	1, 1761415	1, 1737220
10	1, 1832700	1, 1808903	1, 1784973	1, 1760914	1, 1736719
10,5	1, 1832198	1, 1808401	1, 1784471	1, 1760413	1, 1736218
11	1, 1831696	1, 1807899	1, 1783969	1, 1759912	1, 1735716
11,5	1, 1831194	1, 1807397	1, 1783467	1, 1759410	1, 1735214
12	1, 1830692	1, 1806895	1, 1782965	1, 1758908	1, 1734712
12,5	1, 1830190	1, 1806393	1, 1782463	1, 1758406	1, 1734210
13	1, 1829688	1, 1805891	1, 1781961	1, 1757904	1, 1733708
13,5	1, 1829186	1, 1805389	1, 1781459	1, 1757402	1, 1733206
14	1, 1828684	1, 1804887	1, 1780957	1, 1756900	1, 1732704
14,5	1, 1828182	1, 1804385	1, 1780455	1, 1756398	1, 1732202
+15	1, 1827680	1, 1803883	1, 1779953	1, 1755896	1, 1731700
Diff.	0, 0023795	0, 0023930	0, 0024058	0, 0024195	0, 0024331

TABLE I.

Therm. Reaumur.	Hauteur du Baromètre.				
	15^p 3^l	15^p 2^l	15^p 1^l	15^p 0^l	14^p 11^l
+15°	1, 1827680	1, 1803883	1, 1779953	1, 1755896	1, 1731700
15,5	1, 1827178	1, 1803381	1, 1779451	1, 1755394	1, 1731198
16	1, 1826676	1, 1802879	1, 1778949	1, 1754892	1, 1730696
16,5	1, 1826174	1, 1802377	1, 1778447	1, 1754390	1, 1730194
17	1, 1825672	1, 1801875	1, 1777945	1, 1753888	1, 1729692
17,5	1, 1825170	1, 1801373	1, 1777443	1, 1753386	1, 1729190
18	1, 1824668	1, 1800871	1, 1776941	1, 1752883	1, 1728688
18,5	1, 1824165	1, 1800369	1, 1776439	1, 1752380	1, 1728185
19	1, 1823662	1, 1799866	1, 1775936	1, 1751877	1, 1727682
19,5	1, 1823159	1, 1799363	1, 1775433	1, 1751374	1, 1727179
20	1, 1822656	1, 1798860	1, 1774930	1, 1750871	1, 1726676
20,5	1, 1822153	1, 1798357	1, 1774427	1, 1750368	1, 1726173
21	1, 1821650	1, 1797854	1, 1773924	1, 1749865	1, 1725670
21,5	1, 1821147	1, 1797351	1, 1773421	1, 1749362	1, 1725167
22	1, 1820644	1, 1796848	1, 1772918	1, 1748859	1, 1724664
22,5	1, 1820141	1, 1796345	1, 1772415	1, 1748356	1, 1724161
23	1, 1819638	1, 1795842	1, 1771912	1, 1747853	1, 1723658
23,5	1, 1819135	1, 1795339	1, 1771409	1, 1747350	1, 1723155
24	1, 1818632	1, 1794836	1, 1770906	1, 1746847	1, 1722652
24,5	1, 1818129	1, 1794333	1, 1770403	1, 1746344	1, 1722149
25	1, 1817626	1, 1793830	1, 1769900	1, 1745841	1, 1721646
25,5	1, 1817123	1, 1793327	1, 1769397	1, 1745338	1, 1721143
26	1, 1816620	1, 1792824	1, 1768894	1, 1744835	1, 1720640
26,5	1, 1816117	1, 1792321	1, 1768390	1, 1744332	1, 1720137
27	1, 1815613	1, 1791818	1, 1767886	1, 1743829	1, 1719633
27,5	1, 1815109	1, 1791315	1, 1767382	1, 1743325	1, 1719129
28	1, 1814605	1, 1790811	1, 1766878	1, 1742821	1, 1718625
28,5	1, 1814101	1, 1790307	1, 1766374	1, 1742317	1, 1718121
29,	1, 1813597	1, 1789803	1, 1765870	1, 1741813	1, 1717617
29,5	1, 1813093	1, 1789299	1, 1765366	1, 1741309	1, 1717113
+30	1, 1812589	1, 1788795	1, 1764862	1, 1740805	1, 1716609
Diff.	0, 0023795	0, 0023931	0, 0024057	0, 0024196	0, 0024330

TABLE I.

Therm. Reaumur	Hauteur du Baromètre.				
	14^p 10^l	14^p 9^l	14^p 8^l	14^p 7^l	14^p 6^l
—15°	1, 1737391	1, 1712925	1, 1688322	1, 1663574	1, 1638687
14,5	1, 1736892	1, 1712426	1, 1687823	1, 1663075	1, 1638188
14	1, 1736393	1, 1711927	1, 1687324	1, 1662576	1, 1637689
13,5	1, 1735894	1, 1711428	1, 1686825	1, 1662077	1, 1637190
13	1, 1735395	1, 1710929	1, 1686326	1, 1661578	1, 1636691
12,5	1, 1734896	1, 1710430	1, 1685827	1, 1661079	1, 1636192
12	1, 1734397	1, 1709931	1, 1685328	1, 1660580	1, 1635693
11,5	1, 1733898	1, 1709432	1, 1684829	1, 1660081	1, 1635194
11	1, 1733399	1, 1708933	1, 1684330	1, 1659582	1, 1634695
10,5	1, 1732900	1, 1708434	1, 1683831	1, 1659083	1, 1634196
10	1, 1732401	1, 1707935	1, 1683332	1, 1658584	1, 1633697
9,5	1, 1731902	1, 1707436	1, 1682833	1, 1658084	1, 1633198
9	1, 1731403	1, 1706937	1, 1682334	1, 1657584	1, 1632699
8,5	1, 1730904	1, 1706438	1, 1681835	1, 1657084	1, 1632200
8	1, 1730405	1, 1705939	1, 1681336	1, 1656584	1, 1631700
7,5	1, 1729906	1, 1705440	1, 1680836	1, 1656084	1, 1631200
7	1, 1729406	1, 1704940	1, 1680336	1, 1655584	1, 1630700
6,5	1, 1728906	1, 1704440	1, 1679836	1, 1655084	1, 1630200
6	1, 1728406	1, 1703940	1, 1679336	1, 1654584	1, 1629700
5,5	1, 1727906	1, 1703440	1, 1678836	1, 1654084	1, 1629200
5	1, 1727406	1, 1702940	1, 1678336	1, 1653584	1, 1628700
4,5	1, 1726906	1, 1702440	1, 1677836	1, 1653084	1, 1628200
4	1, 1726406	1, 1701940	1, 1677336	1, 1652584	1, 1627700
3,5	1, 1725906	1, 1701440	1, 1676836	1, 1652084	1, 1627200
3	1, 1725406	1, 1700940	1, 1676336	1, 1651584	1, 1626700
2,5	1, 1724906	1, 1700440	1, 1675836	1, 1651084	1, 1626200
2	1, 1724406	1, 1699940	1, 1675336	1, 1650584	1, 1625700
1,5	1, 1723906	1, 1699440	1, 1674836	1, 1650084	1, 1625200
1	1, 1723406	1, 1698940	1, 1674336	1, 1649584	1, 1624700
— 0,5	1, 1722906	1, 1698440	1, 1673836	1, 1649084	1, 1624200
0	1, 1722406	1, 1697940	1, 1673336	1, 1648584	1, 1623700
Diff.	0, 0024566	0, 0024603	0, 0024750	0, 0024885	0, 0025031

TABLE I.

Therm. Reaumur.	Hauteur du Baromètre.				
	14ᵖ 10ˡ	14ᵖ 9ˡ	14ᵖ 8ˡ	14ᵖ 7ˡ	14ᵖ 6ˡ
0°	1, 1722406	1, 1697940	1, 1673336	1, 1648585	1, 1623700
0,5	1, 1721906	1, 1697440	1, 1672836	1, 1648085	1, 1623200
1	1, 1721406	1, 1696940	1, 1672336	1, 1647585	1, 1622699
1,5	1, 1720906	1, 1696440	1, 1671835	1, 1647085	1, 1622198
2	1, 1720405	1, 1695940	1, 1671334	1, 1646585	1, 1621697
2,5	1, 1719904	1, 1695439	1, 1670833	1, 1646085	1, 1621196
3	1, 1719403	1, 1694938	1, 1670332	1, 1645584	1, 1620695
3,5	1, 1718902	1, 1694437	1, 1669831	1, 1645083	1, 1620194
4	1, 1718401	1, 1693936	1, 1669330	1, 1644582	1, 1619693
4,5	1, 1717900	1, 1693435	1, 1668829	1, 1644081	1, 1619192
5	1, 1717399	1, 1692934	1, 1668328	1, 1643580	1, 1618691
5,5	1, 1716898	1, 1692433	1, 1667827	1, 1643079	1, 1618190
6	1, 1716397	1, 1691932	1, 1667326	1, 1642578	1, 1617689
6,5	1, 1715896	1, 1691431	1, 1666825	1, 1642077	1, 1617188
7	1, 1715395	1, 1690930	1, 1666324	1, 1641576	1, 1616687
7,5	1, 1714894	1, 1690429	1, 1665823	1, 1641075	1, 1616186
8	1, 1714393	1, 1689928	1, 1665322	1, 1640574	1, 1615685
8,5	1, 1713892	1, 1689427	1, 1664821	1, 1640073	1, 1615184
9	1, 1713391	1, 1688926	1, 1664320	1, 1639572	1, 1614683
9,5	1, 1712890	1, 1688425	1, 1663819	1, 1639071	1, 1614182
10	1, 1712389	1, 1687924	1, 1663318	1, 1638570	1, 1613680
10,5	1, 1711887	1, 1687422	1, 1662816	1, 1638068	1, 1613178
11	1, 1711385	1, 1686920	1, 1662314	1, 1637566	1, 1612676
11,5	1, 1710883	1, 1686418	1, 1661812	1, 1637064	1, 1612174
12	1, 1710381	1, 1685916	1, 1661310	1, 1636562	1, 1611672
12,5	1, 1709879	1, 1685414	1, 1660808	1, 1636060	1, 1611170
13	1, 1709377	1, 1684912	1, 1660306	1, 1635558	1, 1610668
13,5	1, 1708875	1, 1684410	1, 1659804	1, 1635056	1, 1610166
14	1, 1708373	1, 1683908	1, 1659302	1, 1634554	1, 1609664
14,5	1, 1707871	1, 1683406	1, 1658800	1, 1634052	1, 1609162
15	1, 1707369	1, 1682904	1, 1658298	1, 1633550	1, 1608660
Diff.	0, 0024565	0, 0024605	0, 0024749	0, 0024887	0, 0025030

TABLE I.

Therm. Reaumur.	Hauteur du Baromètre.				
	$14^p\ 10^l$	$14^p\ 9^l$	$14^p\ 8^l$	$14^p\ 7^l$	$14^p\ 6^l$
+15°	1, 1707369	1, 1682904	1, 1658298	1, 1633550	1, 1608660
15,5	1, 1706867	1, 1682402	1, 1657796	1, 1633048	1, 1608158
16	1, 1706365	1, 1681900	0, 1657294	1, 1632546	1, 1607656
16,5	1, 1705863	1, 1681398	1, 1656792	1, 1632044	1, 1607154
17	1, 1705361	1, 1680896	1, 1656290	1, 1631542	1, 1606652
17,5	1, 1704859	1, 1680394	1. 1655787	1, 1631040	1, 1606150
18	1, 1704356	1, 1679892	1, 1655284	1, 1630538	1, 1605648
18,5	1, 1703853	1, 1679389	1, 1654781	1, 1630036	1, 1605146
19	1, 1703350	1, 1678886	1, 1654278	1, 1629533	1, 1604644
19,5	1, 1702847	1, 1678383	1, 1653775	1, 1629030	1, 1604142
20	1, 1702344	1, 1677880	1, 1653272	1, 1628527	1, 1603639
20,5	1, 1701841	1. 1677377	1, 1652769	1, 1628024	1, 1603136
21	1, 1701338	1, 1676874	1, 1652266	1, 1627521	1, 1602633
21,5	1, 1700835	1, 1676371	1, 1651763	1, 1627018	1, 1602130
22	1, 1700332	1, 1675868	1, 1651260	1, 1626515	1, 1601627
22,5	1, 1699829	1, 1675365	1, 1650757	1, 1626012	1, 1601124
23	1, 1699326	1, 1674862	1, 1650254	1, 1625509	1, 1600621
23,5	1, 1698823	1, 1674359	1, 1649751	1, 1625006	1, 1600118
24	1, 1698320	1, 1673856	1, 1649248	1, 1624503	1, 1599615
24,5	1, 1697817	1, 1673353	1, 1648745	1, 1624000	1, 1599112
25	1, 1697314	1, 1672850	1, 1648242	1, 1623497	1, 1598609
25,5	1, 1696811	1, 1672347	1, 1647739	1, 1622994	1, 1598106
26	1, 1696308	1, 1671843	1, 1647236	1, 1622490	1, 1597603
26,5	1, 1695805	1, 1671339	1, 1646733	1, 1621986	1, 1597100
27	1, 1695302	1, 1670835	1, 1646229	1, 1621482	1, 1596596
27,5	1, 1694799	1, 1670331	1, 1645725	1, 1620978	1, 1596092
28	1, 1694295	1, 1669827	1, 1645221	1, 1620474	1, 1595588
28,5	1, 1693791	1, 1669323	1, 1644717	1, 1619970	1, 1595084
29	1, 1693287	1, 1668819	1, 1644213	1, 1619466	1, 1594580
29,5	1, 1692783	1, 1668315	1, 1643709	1, 1618962	1, 1594076
30	1, 1692279	1, 1667813	1, 1643205	1, 1618458	1, 1593572
Diff.	0, 0024466	0, 0024606	0, 0024747	0, 0024888	0, 0025030

TABLE I.

Therm. Reaumur.	Hauteur du Baromètre.				
	$14^p\ 5^l$	$14^p\ 4^l$	$14^p\ 3^l$	$14^p\ 2^l$	$14^p\ 1^l$
—15°	1, 1613654	1, 1588475	1, 1563153	1, 1537683	1, 1512058
14,5	1, 1613155	1, 1587976	1, 1562654	1, 1537184	1, 1511559
14	1, 1612656	1, 1587477	1, 1562155	1, 1536685	1, 1511060
13,5	1, 1612157	1, 1586978	1, 1561656	1, 1536186	1, 1510561
13	1, 1611658	1, 1586479	1, 1561157	1, 1535687	1, 1510062
12,5	1, 1611159	1, 1585980	1, 1560658	1, 1535188	1, 1509563
12	1, 1610660	1, 1585481	1, 1560159	1, 1534689	1, 1509064
11,5	1, 1610161	1, 1584982	1, 1559660	1, 1534190	1, 1508565
11	1, 1609662	1, 1584483	1, 1559161	1, 1533691	1, 1508066
10,5	1, 1609163	1, 1583984	1, 1558662	1, 1533192	1, 1507567
10	1, 1608664	1, 1583485	1, 1558163	1, 1532693	1, 1507068
9,5	1, 1608165	1, 1582986	1, 1557664	1, 1532194	1, 1506569
9	1, 1607666	1, 1582487	1, 1557165	1, 1531695	1, 1506070
8,5	1, 1607167	1, 1581988	1, 1556666	1, 1531196	1, 1505571
8	1, 1606668	1, 1581489	1, 1556167	1, 1530697	1, 1505072
7,5	1, 1606169	1, 1580989	1, 1555668	1, 1530198	1, 1504573
7	1, 1605670	1, 1580489	1, 1555168	1, 1529698	1, 1504074
6,5	1, 1605170	1, 1579989	1, 1554668	1, 1529198	1, 1503575
6	1, 1604670	1, 1579489	1, 1554168	1, 1528698	1, 1503075
5,5	1, 1604170	1, 1578989	1, 1553668	1, 1528198	1, 1502575
5	1, 1603670	1, 1578489	1, 1553168	1, 1527698	1, 1502075
4,5	1, 1603170	1, 1577989	1, 1552668	1, 1527198	1, 1501575
4	1, 1602670	1, 1577489	1, 1552168	1, 1526698	1, 1501075
3,5	1, 1602170	1, 1576989	1, 1551668	1, 1526198	1, 1500575
3	1, 1601670	1, 1576489	1, 1551168	1, 1525698	1, 1500075
2,5	1, 1601170	1, 1575989	1, 1550668	1, 1525198	1, 1499575
2	1, 1600670	1, 1575489	1, 1550168	1, 1524698	1, 1499075
1,5	1, 1600170	1, 1574989	1, 1549668	1, 1524198	1, 1498575
1	1, 1599670	1, 1574489	1, 1549168	1, 1523698	1, 1498075
—0,5	1, 1599170	1, 1573989	1, 1548668	1, 1523198	1, 1497575
0	1, 1598670	1, 1573489	1, 1548168	1, 1522698	1, 1497075
Diff.	0, 0025180	0, 0025321	0, 0025470	0, 0025624	

TABLE I.

Therm. Reaumur.	Hauteur du Baromètre.				
	14^p 5^l	14^p 4^l	14^p 3^l	14^p 2^l	14^p 1^l
0°	1, 1598670	1, 1573489	1, 1548168	1, 1522698	1, 1497075
+ 0,5	1, 1598169	1, 1572989	1, 1547668	1, 1522198	1, 1496575
1	1, 1597668	1, 1572489	1, 1547168	1, 1521698	1, 1496074
1,5	1, 1597167	1, 1571989	1, 1546668	1, 1521197	1, 1495573
2	1, 1596666	1, 1571489	1, 1546167	1, 1520696	1, 1495072
2,5	1, 1596165	1, 1570989	1, 1545666	1, 1520195	1, 1494571
3	1, 1595664	1, 1570488	1, 1545165	1, 1519694	1, 1494070
3,5	1, 1595163	1, 1569987	1, 1544664	1, 1519193	1, 1493569
4	1, 1594662	1, 1569486	1, 1544163	1, 1518692	1, 1493068
4,5	1, 1594161	1, 1568985	1, 1543662	1, 1518191	1, 1492567
5	1, 1593660	1, 1568484	1, 1543161	1, 1517690	1, 1492066
5,5	1, 1593159	1, 1567983	1, 1542660	1, 1517189	1, 1491565
6	1, 1592658	1, 1567482	1, 1542159	1, 1516688	1, 1491064
6,5	1, 1592157	1, 1566981	1, 1541658	1, 1516187	1, 1490563
7	1, 1591656	1, 1566480	1, 1541157	1, 1515686	1, 1490062
7,5	1, 1591155	1, 1565979	1, 1540656	1, 1515185	1, 1489561
8	1, 1590654	1, 1565478	1, 1540155	1, 1514684	1, 1489060
8,5	1, 1590153	1, 1564977	1, 1539654	1, 1514183	1, 1488559
9	1, 1589652	1, 1564476	1, 1539153	1, 1513682	1, 1488058
9,5	1, 1589151	1, 1563975	1, 1538651	1, 1513181	1, 1487557
10	1, 1588650	1, 1563474	1, 1538149	1, 1512680	1, 1487056
10,5	1, 1588149	1, 1562973	1, 1537647	1, 1512179	1, 1486555
11	1, 1587647	1, 1562472	1, 1537145	1, 1511678	1, 1486053
11,5	1, 1587145	1, 1561970	1, 1536643	1, 1511177	1, 1485551
12	1, 1586643	1, 1561468	1, 1536141	1, 1510676	1, 1485049
12,5	1, 1586141	1, 1560966	1, 1535639	1, 1510175	1, 1484547
13	1, 1585639	1, 1560464	1, 1535137	1, 1509673	1, 1484045
13,5	1, 1585137	1, 1559962	1, 1534635	1, 1509171	1, 1483543
14	1, 1584635	1, 1559460	1, 1534133	1, 1508669	1, 1483041
14,5	1, 1584133	1, 1558958	1, 1533631	1, 1508167	1, 1482539
+ 15	1, 1583631	1, 1558456	1, 1533129	1, 1507665	1, 1482037
Diff.	0, 0025178	0, 0025324	0, 0025467	0, 0025625	

TABLE I.

Therm. Reaumur.	Hauteur du Baromètre.				
	14^p 5^l	14^p 4^l	14^p 3^l	14^p 2^l	14^p 1^l
+15°	1, 1583631	1, 1558456	1, 1533129	1, 1507665	1, 1482037
15,5	1, 1583129	1, 1557954	1, 1532627	1, 1507163	1, 1481535
16	1, 1582627	1, 1557452	1, 1532125	1, 1506661	1, 1481033
16,5	1, 1582125	1, 1556950	1, 1531623	1, 1506159	1, 1480531
17	1, 1581623	1, 1556448	1, 1531121	1, 1505656	1, 1480029
17,5	1, 1581121	1, 1555946	1, 1530619	1, 1505153	1, 1479527
18	1, 1580619	1, 1555443	1, 1530117	1, 1504650	1, 1479024
18,5	1, 1580117	1, 1554940	1, 1529615	1, 1504147	1, 1478521
19	1, 1579615	1, 1554437	1, 1529113	1, 1503644	1, 1478018
19,5	1, 1579112	1, 1553934	1, 1528611	1, 1503141	1, 1477515
20	1, 1578609	1, 1553431	1, 1528109	1, 1502638	1, 1477012
20,5	1, 1578106	1, 1552928	1, 1527606	1, 1502135	1, 1476509
21	1, 1577603	1, 1552425	1, 1527103	1, 1501632	1, 1476006
21,5	1, 1577100	1, 1551922	1, 1526600	1, 1501129	1, 1475503
22	1, 1576597	1, 1551419	1, 1526097	1, 1500626	1, 1475000
22,5	1, 1576094	1, 1550916	1, 1525594	1, 1500123	1, 1474497
23	1, 1575591	1, 1550413	1, 1525091	1, 1499620	1, 1473994
23,5	1, 1575088	1, 1549910	1, 1524588	1, 1499117	1, 1473491
24	1, 1574585	1, 1549407	1, 1524085	1, 1498614	1, 1472988
24,5	1, 1574082	1, 1548904	1, 1523582	1, 1498111	1, 1472485
25	1, 1573579	1, 1548401	1, 1523079	1, 1497608	1, 1471982
25,5	1, 1573076	1, 1547898	1, 1522576	1, 1497105	1, 1471479
26	1, 1572572	1, 1547395	1, 1522072	1, 1496602	1, 1470976
26,5	1, 1572068	1, 1546892	1, 1521568	1, 1496098	1, 1470473
27	1, 1571564	1, 1546388	1, 1521064	1, 1495594	1, 1469969
27,5	1, 1571060	1, 1545884	1, 1520560	1, 1495090	1, 1469465
28	1, 1570556	1, 1545380	1, 1520056	1, 1494586	1, 1468961
28,5	1, 1570052	1, 1544876	1, 1519552	1, 1494082	1, 1468457
29	1, 1569548	1, 1544372	1, 1519048	1, 1493578	1, 1467953
29,5	1, 1569044	1, 1543868	1, 1518544	1, 1493074	1, 1467449
+30	1, 1568540	1, 1543364	1, 1518040	1, 1492570	1, 1466945
Diff.	0, 0025175	0, 0025325	0, 0025467	0, 0025626	

TABLE II.

Parties proportionelles.

Différence des Logarithmes	Decimales de ligne.								
	0,1	0,2	0,3	0,4	0,5	0,6	0,7	0,8	0,9
12500	1250	2500	3750	5000	6250	7500	8750	10000	11250
12600	1260	2520	3780	5040	6300	7560	8820	10080	11340
12700	1270	2540	3810	5080	6350	7620	8890	10160	11430
12800	1280	2560	3840	5120	6400	7680	8960	10240	11520
12900	1290	2580	3870	5160	6450	7740	9030	10320	11610
13000	1300	2600	3900	5200	6500	7800	9100	10400	11700
13100	1310	2620	3930	5240	6550	7860	9170	10480	11790
13200	1320	2640	3960	5280	6600	7920	9240	10560	11880
13300	1330	2660	3990	5320	6650	7980	9310	10640	11970
13400	1340	2680	4020	5360	6700	8040	9380	10720	12060
13500	1350	2700	4050	5400	6750	8100	9450	10800	12150
13600	1360	2720	4080	5440	6800	8160	9520	10880	12240
13700	1370	2740	4110	5480	6850	8220	9590	10960	12330
13800	1380	2760	4140	5520	6900	8280	9660	11040	12420
13900	1390	2780	4170	5560	6950	8340	9730	11120	12510
14000	1400	2800	4200	5600	7000	8400	9800	11200	12600
14100	1410	2820	4230	5640	7050	8460	9870	11280	12690
14200	1420	2840	4260	5680	7100	8520	9940	11360	12780
14300	1430	2860	4290	5720	7150	8580	10010	11440	12870
14400	1440	2880	4320	5760	7200	8640	10080	11520	12960
14500	1450	2900	4350	5800	7250	8700	10150	11600	13050
14600	1460	2920	4380	5840	7300	8760	10220	11680	13140
14700	1470	2940	4410	5880	7350	8820	10290	11760	13230
14800	1480	2960	4440	5920	7400	8880	10360	11840	13320
14900	1490	2980	4470	5960	7450	8940	10430	11920	13410
15000	1500	3000	4500	6000	7500	9000	10500	12000	13500
15100	1510	3020	4530	6040	7550	9060	10570	12080	13590
15200	1520	3040	4560	6080	7600	9120	10640	12160	13680
15300	1530	3060	4590	6120	7650	9180	10710	12240	13770
15400	1540	3080	4620	6160	7700	9240	10780	12320	13860
15500	1550	3100	4650	6200	7750	9300	10850	12400	13950
15600	1560	3120	4680	6240	8700	9360	10920	12480	14040
15700	1570	3140	4710	6280	7850	9420	10990	12560	14130

TABLE II.

Parties proportionelles.

Différence des Logarithmes	0,¹1	0,¹2	0,¹3	0,¹4	0,¹5	0,¹6	0,¹7	0,¹8	0,¹9
				Decimales de ligne.					
15700	1570	3140	4710	6280	7850	9420	10990	12560	14130
15800	1580	3160	4740	6320	7900	9480	11060	12640	14220
15900	1590	3180	4770	6360	7950	9540	11130	12720	14310
16000	1600	3200	4800	6400	8000	9600	11200	12800	14400
16100	1610	3220	4830	6440	8050	9660	11270	12880	14490
16200	1620	3240	4860	6480	8100	9720	11340	12960	14580
16300	1630	3260	4890	6520	8150	9780	11410	13040	14670
16400	1640	3280	4920	6560	8200	9840	11430	13120	14760
16500	1650	3300	4950	6600	8250	9900	11550	13200	14850
16600	1660	3320	4980	6640	8300	9960	11620	13280	14940
16700	1670	3340	5010	6680	8350	10020	11690	13360	15030
16800	1680	3360	5040	6720	8400	10080	11760	13440	15120
16900	1690	3380	5070	6760	8450	10140	11830	13520	15210
17000	1700	3400	5100	6800	8500	10200	11900	13600	15300
17100	1710	3420	5130	6840	8550	10260	11970	13680	15390
17200	1720	3440	5160	6880	8600	10320	12040	13760	15480
17300	1730	3460	5190	6920	8650	10380	12110	13840	15570
17400	1740	3480	5220	6960	8700	10440	12180	13920	15660
17500	1750	3500	5250	7000	8750	10500	12250	14000	15750
17600	1760	3520	5280	7040	8800	10560	12320	14080	15840
17700	1770	3540	5310	7080	8850	10620	12390	14160	15930
17800	1780	3560	5340	7120	8900	10680	12460	14240	16020
17900	1790	3580	5370	7160	8950	10740	12530	14320	16110
18000	1800	3600	5400	7200	9000	10800	12600	14400	16200
18100	1810	3620	5430	7240	9050	10860	12670	14480	16290
18200	1820	3640	5460	7280	9100	10920	12740	14560	16380
18300	1830	3660	5490	7320	9150	10980	12810	14640	16470
18400	1840	3680	5520	7360	9200	11040	12880	14720	16560
18500	1850	3700	5550	7400	9250	11100	12950	14800	16650
18600	1860	3720	5580	7440	9300	11160	13020	14880	16740
18700	1870	3740	5610	7480	9350	11220	13090	14960	16830
18800	1880	3760	5640	7520	9400	11280	13160	15040	16920
18900	1890	3780	5670	7560	9450	11340	13230	15120	17010

TABLE II.

Parties proportionelles.

Difference des Logarithmes									
	Decimales de ligne.								
	$0,^1 1$	$0,^1 2$	$0,^1 3$	$0,^1 4$	$0,^1 5$	$0,^1 6$	$0,^1 7$	$0,^1 8$	$0,^1 9$
18900	1890	3780	5670	7560	9450	11340	13230	15120	17010
19000	1900	3800	5700	7600	9500	11400	13300	15200	17100
19100	1910	3820	5730	7640	9550	11460	13370	15280	17190
19200	1920	3840	5760	7680	9600	11520	13440	15360	17280
19300	1930	3860	5790	7720	9650	11580	13510	15440	17370
19400	1940	3880	5820	7760	9700	11640	13580	15520	17460
19500	1950	3900	5850	7800	9750	11700	13650	15600	17550
19600	1960	3920	5880	7840	9800	11760	13720	15680	17640
19700	1970	3940	5910	7880	9850	11820	13790	15760	17730
19800	1980	3960	5940	7920	9900	11880	13860	15840	17820
19900	1990	3980	5970	7960	9950	11940	13930	15920	17910
20000	2000	4000	6000	8000	10000	12000	14000	16000	18000
20100	2010	4020	6030	8040	10050	12060	14070	16080	18090
20200	2020	4040	6060	8080	10100	12120	14140	16160	18180
20300	2030	4060	6090	8120	10150	12180	14210	16240	18270
20400	2040	4080	6120	8160	10200	12240	14280	16320	18360
20500	2050	4100	6150	8200	10250	12300	14350	16400	18450
20600	2060	4120	6180	8240	10300	12360	14420	16480	18540
20700	2070	4140	6210	8280	10350	12420	14490	16560	18630
20800	2080	4160	6240	8320	10400	12480	14560	16640	18720
20900	2090	4180	6270	8360	10450	12540	14630	16720	18810
21000	2100	4200	6300	8400	10500	12600	14700	16800	18900
21100	2110	4220	6330	8440	10550	12660	14770	16880	18990
21200	2120	4240	6360	8480	10600	12720	14840	16960	19080
21300	2130	4260	6390	8520	10650	12780	14910	17040	19170
21400	2140	4280	6420	8560	10700	12840	14980	17120	19260
21500	2150	4300	6450	8600	10750	12900	15050	17200	19350
21600	2160	4320	6480	8640	10800	12960	15120	17280	19440
21700	2170	4340	6510	8680	10850	13020	15190	17360	19530
21800	2180	4360	6540	8720	10900	13080	15260	17440	19620
21900	2190	4380	6570	8760	10950	13140	15330	17520	19710
22000	2200	4400	6600	8800	11000	13200	15400	17600	19800
22100	2210	4420	6630	8840	11050	13260	15470	17680	19890

TABLE II.

Parties proportionelles.

Difference des Logarithmes	Decimales de ligne.								
	$0,^{\rm l}1$	$0,^{\rm l}2$	$0,^{\rm l}3$	$0,^{\rm l}4$	$0,^{\rm l}5$	$0,^{\rm l}6$	$0,^{\rm l}7$	$0,^{\rm l}8$	$0,^{\rm l}9$
22100	2210	4420	6630	8840	11050	13260	15470	17680	19890
22200	2220	4440	6660	8880	11100	13320	15540	17760	19980
22300	2230	4460	6690	8920	11150	13380	15610	17840	20070
22400	2240	4480	6720	8960	11200	13440	15630	17920	20160
22500	2250	4500	6750	9000	11250	13500	15750	18000	20250
22600	2260	4520	6780	9040	11300	13560	15820	18080	20340
22700	2270	4540	6810	9080	11350	13620	15890	18160	20430
22800	2280	4560	6840	9120	11400	13680	15960	18240	20520
22900	2290	4580	6870	9160	11450	13740	16030	18320	20610
23000	2300	4600	6900	9200	11500	13800	16100	18400	20700
23100	2310	4620	6930	9240	11550	13860	16170	18480	20790
23200	2320	4640	6960	9280	11600	13920	16240	18560	20880
23300	2330	4660	6990	9320	11650	13980	16310	18640	20970
23400	2340	4680	7020	9360	11700	14040	16380	18720	21060
23500	2350	4700	7050	9400	11750	14100	16450	18800	21150
23600	2360	4720	7080	9440	11800	14160	16520	18880	21240
23700	2370	4740	7110	9480	11850	14220	16590	18960	21330
23800	2380	4760	7140	9520	11900	14280	16660	19040	21420
23900	2390	4780	7170	9560	11950	14340	16730	19120	21510
24000	2400	4800	7200	9600	12000	14400	16800	19200	21600
24100	2410	4820	7230	9640	12050	14460	16870	19280	21690
24200	2420	4840	7260	9680	12100	14520	16940	19360	21780
24300	2430	4860	7290	9720	12150	14580	17010	19440	21870
24400	2440	4880	7320	9760	12200	14640	17080	19520	21960
24500	2450	4900	7350	9800	12250	14700	17150	19600	22050
24600	2460	4920	7380	9840	12300	14760	17220	19680	22140
24700	2470	4940	7410	9880	12350	14820	17290	19760	22230
24800	2480	4960	7440	9920	12400	14880	17360	19840	22320
24900	2490	4980	7470	9960	12450	14940	17430	19920	22410
25000	2500	5000	7500	10000	12500	15000	17500	20000	22500
25100	2510	5020	7530	10040	12550	15060	17570	20080	22590
25200	2520	5040	7560	10080	12600	15120	17640	20160	22680
25300	2530	5060	7590	10120	12650	15180	17710	20240	22770

TABLE III.

Parties proportionelles.

Difference des Logarithmes	Decimales de ligne.								
	$0,^l1$	$0,^l2$	$0,^l3$	$0,^l4$	$0,^l5$	$0,^l6$	$0,^l7$	$0,^l8$	$0,^l9$
5	1	1	2	2	3	3	4	4	5
10	1	2	3	4	5	6	7	8	9
15	2	3	5	6	8	9	11	12	14
20	2	4	6	8	10	12	14	16	18
25	3	5	8	10	13	15	18	20	23
30	3	6	9	12	15	18	21	24	27
35	4	7	11	14	18	21	25	28	32
40	4	8	12	16	20	24	28	32	36
45	5	9	14	18	23	27	32	36	41
50	5	10	15	20	25	30	35	40	45
55	6	11	17	22	28	33	39	44	50
60	6	12	18	24	30	36	42	48	54
65	7	13	20	26	33	39	46	52	59
70	7	14	21	28	35	42	49	56	63
75	8	15	23	30	38	45	53	60	68
80	8	16	24	32	40	48	56	64	72
85	9	17	26	34	43	51	60	68	77
90	9	18	27	36	45	54	63	72	81
95	10	19	29	38	48	57	67	76	86
100	10	20	30	40	50	60	70	80	90

TABLE IV.

CORRECTION pour l'effet capillaire des tubes. Toujours additif.		CONVERSION de seizièmes de lignes en décimales.	
Diametr. inter. des tubes	Dépreffion du Mercure	Seizièmes de ligne	Décimales de ligne
lig.	lig.	1	0,^{l} 06
6, 76	0, 056	2	0, 13
5, 62	0, 079	3	0, 19
4, 50	0, 169	4	0, 25
3, 94	0, 282	5	0, 31
3, 38	0, 405	6	0, 38
2, 81	0, 562	7	0, 44
2, 25	0, 754	8	0, 50
1, 69	1, 035	9	0, 56
1, 13	1, 575	10	0, 63
		11	0, 69
		12	0, 75
		13	0, 81
		14	0, 88
		15	0, 94

TABLE V.

CORRECTION.

$$\text{Terme I} - 10000 \log. \frac{h'}{H'} \left(0,058 - 0,00472 \, \frac{t + t'}{2} \right)$$

$\dfrac{t + t'}{2}$	$10000 \log. \dfrac{h'}{H'}$							
	200	250	300	350	400	450	500	550
	tois.	tois.	tois.	tois.	tois.	tois.	tois.	tois.
—8°—	18,5	23,3	28,0	32,8	37,3	42,2	46,8	51,6
7,5	18,0	22,7	27,3	31,9	36,3	41,1	45,6	50,3
7	17,6	22,1	26,6	31,1	35,4	40,1	44,4	49,0
6,5	17,1	21,5	25,9	30,3	34,5	39,0	43,2	47,7
6	16,7	21,0	25,2	29,5	33,6	37,9	42,1	46,4
5,5	16,2	20,4	24,5	28,6	32,6	36,8	40,9	45,1
5	15,8	19,8	23,8	27,8	31,7	35,8	39,7	43,8
4,5	15,3	19,2	23,1	27,0	30,8	34,7	38,5	42,5
4	14,9	18,7	22,4	26,2	29,9	33,7	37,4	41,2
3,5	14,4	18,1	21,7	25,4	29,0	32,6	36,2	39,9
3	14,0	17,5	21,0	24,6	28,1	31,6	35,0	38,6
2,5	13,5	16,9	20,3	23,7	27,1	30,5	33,8	37,3
2	13,1	16,4	19,6	22,9	26,2	29,4	32,7	36,0
1,5	12,6	15,8	18,9	22,0	25,2	28,3	31,5	34,7
1	12,1	15,2	18,2	21,2	24,3	27,3	30,4	33,4
0,5	11,6	14,6	17,5	20,4	23,3	26,2	29,2	32,1
0	11,2	14,0	16,8	19,6	22,4	25,2	28,0	30,8
+0,5	10,7	13,4	16,1	18,7	21,4	24,1	26,8	29,5
1	10,2	12,8	15,4	17,9	20,5	23,1	25,6	28,2
1,5	9,7	12,2	14,7	17,1	19,5	22,0	24,4	26,9
2	9,3	11,6	14,0	16,3	18,6	20,9	23,3	25,6
2,5	8,8	11,0	13,3	15,4	17,6	19,8	22,1	24,3
3	8,4	10,5	12,6	14,6	16,7	18,8	20,9	23,0
3,5	7,9	9,9	11,8	13,8	15,7	17,7	19,7	21,7
4	7,5	9,3	11,1	13,0	14,8	16,7	18,6	20,4
4,5	7,0	8,7	10,4	12,1	13,9	15,6	17,4	19,1
5	6,5	8,1	9,7	11,3	13,0	14,6	16,2	17,8
5,5	6,0	7,5	9,0	10,5	12,0	13,5	15,0	16,5
6 —	5,5	6,9	8,3	9,7	11,1	12,4	13,8	15,2

TABLE V.

CORRECTION.

Terme I — 10000 log. $\dfrac{h'}{H'}$ $\left(0{,}058 - 0{,}00472\ \dfrac{t+t'}{2}\right)$

$\dfrac{t+t'}{2}$	10000 log. $\dfrac{h'}{H'}$							
	200	250	300	350	400	450	500	550
	tois.	tois.	tois.	tois.	tois.	tois.	tois.	tois.
+6° —	5,5	6,9	8,3	9,7	11,1	12,4	13,8	15,2
6,5	5,0	6,3	7,6	8,8	10,1	11,3	12,6	13,9
7	4,6	5,7	6,9	8,0	9,2	10,3	11,5	12,6
7,5	4,1	5,1	6,2	7,2	8,2	9,2	10,3	11,3
8	3,6	4,6	5,5	6,4	7,3	8,2	9,1	10,0
8,5	3,1	4,0	4,8	5,5	6,3	7,1	7,9	8,7
9	2,7	3,4	4,1	4,7	5,4	6,1	6,8	7,4
9,5	2,2	2,8	3,3	3,9	4,4	5,0	5,6	6,1
10	1,8	2,2	2,6	3,1	3,5	3,9	4,4	4,8
10,5	1,3	1,6	1,9	2,2	2,5	2,8	3,2	3,5
11	0,8	1,0	1,2	1,4	1,6	1,8	2,0	2,2
11,5 —	0,4	0,4	0,5	0,6	0,6	0,7	0,8	0,9
12 +	0,1	0,2	0,2	0,2	0,3	0,3	0,3	0,3
12,5	0,6	0,7	0,9	1,0	1,2	1,3	1,5	1,6
13	1,1	1,3	1,6	1,9	2,1	2,4	2,7	2,9
13,5	1,5	1,9	2,3	2,7	3,0	3,4	3,8	4,2
14	2,0	2,5	3,0	3,5	4,0	4,5	5,0	5,5
14,5	2,5	3,1	3,7	4,3	4,9	5,6	6,2	6,8
15	3,0	3,7	4,4	5,2	5,9	6,7	7,4	8,1
15,5	3,4	4,3	5,1	6,0	6,8	7,7	8,6	9,4
16	3,9	4,9	5,8	6,8	7,8	8,8	9,8	10,7
16,5	4,3	5,5	6,5	7,6	8,7	9,8	10,9	12,0
17	4,8	6,1	7,3	8,5	9,7	10,9	12,1	13,3
17,5	5,3	6,6	8,0	9,3	10,6	11,9	13,3	14,6
18	5,8	7,2	8,7	10,1	11,6	13,0	14,5	15,9
18,5	6,2	7,8	9,4	10,9	12,5	14,1	15,6	17,2
19	6,7	8,4	10,1	11,8	13,5	15,2	16,8	18,5
19,5	7,2	9,0	10,8	12,6	14,4	16,2	18,0	19,8
20 +	7,7	9,6	11,5	13,4	15,4	17,3	19,2	21,1

TABLE V.

CORRECTION.

Terme $I = 10000 \log. \dfrac{h'}{H'} \left(0{,}058 - 0{,}00472 \dfrac{t + t'}{2} \right)$

$\dfrac{t + t'}{2}$	$10000 \log. \dfrac{h'}{H'}$							
	600	650	700	750	800	850	900	950
°	tois.	tois.	tois.	tois.	tois.	tois.	tois.	tois.
— 8 —	56,1	60,9	65,6	70,3	75,0	79,6	84,4	88,9
7,5	54,7	59,3	63,9	68,5	73,1	77,6	82,3	86,6
7	53,3	57,8	62,3	66,8	71,2	75,6	80,2	84,4
6,5	51,9	56,3	60,6	65,0	69,3	73,6	78,0	82,2
6	50,5	54,8	59,0	63,2	67,5	71,6	75,9	80,0
5,5	49,1	53,2	57,3	61,4	65,6	69,6	73,8	77,7
5	47,7	51,7	55,7	59,7	63,7	67,6	71,7	75,5
4,5	46,3	50,2	54,0	57,9	61,8	65,6	69,5	73,3
4	44,9	48,7	52,4	56,2	59,9	63,6	67,4	71,1
3,5	43,5	47,2	50,7	54,4	58,0	61,6	65,2	68,9
3	42,1	45,7	49,1	52,7	56,1	59,6	63,1	66,7
2,5	40,7	44,1	47,4	50,9	54,2	57,6	61,0	64,4
2	39,3	42,6	45,8	49,2	52,3	55,6	58,9	62,2
1,5	37,8	41,0	44,1	47,4	50,4	53,6	56,7	59,9
1	36,4	39,5	42,5	45,6	48,6	51,6	54,6	57,7
0,5	35,0	38,0	40,8	43,8	46,7	49,6	52,5	55,4
0	33,6	36,5	39,2	42,1	44,8	47,6	50,4	53,2
+ 0,5	32,2	34,9	37,5	40,3	42,9	45,6	48,2	50,9
1	30,8	33,4	35,9	38,6	41,0	43,6	46,1	48,7
1,5	29,4	31,9	34,2	36,8	39,1	41,6	44,0	46,5
2	28,0	30,4	32,6	35,0	37,2	39,6	41,9	44,3
2,5	26,5	28,8	30,9	33,2	35,3	37,6	39,7	42,0
3	25,1	27,3	29,3	31,5	33,4	35,6	37,6	39,8
3,5	23,7	25,7	27,6	29,7	31,5	33,6	35,5	37,5
4	22,3	24,2	26,0	28,0	29,6	31,6	33,4	35,3
4,5	20,9	22,7	24,3	26,2	27,7	29,6	31,2	33,0
5	19,5	21,2	22,7	24,4	25,9	27,6	29,1	30,8
5,5	18,1	19,6	21,0	22,6	24,0	25,6	27,0	28,5
6 —	16,7	18,1	19,4	20,9	22,1	23,6	24,9	26,3

TABLE V.

CORRECTION.

$$\text{Terme I} - 10000 \log. \frac{h'}{H'} \left(0{,}058 - 0{,}00472 \, \frac{t + t'}{2} \right)$$

$\dfrac{t+t'}{2}$	$10000 \log. \dfrac{h'}{H'}$							
	600	650	700	750	800	850	900	950
	tois.	tois.	tois.	tois.	tois.	tois.	tois.	tois.
+6° —	16,7	18,1	19,4	20,9	22,1	23.6	24,9	26,3
6,5	15,1	16,5	17,7	19,1	20,2	21,5	22,7	24,1
7	13,6	15,0	16,1	17,4	18,3	19,5	20,6	21,9
7,5	12,2	13,5	14,4	15,6	16,4	17,5	18,5	19,6
8	10,8	12,0	12,8	13,8	14,5	15,5	16,4	17,4
8,5	9,4	10,4	11,1	12,0	12,6	13,5	14,2	15,1
9	8,0	8,9	9,5	10,3	10,8	11,5	12,1	12,9
9,5	6,6	7,3	7,8	8,5	8,9	9,5	10,0	10,6
10	5,2	5,8	6,2	6,7	7,0	7,5	7,9	8,4
10,5	3,8	4,2	4,5	4,9	5,1	5,5	5,7	6,1
11	2,4	2,7	2,9	3,1	3,2	3,5	3,6	3,9
11,5 —	1,0	1,1	1,2	1,3	1,3	1,4	1,5	1,6
12 +	0,4	0,4	0,5	0,5	0,6	0,6	0,6	0,6
12,5	1,8	1,9	2,1	2,3	2,5	2,5	2,7	2,8
13	3,3	3,4	3,8	4,1	4,4	4,5	4,9	5,1
13,5	4,7	4,9	5,4	5,9	6,2	6,5	7,0	7,3
14	6,1	6,5	7,1	7,7	8,1	8,5	9,1	9,6
14,5	7,5	8,0	8,7	9,4	10,0	10,5	11,2	11,8
15	8,9	9,6	10,4	11,2	11,9	12,5	13,4	14,1
15,5	10,3	11,1	12,0	12,9	13,8	14,5	15,5	16,3
16	11,7	12,6	13,7	14,7	15,7	16,6	17,6	18,6
16,5	13,1	14,1	15,3	16,4	17,6	18,6	19,7	20,8
17	14,6	15,7	17,0	18,2	19,5	20,6	21,9	23,0
17,5	16,0	17,2	18,6	19,8	21,4	22,6	24,0	25,2
18	17,4	18,8	20,3	21,5	23,3	24,6	26,1	27,5
18,5	18,8	20,3	21,9	23,3	25,1	26,6	28,2	29,7
19	20,2	21,8	23,6	25,1	27,0	28,6	30,4	32,0
19,5	21,6	23,3	25,2	26,9	28,8	30,6	32,5	34,2
20 +	23,0	24,9	26,9	28,7	30,7	32,6	34,6	36,5

TABLE V.

CORRECTION.

Terme I $- 10000 \log. \frac{h'}{H'} \left(0,058 - 0,00472 \frac{t + t'}{2} \right)$

$\frac{t+t'}{2}$	$10000 \log. \frac{h'}{H'}$							
	1000	4050	1100	1150	1200	1250	1300	1350
	tois.	tois.	tois.	tois.	tois.	tois.	tois.	tois.
—8°—	93,7	98,4	103,2	107,9	112,7	117,2	121,9	126,5
7,5	91,3	95,9	100,6	105,1	109,8	114,2	118,8	123,3
7	89,0	93,4	98,0	102,4	107,0	111,3	115,7	120,2
6,5	86,6	90,9	95,4	99,7	104,1	108,3	112,6	117,0
6	84,3	88,5	92,8	97,0	101,3	105,4	109,6	113,8
5,5	81,9	86,0	90,2	94,2	98,4	102,4	106,5	110,6
5	79,6	83,5	87,6	91,5	95,6	99,5	103,4	107,5
4,5	77,2	81,0	85,0	88,8	92,7	96,5	100,3	104,3
4	74,9	78,6	82,4	86,1	89,9	93,6	97,3	101,1
3,5	72,5	76,1	79,8	83,4	87,0	90,6	94,2	97,9
3	70,2	73,7	77,2	80,7	84,2	87,7	91,2	94,7
2,5	67,8	71,2	74,6	77,9	81,3	84,7	88,1	91,5
2	65,4	68,7	72,0	75,2	78,5	81,8	85,1	88,4
1,5	63,1	66,2	69,4	72,5	75,7	78,8	82,0	85,2
1	60,7	63,8	66,8	69,8	72,9	75,9	78,9	82,0
0,5	58,3	61,3	64,2	67,1	70,0	72,9	75,8	78,8
0	56,0	58,8	61,6	64,4	67,2	70,0	72,8	75,6
+0,5	53,6	56,3	59,0	61,6	64,4	67,0	69,7	72,4
1	51,3	53,9	56,4	58,9	61,6	64,1	66,7	69,2
1,5	48,9	51,4	53,8	56,2	58,7	61,1	63,6	66,0
2	46,6	48,9	51,2	53,5	55,9	58,2	60,6	62,9
2,5	44,2	46,4	48,6	50,8	53,0	55,2	57,5	59,7
3	41,8	44,0	46,0	48,1	50,2	52,3	54,4	56,5
3,5	39,4	41,5	43,4	45,4	47,4	49,3	51,3	53,3
4	37,1	39,0	40,8	42,7	44,6	46,4	48,3	50,1
4,5	34,7	36,5	38,2	39,9	41,7	43,4	45,2	46,9
5	32,4	34,0	35,6	37,2	38,9	40,5	42,2	43,8
5,6	30,0	31,5	33,0	34,5	36,1	37,5	39,1	40,6
6 —	27,7	29,1	30,5	31,8	33,3	34,6	36,0	37,4

TABLE V.

CORRECTION.

$$\text{Terme I} - 10000 \log. \frac{h'}{H'} \left(0,058 - 0,00472 \frac{t + t'}{2} \right)$$

$\dfrac{t + t'}{2}$	$10000 \log. \dfrac{h'}{H'}$							
	1000	1051	1100	1150	1200	1250	1300	1350
	tois	tois.	tois	tois.	tois.	tois.	tois.	tois.
$+ 6° -$	27,7	29,1	30,5	31,8	33,3	34,6	36,0	37,4
6,5	25,3	26,6	27,9	29,1	30,4	31,6	32,9	34,2
7	22,9	24,2	25,3	26,4	27,6	28,7	29,9	31,0
7,5	20,5	21,7	22,7	23,6	24,7	25,7	26,8	27,8
8	18,2	19,2	20,1	20,9	21,9	22,8	23,8	24,6
8,5	15,8	16,7	17,5	18,2	19,1	15,8	20,7	21,4
9	13,5	14,3	14,9	15,5	16,3	16,9	17,6	18,3
9,5	11,1	11,8	12,3	12,8	13,4	13,9	14,5	15,1
10	8,8	9,3	9,7	10,1	10,6	11,0	11,5	11,9
10,5	6,4	6,8	7,1	7,4	7,8	8,0	8,4	8,7
11	4,1	4,4	4,5	4,7	5,0	5,1	5,4	5,5
11,5 -	1,7	1,9	1,9	2,0	2,1	2,2	2,3	2,3
12 +	0,6	0,6	0,7	0,7	0,7	0,8	0,7	0,8
12,5	3,0	3,0	3,3	3,4	3,5	3,7	3,8	4,0
13	5,4	5,5	5,9	6,2	6,4	6,7	6,9	7,2
13,5	7,7	8,0	8,5	8,9	9,2	9,6	9,9	10,4
14	10,1	10,5	11,1	11,6	12,0	12,6	13,0	13,6
14,5	12,4	12,9	13,6	14,3	14,8	15,5	16,0	16,7
15	14,8	15,4	16,2	17,1	17,7	18,5	19,1	19,9
15,5	17,1	17,9	18,8	19,8	20,5	21,4	22,2	23,1
16	19,5	20,4	21,4	22,5	23,3	24,4	25,3	26,3
16,5	21,8	22,8	24,0	25,2	26,1	27,3	28,3	29,5
17	24,2	25,3	26,6	27,9	29,0	30,3	31,4	32,7
17,5	26,5	27,8	29,2	30,6	31,8	33,2	34,4	35,9
18	28,9	30,3	31,8	33,3	34,6	36,2	37,5	39,1
18,5	31,3	32,7	34,4	36,0	37,4	39,1	40,5	42,2
19	33,7	35,2	37,0	38,8	40,3	42,1	43,6	45,4
19,5	36,0	37,7	39,6	41,5	43,1	45,0	46,7	48,6
20 +	38,4	40,2	42,2	44,2	46,0	43,0	49,8	51,8

TABLE V.

CORRECTION.

Terme $I = 10000 \log. \dfrac{h'}{H'} \left(0{,}058 - 0{,}00472 \dfrac{t + t'}{2} \right)$

$\dfrac{t + t'}{2}$	$10000 \log. \dfrac{h'}{H'}$							
	1400	1450	1500	1550	1600	1650	1700	1750
	tois.	tois.	tois.	tois.	tois.	tois.	tois.	tois.
—8° —	131,3	136,0	140,7	145,4	150,1	154,8	159,5	164,1
7,5	128,0	132,6	137,1	141,7	146,3	150,9	155,4	160,0
7	124,7	129,2	133,6	138,1	142,5	147,0	151,4	155,9
6,5	121,4	125,7	130,0	134,4	138,7	143,1	147,4	151,7
6	118,1	122,3	126,5	130,7	135,0	139,2	143,4	147,6
5,5	114,8	118,8	123,0	127,0	131,2	135,3	139,4	143,5
5	111,5	115,4	119,5	123,4	127,4	131,4	135,4	139,4
4,5	108,2	112,0	115,9	119,7	123,6	127,5	131,3	135,2
4	104,9	108,6	112,4	116,1	119,9	123,6	127,3	131,1
3,5	101,6	105,2	108,8	112,4	116,1	119,7	123,3	126,9
3	98,3	101,8	105,3	108,8	112,3	115,8	119,3	122,8
2,5	95,0	98,3	101,7	105,1	108,5	111,9	115,3	118,7
2	91,7	94,9	98,2	101,5	104,8	108,0	111,3	114,6
1,5	88,3	91,5	94,6	97,8	101,0	104,1	107,2	110,4
1	85,0	88,1	91,1	94,1	97,2	100,2	103,2	106,3
0,5	81,7	84,6	87,6	90,4	93,4	96,3	99,2	102,2
0	78,4	81,2	84,1	86,8	89,7	92,5	95,2	98,1
+0,5	75,1	77,8	80,5	83,1	85,9	88,6	91,2	93,9
1	71,8	74,4	77,0	79,5	82,1	84,7	87,2	89,8
1,5	68,5	70,9	73,4	75,8	78,3	80,8	83,2	85,7
2	65,2	67,5	69,9	72,2	74,6	76,9	79,2	81,6
2,5	61,9	64,1	66,3	68,5	70,8	73,0	75,1	77,4
3	58,6	60,7	62,8	64,9	67,0	69,1	71,1	73,3
3,5	55,3	57,3	59,2	61,2	63,2	65,2	67,1	69,1
4	52,0	53,8	55,7	57,6	59,5	61,3	63,1	65,0
4,5	48,7	50,4	52,1	53,9	55,7	57,4	59,1	60,9
5	45,4	47,0	48,6	50,2	51,9	53,5	55,1	56,8
5,5	42,0	43,5	45,1	46,5	48,1	49,6	51,0	52,6
6 —	38,7	40,1	41,6	42,9	44,4	45,7	47,0	48,5

TABLE V.

CORRECTION.

$$\text{Terme I} - 10000 \log. \frac{h'}{H'} \left(0{,}058 - 0{,}00472 \, \frac{t+t'}{2} \right)$$

$\dfrac{t+t'}{2}$	$10000 \log. \dfrac{h'}{H'}$							
	1400	1450	1500	1550	1600	1650	1700	1750
	tois.	tois.	tois.	tois.	tois.	tois.	tois.	tois.
$+\;6°\;-$	38,7	40,1	41,6	42,9	44,4	45,7	47,0	48,5
6,5	35,4	36,7	38,0	39,2	40,6	41,8	43,0	44,4
7	32,2	33,3	34,5	35,6	36.8	37,9	39,0	40,3
7,5	28,9	29,8	30,9	31,9	33,0	34,0	35,0	36,1
8	25,6	26,4	27,4	28,3	29,3	30,1	31,0	32,0
8,5	22,2	23,0	23,8	24,6	25,5	26,2	26,9	27,8
9	18,9	19,6	20,3	20,9	21,7	22,3	22,9	23,7
9,5	15,6	16,1	16,8	17,2	17,9	18.4	18,9	19,6
10	12,3	12,7	13,3	13,6	14,2	14,6	14,9	15,5
10,5	9,0	9,3	9,7	9,9	10,4	10,7	10,9	11,3
11	5,7	5,9	6,2	6,3	6,6	6,8	6,9	7,2
11,5 $-$	2,4	2,5	2,6	2,6	2,8	2,9	2,9	3,1
12 $+$	0,9	0,9	0,9	1,0	1,0	1,0	1,0	1,0
12,5	4,2	4,3	4,4	4,6	4,7	4,9	5,0	5,1
13	7,5	7,8	8,0	8,3	8,5	8,8	9,1	9,3
13,5	10,8	11,2	11,5	11,9	12,2	12,7	13,1	13,4
14	14,1	14,6	15,1	15,6	16,0	16,6	17,1	17,6
14,5	17,4	18,0	18,6	19,3	19,8	20,5	21,1	21,7
15	20,7	21,4	22,1	23,0	23,6	24,4	25,1	25,8
15,5	24,0	24,8	25,6	26,6	27,3	28,3	29,1	29,9
16	27,3	28,3	29,2	30,3	31,1	32,2	33,2	34,1
16,5	30,6	31,7	32,7	33,9	34,9	36,1	37,2	38,2
17	33,9	35,1	36,3	37,6	38,7	40,0	41,2	42,4
17,5	37,2	38,5	39,8	41,2	42,4	43,9	45,2	46,5
18	40,5	42,0	43,4	44,9	46,2	47,8	49,2	50,6
18,5	43,8	45,4	46,9	48,5	50,0	51,7	53,2	54,7
19	47,1	48,8	50,5	52,2	53,8	55,6	57,2	58,9
19,5 $+$	50,4	52,2	54,0	55,9	57,5	59,5	61,2	63,0
20 $+$	53,8	55,7	57,6	59,6	61,3	63,4	65,3	67,1

TABLE V.

CORRECTION.

Terme I — $10000 \log. \dfrac{h'}{H'} \left(0,058 - 0,00472\, \dfrac{t+t'}{2}\right)$

$\dfrac{t+t'}{2}$	$10000 \log. \dfrac{h'}{H'}$							
	1800	1850	1900	1950	2000	2050	2100	2150
	tois.	tois.	tois.	tois.	tois.	tois.	tois.	tois.
—8° —	168,8	173,5	178,2	182,9	187,6	192,3	197,0	201,7
7,5	164,5	169,1	173,7	178,3	182,9	187,4	192,0	196,6
7	160,3	164,8	169,2	173,7	178,2	182,6	187,1	191,5
6,5	156,0	160,4	164,7	169,1	173,4	177,7	182,1	186,4
6	151,8	156,1	160,3	164,5	168,7	172,9	177,2	181,4
5,5	147,5	151,7	155,8	159,9	164,0	168,0	172,2	176,3
5	143,3	147,3	151,3	155,3	159,3	163,2	167,2	171,2
4,5	139,0	142,9	146,8	150,7	154,5	158,4	162,2	166,1
4	134,8	138,6	142,3	146,1	149,8	153,6	157,3	161,1
3,5	130,5	134,2	137,8	141,4	145,1	148,7	152,3	156,0
3	126,3	129,9	133,4	136,8	140,4	143,9	147,4	150,9
2,5	122,0	125,5	128,9	132,2	135,6	139,0	142,4	145,8
2	117,8	121,1	124,4	127,6	130,9	134,2	137,5	140,8
1,5	113,5	116,7	119,9	123,0	126,2	129,3	132,5	135,7
1	109,3	112,4	115,4	118,4	121,5	124,5	127,6	130,6
0,5	105,0	108,0	110,9	113,8	116,8	119,6	122,6	125,5
0	100,8	103,7	106,5	109,2	112,1	114,8	117,7	120,5
+0,5	96,5	99,3	102,0	104,6	107,3	110,0	112,7	115,4
1	92,3	94,9	97,5	100,0	102,6	105,2	107,8	110,3
1,5	88,0	90,5	93,0	95,4	97,9	100,3	102,8	105,2
2	83,8	86,2	88,5	90,8	93,2	95,5	97,9	100,2
2,5	79,5	81,8	84,0	86,2	88,5	90,6	92,9	95,1
3	75,3	77,5	79,6	81,6	83,8	85,8	88,0	90,0
3,5	71,0	73,1	75,1	77,0	79,0	80,9	83,0	84,9
4	66,8	68,8	70,6	72,4	74,3	76,1	78,1	79,9
4,5	62,5	64,4	66,1	67,8	69,6	71,2	73,1	74,8
5	58,3	60,0	61,6	63,2	64,9	66,4	68,1	69,7
5,5	54,0	55,6	57,1	58,6	60,1	61,6	63,1	64,6
6 —	49,8	51,3	52,6	54,0	55,4	56,8	58,2	59,6

TABLE V.

CORRECTION.

$$\text{Terme I} - 10000 \log. \frac{h'}{H'} \left(0{,}058 - 0{,}00472 \, \frac{t+t'}{2} \right)$$

$\frac{t+t'}{2}$	$10000 \log. \frac{h'}{H'}$							
	1800	1850	1900	1950	2000	2050	2100	2150
	tois.	tois.	tois.	tois.	tois.	tois.	tois.	tois.
+6° —	49,8	51,3	52,6	54,0	55,4	56,8	58,2	59,6
6,5	45,5	46,9	48,1	49,4	50,7	51,9	53,2	54,5
7	41,3	42,6	43,7	44,8	46,0	47,1	48,3	49,4
7,5	37,0	38,2	39,2	40,3	41,3	42,3	43,3	44,3
8	32,8	33,8	34,7	35,7	36,6	37,4	38,4	39,3
8,5	28,5	29,4	30,2	31,1	31,8	32,6	33,4	34,2
9	24,3	25,1	25,7	26,5	27,1	27,7	28,5	29,1
9,5	20,0	20,7	21,2	21,9	22,4	22,8	23,5	24,0
10	15,8	16,4	16,8	17,3	17,7	18,0	18,6	19,0
10,5	11,5	12,0	12,3	12,7	12,9	13,2	13,6	13,9
11	7,3	7,7	7,8	8,1	8,2	8,4	8,7	8,8
11,5 —	3,1	3,3	3,3	3,4	3,5	3,6	3,7	3,7
12 +	1,1	1,1	1,1	1,2	1,2	1,2	1,3	1,3
12,5	5,4	5,4	5,6	5,7	5,9	6,1	6,2	6,4
13	9,7	9,8	10,1	10,3	10,6	11,0	11,1	11,5
13,5	13,9	14,1	14,6	14,9	15,3	15,8	16,0	16,5
14	18,2	18,5	19,1	19,5	20,1	20,7	21,0	21,6
14,5	22,4	22,9	23,6	24,1	24,8	25,5	25,9	26,7
15	26,7	27,3	28,1	28,7	29,5	30,3	30,9	31,8
15,5	30,9	31,6	32,6	33,3	34,2	35,1	35,9	36,8
16	35,2	36,0	37,1	37,9	39,0	40,0	40,8	41,9
16,5	39,4	40,3	41,5	42,5	43,7	44,8	45,8	47,0
17	43,7	44,7	46,0	47,1	48,4	49,7	50,8	52,1
17,5	47,9	49,0	50,5	51,7	53,1	54,5	55,7	57,1
18	52,2	53,4	55,0	56,3	57,8	59,4	60,7	62,2
18,5	56,4	57,8	59,5	60,9	62,5	64,2	65,7	67,3
19	60,7	62,2	64,0	65,5	67,3	69,1	70,6	72,4
19,5	64,9	66,5	68,4	70,1	72,0	73,9	75,6	77,4
20	69,1	70,9	72,9	74,8	76,7	78,8	80,6	82,5

TABLE V.

CORRECTION.

Terme $I - 10000 \log. \dfrac{h'}{H'} \left(0{,}058 - 0{,}00472 \dfrac{t+t'}{2} \right)$

$\dfrac{t+t'}{2}$	$10000 \log. \dfrac{h'}{H'}$							
	2200	2250	2300	2350	2400	2450	2500	2550
	tois.	tois.	tois.	tois.	tois.	tois.	tois.	tois.
—8° —	206,4	211,0	215,7	220,4	225,1	229,8	234,5	239,2
7,5	201,2	205,7	210,3	214,8	219,4	224,0	228,6	233,1
7	196,0	200,4	204,9	209,3	213,8	218,2	222,7	227,1
6,5	190,8	195,1	199,4	203,7	208,1	212,4	216,8	221,1
6	185,6	189,8	194,0	198,2	202,5	206,7	210,9	215,1
5,5	180,4	184,5	188,6	192,7	196,8	200,9	205,0	209,1
5	175,2	179,2	183,2	187,2	191,1	195,1	199,1	203.1
4,5	170,0	173,9	177,7	181,6	185,4	189,3	193,2	197,0
4	164,8	168,6	172,3	176,1	179,8	183,5	187,3	191,0
3,5	159,6	163,2	166,8	170,5	174,1	177,7	181,4	185,0
3	154,4	157,9	161,4	165,0	168,5	172,0	175,5	179,0
2,5	149,2	152,6	156,0	159,4	162,8	166,2	169,6	172,9
2	144,0	147,3	150,6	153,9	157,1	160,4	163,7	166,9
1,5	138,8	142,0	145,1	148,3	151,4	154,6	157,8	160,9
1	133,6	136,7	139,7	142,8	145,8	148,8	151,9	154,9
0,5	128,4	131,4	134,3	137,2	140,1	143,0	146,0	148,9
0	123,2	126,1	128,9	131,7	134,5	137,2	140,1	142,9
┼0,5	118,0	120,8	123,4	126,1	128,8	131,4	134,2	136,8
1	112,8	115,5	118,0	120,6	123,1	125,7	128,3	130,8
1,5	107,6	110,1	112,6	115,0	117,4	119,9	122,4	124,8
2	102,5	104,8	107,1	109,5	111,8	114,1	116,5	118,8
2,5	97,3	99,5	101,7	104,0	106,1	108,3	110,6	112,7
3	92,1	94,2	96,3	98,4	100,5	102,5	104,7	106,7
3,5	86,9	88,9	90,8	92,9	94,8	96,7	98,8	100,7
4	81,7	83,6	85,4	87,4	89,2	91,0	92,9	94,7
4,5	76,5	78,3	80,0	81,8	83,5	85,2	87,0	88,7
5	71,3	73,0	74,6	76,3	77,8	79,4	81,1	82,7
5,5	66,1	67,7	69,1	70,7	72,1	73,6	75,2	76,6
6	60,9	62,4	63,7	65,2	66,5	67,8	69,3	70,6

TABLE V.

CORRECTION.

$$\text{Terme I} - 10000 \log. \frac{h'}{H'} \left(0{,}058 - 0{,}00472 \, \frac{t + t'}{2} \right)$$

$\dfrac{t + t'}{2}$	$\log. 10000 \dfrac{h'}{H'}$							
	2200	2250	2300	2350	2400	2450	2500	2550
	tois.	tois.	tois.	tois.	tois.	tois.	tois.	tois.
$+\,6°\,-$	60,9	62,4	63,7	65,2	66,5	67,8	69,3	70,6
6,5	55,7	57,1	58,2	59,6	60,8	62,0	63,4	64,6
7	50,5	51,8	52,8	54,1	55,2	56,3	57,5	58,6
7,5	45,3	46,4	47,4	48,5	49,5	50,5	51,6	52,6
8	40,1	41,1	42,0	43,0	43,8	44,7	45,7	46,6
8,5	34,9	35,8	36,5	37,4	38,1	38,9	39,8	40,5
9	29,7	30,5	31,1	31,9	32,5	33,1	33,9	34,5
9,5	24,5	25,2	25,7	26,3	26,8	27,3	28,0	28,5
10	19,3	19,9	20,3	20,8	21,2	21,6	22,1	22,5
10,5	14,1	14,6	14,8	15,2	15,5	15,8	16,2	16,4
11	8,9	9,3	9,4	9,7	9,8	10,0	10,3	10,4
11,5 $-$	3,7	3,9	4,0	4,1	4,1	4,2	4,4	4,4
12 $+$	1,4	1,4	1,4	1,4	1,5	1,5	1,5	1,6
12,5	6,6	6,7	6,8	6,9	7,1	7,3	7,4	7,6
13	11,8	12,0	12,3	12,5	12,8	13,1	13,3	13,6
13,5	17,0	17,3	17,7	18,0	18,4	18,9	19,2	19,6
14	22,2	22,6	23,2	23,6	24,1	24,7	25,1	25,7
14,5	27,4	27,9	28,6	29,1	29,8	30,5	31,0	31,7
15	32,6	33,2	34,0	34,6	35,5	36,3	36,9	37,7
15,5	37,8	38,5	39,4	40,1	41,1	42,1	42,8	43,7
16	43,0	43,8	44,9	45,7	46,8	47,9	48,7	49,8
16,5	48,2	49,1	50,3	51,2	52,4	53,6	54,6	55,8
17	53,4	54,4	55,8	56,8	58,1	59,4	60,5	61,8
17,5	58,6	59,7	61,2	62,3	63,8	65,2	66,4	67,8
18	63,8	65,0	66,6	67,9	69,5	71,0	72,3	73,8
18,5	69,0	70,4	72,0	73,4	75,1	76,8	78,2	79,8
19	74,2	75,7	77,5	79,0	80,8	82,6	84,1	85,9
19,5	79,3	81,0	82,9	84,6	86,4	88,3	90,0	91,9
20	84,5	86,4	88,3	90,2	92,1	94,1	95,9	97,9

TABLE V.

CORRECTION.

$$\text{Terme I} - 10000 \ \log. \ \frac{h'}{H'} \left(0{,}058 - 0{,}00472 \ \frac{t+t'}{2} \right)$$

$\dfrac{t+t'}{2}$	$10000 \ \log. \ \dfrac{h'}{H'}$							
	2600	2650	2700	2750	2800	2850	2900	2950
	tois.	tois.	tois.	tois.	tois.	tois.	tois.	tois.
— 8°	243,9	248,6	253,3	257,9	262,6	267,3	272,0	276,7
7,5	237,7	242,3	246,9	251,4	256,0	260,6	265,1	269,7
7	231,6	236,1	240,5	245,0	249,4	253,9	258,3	262,8
6,5	225,4	229,8	234,1	238,5	242,8	247,1	251,4	255,8
6	219,3	223,6	227,8	232,0	236,2	240,4	244,6	248,9
5,5	213,1	217,3	221,4	225,5	229,6	233,7	237,7	241,9
5	207,0	211,0	215,0	219,0	223,0	227,0	230,9	234,9
4,5	200,9	204,7	208,6	212,5	216,4	220,2	224,1	228,0
4	194,8	198,5	202,3	206,0	209,8	213,5	217,3	221,0
3,5	188,6	192,2	195,9	199,5	203,2	206,8	210,4	214,0
3	182,5	186,0	189,5	193,0	196,5	200,1	203,6	207,1
2,5	176,3	179,7	183,1	186,5	189,9	193,3	196,7	200,1
2	170,2	173,5	176,8	180,1	183,3	186,6	189,9	193,1
1,5	164,0	167,2	170,4	173,6	176,7	179,9	183,0	186,2
1	157,9	161,0	164,0	167,1	170,1	173,2	176,2	179,2
0,5	151,8	154,7	157,6	160,6	163,5	166,4	169,3	172,2
0	145,7	148,5	151,3	154,1	156,9	159,7	162,5	165,3
+0,5	139,5	142,2	144,9	147,6	150,3	153,0	155,6	158,3
1	133,4	136,0	138,5	141,1	143,7	146,3	148,8	151,3
1,5	127,2	129,7	132,1	134,6	137,0	139,5	141,9	144,4
2	121,1	123,5	125,8	128,2	130,4	132,8	135,1	137,4
2,5	114,9	107,2	119,4	121,7	123,8	126,1	128,2	130,4
3	108,8	111,0	113,0	115,2	117,2	119,4	121,4	123,5
3,5	102,6	104,7	106,6	108,7	110,6	112,6	114,5	116,5
4	96,5	98,5	100,3	102,2	104,0	105,9	107,7	109,5
4,5	90,4	92,2	93,9	95,7	97,4	99,2	100,8	102,6
5	84,3	85,9	87,5	89,2	90,8	92,5	94,0	95,6
5,5	78,1	79,6	81,1	82,7	84,2	85,7	87,1	88,6
6	72,0	73,4	74,8	76,2	77,6	79,0	80,1	81,7

TABLE V.

CORRECTION.

Terme I — 10000 log. $\dfrac{h'}{H'}\left(0{,}058 - 0{,}00472\ \dfrac{t + t'}{2}\right)$

$\dfrac{t + t'}{2}$	10000 log. $\dfrac{h'}{H'}$							
	2600	2650	2700	2750	2800	2850	2900	2950
	tois.	tois.	tois.	tois	tois	tois.	tois.	tois.
+6°	72,0	73,4	74,8	76,2	77,6	79,0	80,1	81,7
6,5	65,8	67,1	68,4	69,7	70,9	72,3	73,4	74,7
7	59,7	60,9	62,0	63,2	64,3	65,6	66,7	67,8
7,5	53,5	54,6	55,7	56,7	57,7	58,8	59,9	60,8
8	47,4	48,4	49,4	50,3	51,1	52,1	53,0	53,8
8,5	41,2	42,1	43,0	43,8	44,5	45,4	46,1	46,9
9	35,1	35,9	36,6	37,3	37,9	38,7	39,3	39,9
9,5	28,9	29,6	30,2	30,8	31,3	31,9	32,4	32,9
10	22,8	23,4	23,9	24,3	24,7	25,2	25,6	26,0
10,5	16,6	17,1	17,5	17,8	18,1	18,5	18,8	19,0
11	10,5	10,8	11,1	11,3	11,5	11,8	11,9	12,0
11,5	4,4	4,6	4,7	4,8	4,9	5,0	5,0	5,0
12	1,7	1,7	1,7	1,7	1,7	1,7	1,8	1,9
12,5	7,8	7,9	8,0	8,1	8,3	8,4	8,6	8,8
13	14,0	14,1	14,4	14,6	15,0	15,1	15,5	15,8
13,5	20,1	20,3	20,7	21,1	21,6	21,8	22,3	22,7
14	26,3	26,6	27,1	27,6	28,2	28,6	29,2	29,7
14,5	32,4	32,9	33,5	34,1	34,8	35,3	36,0	36,7
15	38,6	39,2	39,9	40,6	41,4	42,0	42,8	43,6
15,5	44,7	45,4	46,2	47,1	48,0	48,7	49,6	50,6
16	50,9	51,7	52,6	53,6	54,6	55,5	56,5	57,6
16,5	57,0	57,9	59,0	60,1	61,2	62,2	63,3	64,5
17	63,1	64,2	65,4	66,6	67,9	68,9	70,2	71,5
17,5	69,2	70,4	71,7	73,0	74,5	75,6	77,0	78,5
18	75,4	76,7	78,1	79,5	81,1	82,4	83,9	85,4
18,5	81,5	82,9	84,5	86,0	87,7	89,1	90,7	92,4
19	87,7	89,2	90,9	92,5	94,3	95,8	97,6	99,4
19,5	93,8	95,4	97,2	99,0	100,9	102,5	104,4	106,3
20	99,9	101,7	103,6	105,5	107,5	109,3	111,3	113,3

TABLE VI.

CORRECTION.

Terme II — 10000 log. $\dfrac{h'}{H'}$ — (0, 0000059 $(t - t')^2$)

$t - t'$	10000 log. $\dfrac{h'}{H'}$							
	1000	1300	1600	1900	2200	2500	2800	3100
	tois.	tois.	tois.	tois.	tois.	tois.	tois.	tois.
+ 8	0, 4	0, 5	0, 6	0, 7	0, 8	0, 9	1, 1	1, 2
9	0, 5	0, 6	0, 8	0, 9	1, 0	1, 2	1, 4	1, 5
10	0, 6	0, 8	1, 0	1, 1	1, 2	1, 5	1, 7	1, 8
11	0, 7	0, 9	1, 2	1, 3	1, 4	1, 8	2, 0	2, 2
12	0, 8	1, 1	1, 4	1, 6	1, 7	2, 1	2, 4	2, 6
13	1, 0	1, 3	1, 6	1, 9	2, 1	2, 5	2, 8	3, 1
14	1, 2	1, 5	1, 8	2, 2	2, 5	2, 9	3, 2	3, 6
15	1, 3	1, 7	2, 1	2, 5	2, 9	3, 3	3, 7	4, 1
16	1, 5	1, 9	2, 4	2, 9	3, 3	3, 8	4, 2	4, 7
17	1, 7	2, 2	2, 7	3, 3	3, 7	4, 3	4, 8	5, 3
18	1, 9	2, 5	3, 1	3, 7	4, 2	4, 8	5, 4	6, 0
19	2, 1	2, 8	3, 4	4, 1	4, 7	5, 3	6, 1	6, 7
20	2, 3	3, 1	3, 8	4, 5	5, 2	5, 9	6, 8	7, 4
21	2, 6	3, 4	4, 2	5, 0	5, 8	6, 6	7, 6	8, 2
22	2, 9	3, 7	4, 6	5, 5	6, 4	7, 3	8, 4	9, 0
23	3, 2	4, 1	5, 0	6, 0	7, 0	8, 0	9, 2	9, 9
24	3, 5	4, 5	5, 5	6, 5	7, 6	8, 7	10, 0	10, 8
25	3, 8	4, 9	6, 0	7, 1	8, 2	9, 4	10, 8	11, 7
26	4, 1	5, 3	6, 5	7, 7	8, 9	10, 1	11, 6	12, 6
27	4, 4	5, 7	7, 0	8, 3	9, 6	10, 9	12, 4	13, 5
28	4, 7	6, 1	7, 5	8, 9	10, 3	11, 7	13, 2	14, 5
29	5, 0	6, 5	8, 0	9, 5	11, 0	12, 5	14, 0	15, 5
30	5, 4	6, 9	8, 5	10, 1	11, 7	13, 3	14, 9	16, 5

T A B L E VII.

Correction pour la latitude.

Latitude	$10000 \log. \dfrac{h'}{H'}$							
	tois. 1200	tois. 1500	tois. 1800	tois. 2100	tois. 2400	tois. 2700	tois. 3000	tois. 3300
−90° 0° +	3, 4	4, 3	5, 1	6, 0	6, 8	7, 7	8, 5	9, 4
85 5	3, 4	4, 2	5, 0	5, 9	6, 7	7, 6	8, 4	9, 2
80 10	3, 2	4, 0	4, 8	5, 6	6, 4	7, 2	8, 0	8, 8
75 15	2, 9	3, 7	4, 4	5, 2	5, 9	6, 6	7, 4	8, 1
70 20	2, 6	3, 3	3, 9	4, 6	5, 2	5, 9	6, 5	7, 2
65 25	2, 2	2, 7	3, 3	3, 8	4, 4	4, 9	5, 5	6, 0
60 30	1, 7	2, 1	2, 6	3, 0	3, 4	3, 8	4, 3	4, 7
55 35	1, 2	1, 5	1, 7	2, 0	2, 3	2, 6	2, 9	3, 2
50 40	0, 6	0, 7	0, 9	1, 0	1, 2	1, 3	1, 5	1, 6
45 45	0, 0	0, 0	0, 0	0, 0	0, 0	0, 0	0, 0	0, 0

T A B L E VIII.

Correction pour la diminution de la pefanteur dans le fens de la verticale.

$10000 \dfrac{h'}{H'}$	Correct. Toif.
1000	+ 2, 9
1200	3, 6
1400	4, 3
1600	5, 0
1800	5, 8
2000	6, 5
2200	7, 3
2400	8, 1
2600	9, 0
2800	9, 8
3000	10, 7
3200	11, 6

TABLE IX.

Température au bord de la mer correspondante à celle observée fur une montagne.

Hauteur du Therm.	Hauteur du Baromètre.						
	27ᵖ	26ᵖ	25ᵖ	24ᵖ	23ᵖ	22ᵖ	21ᵖ
— 14	— 12,7	— 11,3	— 9,9	— 8,4	— 6,9	— 5,3	— 3,6
13	11,7	10,3	8,9	7,4	5,9	4,3	2,6
12	10,7	9,3	7,9	6,3	4,9	3,2	1,6
11	9,7	8,3	6,8	5,3	3,8	2,2	— 0,5
10	8,6	7,2	5,8	4,2	2,8	1,1	+ 0,5
9	7,6	6,2	4,7	3,2	1,7	— 0,1	1,6
8	6,6	5,2	3,7	2,1	— 0,7	+ 0,9	2,6
7	5,6	4,2	2,7	— 1,1	+ 0,3	2,0	3,7
6	4,5	3,2	1,6	0,0	1,4	3,0	4,7
5	3,5	2,2	— 0,6	+ 1,0	2,5	4,1	5,8
4	2,5	1,2	+ 0,4	2,0	3,5	5,1	6,9
3	1,4	— 0,2	1,4	3,0	4,6	6,2	7,9
2	— 0,4	+ 0,7	2,5	4,1	5,6	7,3	9,0
1	+ 0,5	1,8	3,5	5,1	6,7	8,3	10,1
0	1,5	2,9	4,5	6,1	7,7	9,4	11,2
+ 1	2,5	3,9	5,5	7,1	8,7	10,4	12,2
2	3,5	4,9	6,5	8,2	9,8	11,5	13,3
3	4,5	5,9	7,6	9,2	10,8	12,5	14,3
4	5,5	7,0	8,6	10,2	11,8	13,6	15,4
5	6,5	8,0	9,6	11,2	12,9	14,7	16,4
6	7,5	9,0	10,6	12,3	13,9	15,7	17,5
7	8,5	10,0	11,6	13,3	15,0	16,8	18,5
8	9,5	11,1	12,7	14,3	16,0	17,8	19,6
9	10,5	12,1	13,7	15,4	17,1	18,9	20,7
10	11,5	13,1	14,7	16,4	18,1	20,0	21,8
11	12,5	14,1	15,7	17,4	19,1	21,0	22,8
12	13,6	15,1	16,8	18,4	20,2	22,1	23,9
13	14,6	16,2	17,8	19,5	21,2	23,1	24,9
14	15,5	17,2	18,8	20,5	22,3	24,2	26,0
15	16,6	18,2	19,8	21,5	23,3	25,2	27,1
16	17,6	19,2	20,9	22,5	24,4	26,2	28,2
17	18,6	20,2	21,9	23,6	25,4	27,3	29,2
18	19,6	21,3	22,9	24,6	26,5	28,3	30,3
19	20,6	22,3	23,9	25,6	27,5	29,4	31,3
+ 20	+ 21,6	+ 23,3	+ 25,0	+ 26,7	+ 28,6	+ 30,4	+ 32,4

TABLE IX.

Température au bord de la mer correspondante à celle observée sur une montagne.

Hauteur du Therm.	Hauteur du Baromètre.						
	20ᵖ	19ᵖ	18ᵖ	17ᵖ	16ᵖ	15ᵖ	14ᵖ
− 14°	− 1,9	− 0,1	+ 1,8	+ 3,8	+ 5,9	+ 8,0	+ 10,3
13	− 0,8	+ 1,0	2,9	4,9	7,0	9,1	11,5
12	+ 0,2	2,1	4,0	6,0	8,1	10,3	12,6
11	1,3	3,1	5,1	7,1	9,2	11,5	13,8
10	2,3	4,2	6,1	8,2	10,3	12,6	14,9
9	3,4	5,3	7,2	9,3	11,4	13,7	16,0
8	4,5	6,3	8,3	10,4	12,5	14,8	17,2
7	5,6	7,4	9,4	11,5	13,7	16,0	18,4
6	6,6	8,5	10,5	12,6	14,8	17,1	19,5
5	7,7	9,6	11,6	13,7	15,9	18,3	20,7
4	8,8	10,7	12,7	14,8	17,0	19,4	21,8
3	9,9	11,8	13,8	15,9	18,1	20,5	22,9
2	11,0	12,9	14,9	17,0	19,2	21,6	24,1
1	12,0	14,0	16,0	18,1	20,4	22,7	25,2
0	13,1	15,0	17,1	19,2	21,5	23,8	26,3
+ 1	14,2	16,1	18,1	20,3	22,6	25,0	27,5
2	15,2	17,1	19,2	21,4	23,7	26,1	28,6
3	16,3	18,2	20,3	22,5	24,8	27,2	29,7
4	17,3	19,3	21,4	23,6	25,9	28,4	30,9
5	18,4	20,4	22,5	24,7	27,0	29,5	32,0
6	19,5	21,5	23,6	25,8	28,1	30,6	33,2
7	20,6	22,5	24,7	26,9	29,2	31,7	34,3
8	21,7	23,6	25,8	28,0	30,3	32,8	35,4
9	22,7	24,7	26,9	29,1	31,4	33,9	36,5
10	23,8	25,8	28,0	30,2	32,6	35,1	37,7
11	24,9	26,8	29,0	31,3	33,7	26,2	38,9
12	25,9	27,9	30,1	32,4	34,8	37,3	40,1
13	27,0	28,9	31,2	33,5	35,9	38,5	41,3
14	28,0	30,0	32,3	34,6	37,1	39,6	42,4
15	29,1	31,1	33,4	35,7	38,2	40,7	43,5
16	30,2	32,2	34,5	36,8	39,3	41,9	44,6
17	31,3	33,3	35,6	37,9	40,4	43,0	45,7
18	32,4	34,4	36,7	39,0	41,5	44,1	46,8
19	33,5	35,5	37,8	40,1	42,6	45,2	47,9
+ 20	+ 34,5	+ 36,6	+ 38,9	+ 41,3	+ 43,8	+ 46,4	+ 49,1

TABLE X.

Elévation au dessus du niveau de la mer.

Hauteur du Baromètre		Hauteur du Thermomètre.							
		— 8°	— 7°	— 6°	— 5°	— 4°	— 3°	— 2°	— 1°
p	l	tois.	tois.	tois.	tois.	tois.	tois.	tois.	tois.
28	0	9	10	11	12	13	14	15	16
27	11	21	22	23	24	25	26	27	29
	10	33	34	35	36	37	38	40	41
	9	45	46	47	48	49	51	52	53
	8	57	58	59	60	61	63	64	65
	7	69	70	71	72	74	75	76	78
	6	81	82	83	85	86	87	89	90
	5	93	94	95	97	98	100	101	102
	4	105	106	108	109	111	112	114	115
	3	117	118	120	121	123	124	126	128
	2	129	130	132	134	135	136	138	140
	1	141	143	144	146	148	149	151	153
27	0	153	155	157	158	160	161	164	166
26	11	165	167	169	171	173	174	176	178
	10	177	180	182	184	185	187	189	191
	9	190	192	194	196	198	200	202	204
	8	203	205	207	209	211	213	215	217
	7	215	217	219	221	223	225	227	230
	6	228	230	232	234	236	238	240	243
	5	240	242	245	247	249	251	253	256
	4	253	255	257	260	262	264	266	269
	3	365	268	270	272	275	277	279	282
	2	278	281	283	285	288	290	292	295
	1	291	293	296	298	301	303	306	308
26	0	304	306	309	311	314	816	319	321
25	11	317	319	322	324	327	330	332	335
	10	330	332	335	338	340	343	346	348
	9	343	345	348	351	353	356	359	362
	8	356	358	361	364	366	370	372	375
	7	369	372	374	377	380	383	386	389
	6	382	385	388	390	393	396	399	402
	5	395	398	401	404	407	410	413	416
	4	408	411	414	417	420	423	427	430
	3	421	424	428	431	434	437	440	443
	2	435	438	441	444	447	451	454	457
25	1	448	451	455	458	461	465	468	471

TABLE X.

Elévation au dessus du niveau de la mer.

Hauteur du Baromètre		Hauteur du Thermomètre.							
		+ 0°	+ 1°	+ 2°	+ 3°	+ 4°	+ 5°	+ 6°	+ 7°
p	l	tois.	tois.	tois.	tois.	tois.	tois.	tois.	tois.
28	0	17	18	19	20	21	22	24	25
27	11	30	31	32	33	34	35	36	38
	10	42	43	44	45	47	48	49	50
	9	54	55	57	58	59	60	62	63
	8	67	68	69	70	72	73	74	76
	7	79	80	82	83	84	86	87	89
	6	92	93	94	96	97	99	100	102
	5	104	105	107	108	110	111	113	114
	4	117	118	120	121	123	124	126	127
	3	129	131	132	134	136	137	139	140
	2	142	143	145	147	148	150	152	154
	1	154	156	158	160	161	163	165	167
27	0	167	169	171	173	174	176	178	180
26	11	180	182	184	186	187	189	191	193
	10	193	195	197	199	201	202	204	206
	9	206	208	210	212	214	216	218	220
	8	219	221	223	225	227	229	231	233
	7	232	234	236	238	240	242	244	246
	6	245	247	249	251	253	255	258	260
	5	258	260	262	264	267	269	271	274
	4	271	273	376	278	280	283	285	287
	3	284	287	289	291	293	296	299	301
	2	297	300	302	305	307	310	312	315
	1	311	313	316	318	321	323	326	329
26	0	324	327	329	332	334	337	340	342
25	11	337	340	343	345	348	351	353	356
	10	351	354	356	359	362	365	367	370
	9	364	367	370	373	375	378	381	384
	8	378	381	384	386	389	392	395	398
	7	392	394	397	400	403	406	409	412
	6	405	408	411	414	417	420	423	426
	5	419	422	425	428	431	434	437	440
	4	433	436	439	442	445	448	451	455
	3	446	450	453	456	459	462	466	469
	2	460	464	467	470	473	477	480	483
	1	474	478	481	484	488	491	494	497

TABLE X.

Elévation au dessus du niveau de la mer.

Hauteur du Baromètre		Hauteur du Thermomètre.							
		+ 8°	+ 9°	+10°	+11°	+12°	+13°	+14°	+15°
p	l	tois.	tois.	tois.	tois.	tois.	tois.	tois.	tois.
28	0	26	27	28	29	30	31	33	34
27	11	39	40	41	42	44	45	46	47
	10	52	53	54	55	57	58	59	61
	9	64	66	67	68	70	71	72	74
	8	77	79	80	82	83	84	86	87
	7	90	92	93	95	96	98	99	101
	6	103	105	106	108	109	111	112	114
	5	116	118	119	121	123	124	126	127
	4	129	131	132	134	136	137	139	141
	3	142	144	146	147	149	151	152	154
	2	155	157	159	161	163	164	166	168
	1	169	170	172	174	176	178	180	181
27	0	182	184	186	188	190	191	193	195
26	11	195	197	199	201	203	205	207	209
	10	208	210	212	214	216	218	220	223
	9	222	224	226	228	230	232	234	236
	8	235	237	239	242	244	246	248	250
	7	249	251	253	255	258	260	262	264
	6	262	265	267	269	272	274	276	278
	5	276	278	281	283	285	288	290	292
	4	290	292	295	297	299	302	304	306
	3	303	306	308	311	313	316	318	321
	2	317	320	322	325	327	330	332	335
	1	331	334	336	339	342	344	347	349
26	0	345	348	350	353	356	358	361	364
25	11	359	362	364	367	370	372	375	378
	10	373	376	378	381	384	387	390	392
	9	387	390	393	396	398	401	404	407
	8	401	404	407	410	413	416	419	422
	7	415	418	421	424	427	430	433	436
	6	429	432	435	439	442	445	448	451
	5	443	446	450	453	456	459	462	466
	4	458	461	464	467	471	474	477	480
	3	472	475	479	482	485	489	492	495
	2	486	490	493	496	500	503	507	510
	1	501	505	508	511	515	518	522	525

TABLE X.

Elévation au dessus du niveau de la mer.

Hauteur du Baromètre		Hauteur du Thermomètre.							
		+16°	+17°	+18°	+19°	+20°	+21°	+22°	+23°
p	l	tois.	tois.	tois.	tois.	tois.	tois.	tois.	tois.
28	0	35	36	37	38	40	41	42	44
27	11	48	50	51	52	54	55	56	57
	10	62	63	65	66	67	69	70	71
	9	75	77	78	79	81	82	84	85
	8	89	90	91	93	94	96	97	99
	7	102	104	105	107	108	110	111	113
	6	115	117	119	120	122	123	125	127
	5	129	131	132	134	135	137	139	141
	4	143	144	146	148	149	151	153	155
	3	156	158	160	161	163	165	167	169
	2	170	172	174	175	177	179	181	183
	1	183	185	187	189	191	193	195	197
27	0	197	199	201	203	205	207	209	211
26	11	211	213	215	217	219	221	223	225
	10	225	227	229	231	233	235	237	239
	9	239	241	243	245	247	249	251	254
	8	253	255	257	259	261	264	266	268
	7	266	269	271	273	276	278	280	283
	6	281	283	285	288	290	292	295	297
	5	295	297	300	302	304	307	309	312
	4	309	311	314	316	319	321	324	326
	3	323	326	328	331	333	336	338	341
	2	337	340	343	345	348	351	353	356
	1	352	355	357	360	362	365	368	371
26	0	367	369	572	365	377	380	383	386
25	11	381	384	387	389	392	395	398	401
	10	395	398	401	404	407	410	413	416
	9	410	413	416	419	422	425	428	431
	8	425	428	431	434	437	440	443	446
	7	439	442	445	448	452	455	458	461
	6	454	457	460	463	467	470	473	476
	5	469	472	475	478	482	485	488	491
	4	484	487	490	493	497	500	503	507
	3	499	502	505	509	512	515	519	522
	2	414	417	420	424	427	431	534	437
	1	528	532	535	539	542	546	549	553

TABLE X.

Elévation au dessus du niveau de la mer.

Hauteur du Baromètre		Hauteur du Thermomètre.							
		— 8°	— 7°	— 6°	— 5°	— 4°	— 3°	— 2°	— 1°
p	l	tois.	tois.	tois.	tois.	tois.	tois.	tois.	tois.
25	0	461	465	468	471	475	478	481	484
24	11	475	478	482	485	489	492	495	499
	10	489	492	496	499	503	506	510	513
	9	502	506	509	513	516	520	523	527
	8	516	519	523	527	530	534	537	541
	7	529	533	537	541	544	548	552	555
	6	543	547	551	555	558	562	566	570
	5	557	561	564	568	572	576	580	584
	4	571	575	579	583	586	590	594	598
	3	585	589	593	597	601	605	609	613
	2	599	603	607	611	615	619	623	627
	1	613	617	621	625	629	633	638	642
24	0	627	631	636	640	644	648	652	657
23	11	641	646	650	654	658	663	667	671
	10	656	660	664	668	673	677	681	686
	9	670	674	679	683	687	692	696	701
	8	684	689	693	698	702	707	711	716
	7	699	703	708	712	717	721	726	731
	6	713	718	722	727	731	736	741	745
	5	728	732	737	742	746	751	756	761
	4	742	747	752	757	761	766	771	776
	3	757	762	766	771	776	781	786	791
	2	772	777	781	786	791	796	801	806
	1	786	791	796	801	806	811	816	821
23	0	801	806	812	817	822	827	832	837
22	11	816	821	827	832	837	842	847	852
	10	831	837	842	847	852	857	863	868
	9	846	852	857	862	868	873	878	884
	8	862	867	872	878	883	888	894	899
	7	877	882	888	893	899	904	909	915
	6	893	898	904	909	914	910	925	931
	5	908	913	919	924	930	935	941	947
	4	923	928	934	940	946	951	957	963
	3	938	944	950	955	961	967	973	979
	2	954	960	965	971	977	983	989	995
	1	969	975	982	987	993	999	1005	1011

TABLE X.

Elévation au dessus du niveau de la mer.

Hauteur du Baromètre		Hauteur du Thermomètre.							
		+ 0°	+ 1°	+ 2°	+ 3°	+ 4°	+ 5°	+ 6°	+ 7°
p	l	tois.	tois.	tois.	tois.	tois.	tois.	tois.	tois.
25	0	487	491	495	498	502	505	509	512
24	11	502	506	509	513	516	520	523	527
	10	517	520	524	527	531	534	538	541
	9	531	534	538	541	545	549	552	556
	8	545	548	552	556	559	563	567	571
	7	559	563	567	570	574	578	582	585
	6	573	577	581	585	589	593	596	600
	5	588	592	596	599	603	607	611	615
	4	602	606	610	614	618	622	626	630
	3	617	621	625	629	633	637	641	645
	2	631	636	640	644	648	652	656	660
	1	646	650	654	658	663	667	671	675
24	0	661	665	669	673	678	682	686	691
23	11	676	680	684	688	693	697	701	706
	10	690	695	699	703	708	712	717	721
	9	705	709	714	718	723	727	732	736
	8	720	725	729	734	738	743	747	752
	7	735	740	744	749	754	758	763	768
	6	750	755	759	764	769	774	778	783
	5	765	770	775	779	784	789	794	799
	4	781	785	790	795	800	805	810	814
	3	796	801	806	811	815	820	825	830
	2	811	816	821	826	831	836	841	846
	1	826	831	836	841	847	852	857	862
23	0	842	847	852	857	862	868	873	878
22	11	857	863	868	873	878	884	889	894
	10	873	878	884	889	894	900	905	910
	9	889	894	899	905	910	916	921	926
	8	904	910	915	921	926	932	937	942
	7	920	926	931	937	942	948	953	959
	6	936	942	947	953	958	964	970	975
	5	952	958	964	969	975	980	986	992
	4	968	974	980	986	991	997	1003	1008
	3	984	990	996	1002	1008	1014	1019	1025
	2	1000	1006	1012	1018	1024	1030	1036	1042
	1	1017	1023	1029	1035	1041	1047	1053	1059

TABLE X.

Elévation au dessus du niveau de la mer.

Hauteur du Baromètre		Hauteur du Thermomètre.							
		+ 8°	+ 9°	+10°	+11°	+12°	+13°	+14°	+15°
p	l	tois.	tois.	tois.	tois.	tois.	tois.	tois.	tois.
25	0	516	520	523	526	530	533	537	540
24	11	530	534	537	541	544	548	552	555
	10	545	548	552	556	559	563	567	570
	9	560	563	567	571	574	578	582	586
	8	574	578	582	586	590	593	597	601
	7	589	593	597	601	605	608	612	616
	6	604	608	612	616	620	624	628	632
	5	619	623	627	631	635	639	643	647
	4	634	638	642	646	650	654	659	663
	3	649	653	657	662	666	670	674	678
	2	664	669	673	677	681	685	690	694
	1	679	684	688	692	697	701	705	710
24	0	695	699	703	708	712	716	721	725
23	11	710	715	719	723	728	732	737	741
	10	726	730	735	739	744	748	753	757
	9	741	745	750	755	759	764	768	773
	8	757	761	766	770	775	780	784	789
	7	772	777	782	786	791	796	800	805
	6	788	793	797	802	807	812	817	821
	5	803	808	813	818	823	828	833	837
	4	819	824	829	834	839	844	849	854
	3	835	840	845	850	855	860	865	870
	2	851	856	861	866	871	877	882	887
	1	867	872	877	882	888	893	898	903
23	0	883	888	893	899	904	909	914	919
22	11	899	905	910	915	921	926	931	936
	10	916	921	926	932	937	943	947	953
	9	932	937	943	948	953	959	964	970
	8	948	953	959	964	970	975	981	987
	7	964	970	975	981	987	992	998	1004
	6	981	987	992	998	1004	1009	1015	1021
	5	997	1003	1009	1015	1021	1026	1032	1038
	4	1014	1020	1026	1032	1037	1043	1049	1055
	3	1031	1037	1043	1049	1055	1061	1066	1072
	2	1048	1054	1060	1066	1072	1078	1084	1090
	1	1065	1071	1077	1083	1089	1095	1101	1107

TABLE X.

Elévation au dessus du niveau de la mer.

Hauteur du Baromètre		Hauteur du Thermomètre.							
		+16°	+17°	+18°	+19°	+20°	+21°	+22°	+23°
P	l	tois.	tois.	tois.	tois.	tois.	tois.	tois.	tois.
25	0	544	547	551	554	558	561	565	568
24	11	559	562	566	569	573	577	580	584
	10	574	578	581	585	589	592	596	600
	9	589	593	597	600	604	608	612	616
	8	605	609	612	616	620	624	628	632
	7	620	624	628	632	636	640	644	648
	6	636	640	644	648	652	656	660	664
	5	651	655	659	663	667	671	675	680
	4	667	671	675	679	683	687	692	696
	3	682	686	691	695	699	703	708	712
	2	698	702	706	711	715	719	724	728
	1	713	718	722	727	731	735	740	744
24	0	729	734	738	743	747	752	756	760
23	11	745	750	754	759	763	768	772	777
	10	762	766	771	775	780	784	789	793
	9	778	782	787	791	796	801	805	810
	8	794	798	803	808	812	817	822	826
	7	810	815	819	824	829	834	838	843
	6	826	831	836	841	845	850	855	860
	5	842	847	852	857	862	867	872	877
	4	859	864	869	874	879	884	889	894
	3	875	880	885	890	895	900	905	911
	2	892	897	902	907	912	917	922	928
	1	908	814	919	924	929	934	940	945
23	0	925	930	935	941	946	951	957	962
22	11	942	947	952	958	963	968	974	979
	10	959	964	969	975	980	986	991	996
	9	975	981	986	992	997	1003	1008	1013
	8	992	998	1003	1009	1015	1020	1026	1031
	7	1009	1015	1020	1026	1032	1038	1043	1049
	6	1027	1032	1038	1044	1049	1055	1061	1067
	5	1044	1050	1055	1061	1067	1073	1079	1084
	4	1061	1067	1073	1078	1084	1090	1096	1102
	3	1078	1084	1090	1096	1102	1108	1114	1120
	2	1096	1102	1108	1114	1120	1126	1132	1138
22	1	1113	1119	1126	1132	1138	1144	1150	1156

TABLE X.

Elévation au dessus du niveau de la mer.

Hauteur du Baromètre		*Hauteur du Thermomètre.*							
		— 8°	— 7°	— 6°	— 5°	— 4°	— 3°	— 2°	— 1°
P	l	tois.	tois.	tois.	tois.	tois.	tois.	tois.	tois.
22	0	985	991	997	1003	1009	1015	1021	1027
21	11	1001	1007	1013	1019	1025	1031	1037	1043
	10	1017	1023	1029	1035	1041	1047	1054	1060
	9	1033	1039	1045	1051	1057	1064	1070	1076
	8	1049	1055	1061	1068	1074	1080	1087	1093
	7	1065	1071	1078	1084	1090	1097	1103	1110
	6	1081	1087	1094	1100	1107	1113	1120	1126
	5	1097	1104	1110	1117	1123	1130	1136	1143
	4	1113	1120	1126	1133	1140	1146	1153	1160
	3	1130	1136	1143	1150	1156	1163	1170	1177
	2	1146	1153	1160	1166	1173	1180	1187	1194
	1	1162	1169	1176	1183	1190	1197	1204	1211
21	0	1179	1186	1193	1200	1207	1214	1221	1228
20	11	1196	1203	1210	1217	1224	1231	1238	1245
	10	1213	1220	1227	1234	1241	1248	1255	1262
	9	1230	1237	1244	1251	1258	1265	1273	1280
	8	1247	1254	1261	1268	1276	1283	1290	1298
	7	1264	1271	1278	1286	1293	1300	1308	1315
	6	1281	1288	1295	1303	1310	1318	1325	1333
	5	1298	1305	1313	1320	1328	1335	1343	1350
	4	1315	1323	1330	1338	1345	1353	1361	1368
	3	1332	1340	1348	1355	1363	1371	1379	1386
	2	1350	1357	1365	1373	1381	1389	1397	1404
	1	1367	1375	1383	1391	1399	1407	1415	1422
20	0	1385	1393	1401	1409	1417	1425	1433	1441
19	11	1403	1411	1419	1427	1435	1443	1451	1459
	10	1421	1429	1437	1445	1453	1461	1469	1477
	9	1439	1447	1455	1463	1471	1480	1488	1496
	8	1457	1465	1473	1481	1490	1498	1506	1515
	7	1475	1483	1492	1500	1508	1517	1525	1534
	6	1493	1501	1510	1518	1527	1535	1544	1554
	5	1511	1520	1528	1537	1545	1554	1563	1571
	4	1529	1538	1547	1555	1564	1573	1582	1590
	3	1548	1557	1565	1574	1583	1592	1601	1609
	2	1567	1575	1584	1593	1602	1611	1620	1628
	1	1585	1594	1603	1612	1621	1630	1639	1648

TABLE X.

Elévation au dessus du niveau de la mer.

Hauteur du Baromètre		Hauteur du Thermomètre.							
		0°	+ 1°	+ 2°	+ 3°	+ 4°	+ 5°	+ 6°	+ 7°
p	l	tois.	tois.	tois.	tois.	tois.	tois.	tois.	tois.
22	0	1033	1039	1045	1051	1057	1063	1069	1075
21	11	1050	1056	1062	1068	1074	1080	1086	1092
	10	1066	1072	1078	1085	1091	1097	1103	1109
	9	1083	1089	1095	1101	1108	1114	1120	1127
	8	1099	1105	1112	1118	1125	1131	1137	1144
	7	1116	1122	1128	1135	1141	1148	1155	1161
	6	1133	1139	1146	1152	1159	1165	1172	1178
	5	1149	1156	1163	1169	1176	1182	1189	1196
	4	1166	1173	1180	1186	1193	1200	1206	1213
	3	1183	1190	1197	1204	1210	1217	1224	1231
	2	1200	1207	1214	1221	1228	1235	1242	1248
	1	1218	1225	1231	1238	1245	1252	1259	1266
21	0	1235	1242	1249	1256	1263	1270	1277	1284
20	11	1253	1259	1266	1274	1281	1288	1295	1302
	10	1270	1277	1284	1291	1298	1306	1313	1320
	9	1287	1294	1301	1309	1316	1324	1331	1338
	8	1305	1312	1319	1327	1334	1341	1349	1356
	7	1323	1330	1337	1345	1352	1360	1367	1375
	6	1340	1348	1355	1363	1370	1378	1385	1393
	5	1358	1366	1373	1381	1388	1396	1404	1411
	4	1376	1384	1391	1399	1407	1414	1422	1430
	3	1394	1402	1409	1417	1425	1433	1441	1448
	2	1412	1420	1428	1436	1443	1451	1459	1467
	1	1430	1438	1446	1454	1492	1470	1478	1486
20	0	1449	1457	1465	1473	1481	1489	1497	1505
19	11	1467	1475	1483	1492	1500	1508	1516	1524
	10	1486	1494	1502	1510	1518	1527	1535	1543
	9	1504	1512	1521	1529	1537	1546	1554	1563
	8	1523	1531	1540	1548	1556	1565	1573	1582
	7	1542	1550	1559	1567	1576	1584	1593	1601
	6	1561	1569	1578	1586	1595	1603	1612	1620
	5	1580	1588	1597	1606	1614	1623	1631	1640
	4	1599	1608	1616	1625	1634	1642	1651	1660
	3	1618	1627	1636	1644	1653	1662	1671	1680
	2	1637	1646	1655	1664	1673	1682	1691	1700
	1	1657	1666	1675	1684	1693	1702	1711	1720

T A B L E X.

Elévation au dessus du niveau de la mer.

Hauteur du Baromètre		Hauteur du Thermomètre.							
		+ 8°	+ 9°	+10°	+11°	+12°	+13°	+14°	+15°
p	l	tois.	tois.	tois.	tois.	tois.	tois.	tois.	tois.
22	0	1081	1088	1094	1100	1106	1112	1118	1125
21	11	1099	1105	1111	1117	1123	1130	1136	1142
	10	1116	1122	1128	1134	1141	1147	1154	1160
	9	1133	1139	1146	1152	1159	1165	1171	1178
	8	1150	1157	1163	1170	1176	1183	1189	1196
	7	1168	1174	1181	1187	1194	1200	1207	1213
	6	1185	1192	1198	1205	1211	1218	1225	1231
	5	1202	1209	1216	1223	1229	1236	1243	1249
	4	1220	1227	1234	1240	1247	1254	1261	1268
	3	1238	1244	1251	1258	1265	1272	1279	1286
	2	1255	1262	1269	1276	1283	1290	1297	1304
	1	1273	1280	1287	1294	1301	1308	1315	1322
21	0	1291	1298	1205	1313	1320	1327	1334	1341
20	11	1309	1316	1324	1331	1338	1345	1352	1360
	10	1327	1335	1342	1349	1356	1364	1371	1378
	9	1345	1353	1360	1367	1375	1382	1390	1397
	8	1363	1371	1378	1386	1393	1401	1408	1415
	7	1382	1390	1397	1405	1412	1420	1427	1435
	6	1400	1408	1416	1423	1431	1438	1446	1454
	5	1409	1417	1424	1442	1450	1457	1465	1473
	4	1438	1445	1453	1461	1469	1477	1484	1492
	3	1456	1464	1472	1480	1488	1496	1503	1511
	2	1475	1483	1491	1499	1507	1515	1523	1531
	1	1494	1502	1510	1518	1526	1534	1542	1550
20	0	1513	1521	1529	1537	1545	1554	1562	1570
19	11	1532	1540	1549	1557	1565	1573	1581	1590
	10	1551	1559	1568	1576	1585	1593	1601	1610
	9	1571	1579	1587	1596	1604	1613	1621	1629
	8	1590	1598	1607	1615	1624	1632	1641	1649
	7	1609	1618	1626	1635	1644	1652	1661	1669
	6	1629	1638	1646	1655	1664	1672	1681	1689
	5	1649	1658	1666	1675	1684	1692	1701	1710
	4	1669	1678	1686	1695	1704	1713	1722	1730
	3	1689	1698	1706	1715	1724	1733	1712	1751
	2	1709	1718	1726	1735	1744	1753	1762	1771
	1	1729	1738	1747	1756	1765	1774	1763	1791

TABLE X.

Elévation au dessus du niveau de la mer.

Hauteur du Baromètre		*Hauteur du Thermomètre.*							
		+16°	+17°	+18°	+19°	+20°	+21°	+22°	+23°
p	l	tois.	tois.	tois.	tois.	tois.	tois.	tois.	tois.
22	0	1131	1137	1143	1149	1156	1162	1168	1174
21	11	1148	1154	1161	1167	1174	1170	1186	1192
	10	1166	1173	1179	1185	1192	1198	1204	1211
	9	1184	1191	1197	1203	1210	1216	1223	1229
	8	1202	1209	1215	1222	1228	1235	1241	1248
	7	1220	1227	1233	1240	1246	1253	1260	1266
	6	1238	1245	1251	1258	1265	1271	1278	1284
	5	1256	1263	1269	1276	1283	1290	1297	1303
	4	1274	1281	1288	1295	1302	1308	1315	1322
	3	1293	1299	1306	1313	1320	1327	1334	1341
	2	1311	1318	1325	1332	1339	1346	1353	1360
	1	1329	1336	1343	1350	1358	1365	1372	1379
21	0	1348	1355	1362	1369	1377	1384	1391	1398
20	11	1367	1374	1381	1388	1396	1403	1410	1417
	10	1386	1393	1400	1408	1415	1422	1429	1437
	9	1404	1412	1419	1427	1434	1441	1449	1456
	8	1423	1431	1438	1446	1453	1461	1468	1476
	7	1442	1450	1457	1465	1472	1480	1488	1495
	6	1461	1469	1476	1484	1492	1500	1507	1515
	5	1481	1488	1496	1504	1511	1519	1527	1535
	4	1500	1508	1516	1523	1531	1539	1547	1555
	3	1519	1527	1535	1543	1551	1559	1567	1575
	2	1539	1547	1555	1563	1571	1579	1587	1595
	1	1558	1566	1574	1582	1591	1599	1607	1615
20	0	1578	1586	1594	1602	1611	1619	1627	1635
19	11	1598	1606	1614	1622	1631	1639	1647	1655
	10	1618	1626	1634	1643	1651	1659	1668	1676
	9	1638	1646	1655	1663	1671	1680	1688	1697
	8	1658	1666	1675	1683	1692	1700	1709	1717
	7	1678	1687	1695	1704	1712	1721	1730	1738
	6	1698	1707	1716	1724	1733	1742	1750	1759
	5	1718	1727	1736	1745	1754	1763	1771	1780
	4	1739	1748	1757	1766	1775	1784	1792	1801
	3	1760	1769	1778	1787	1796	1705	1813	1822
	2	1780	1789	1798	1807	1817	1826	1834	1843
	1	1801	1810	1819	1828	1838	1847	1856	1865

TABLE X.

Elévation au dessus du niveau de la mer.

Hauteur du Baromètre		Hauteur du Thermomètre.							
		— 8°	— 7°	— 6°	— 5°	— 4°	— 3°	— 2°	— 1°
p	l	tois.	tois.	tois.	tois.	tois.	tois.	tois.	tois.
19	0	1604	1613	1622	1631	1640	1649	1658	1667
18	11	1623	1632	1641	1650	1659	1668	1677	1686
	10	1641	1651	1660	1669	1678	1687	1697	1706
	9	1660	1670	1679	1688	1697	1707	1716	1725
	8	1679	1689	1698	1708	1717	1727	1736	1745
	7	1699	1708	1718	1727	1737	1746	1756	1765
	6	1718	1728	1737	1747	1757	1766	1776	1785
	5	1738	1747	1757	1767	1777	1786	1796	1805
	4	1657	1767	1777	1787	1797	1806	1816	1826
	3	1777	1787	1797	1807	1817	1826	1836	1846
	2	1797	1807	1817	1827	1837	1846	1856	1866
	1	1817	1827	1837	1847	1857	1867	1877	1887
18	0	1837	1847	1857	1867	1877	1887	1897	1907
17	11	1857	1867	1877	1887	1897	1908	1918	1928
	10	1877	1887	1897	1908	1918	1928	1939	1749
	9	1897	1907	1918	1928	1939	1949	1960	1970
	8	1917	1928	1938	1949	1959	1970	1981	1991
	7	1938	1948	1959	1970	1980	1991	2002	2013
	6	1959	1969	1980	1991	2002	2012	2023	2034
	5	1980	1990	2001	2012	2023	2034	2045	2055
	4	2001	2011	2022	2033	2044	2055	2066	2077
	3	2022	2033	2044	2055	2066	2077	2088	2099
	2	2043	2054	2065	2076	2087	2099	2110	2121
	1	2064	2076	2087	2098	2109	2120	2132	2143
17	0	2086	2097	2108	2120	2131	2142	2154	2165
16	11	2107	2119	2130	2141	2153	2164	2166	2187
	10	2129	2140	2152	2163	4175	2186	2198	2210
	9	2150	2162	2174	2185	2197	2209	2221	2233
	8	2172	2184	2196	2208	2219	2231	2243	2255
	7	2194	2206	2218	2230	2242	2254	2266	2277
	6	2216	2228	2240	2252	2264	2276	2288	2300
	5	2239	2251	2263	2275	2287	2299	2311	2323
	4	2262	2274	2286	2298	2310	2322	2334	2346
	3	2284	2297	2309	2321	2333	2345	2358	2370
	2	2307	2320	2332	2344	2356	2369	2381	2394
	1	2330	2343	2355	2367	2380	2392	2405	2417

TABLE X.

Elévation au dessus du niveau de la mer.

Hauteur du Baromètre		Hauteur du Thermomètre.							
		+ 0°	+ 1°	+ 2°	+ 3°	+ 4°	+ 5°	+ 6°	+ 7°
p	l	tois.	tois.	tois.	tois.	tois.	tois.	tois.	tois.
19	0	1676	1685	1694	1703	1712	1722	1731	1740
18	11	1696	1705	1714	1723	1732	1742	1751	1760
	10	1715	1724	1734	1743	1752	1762	1771	1780
	9	1735	1744	1754	1763	1772	1782	1791	1800
	8	1755	1764	1774	1783	1792	1802	1811	1821
	7	1775	1784	1794	1803	1813	1822	1832	1841
	6	1795	1804	1814	1824	1833	1843	1852	1862
	5	1815	1825	1834	1844	1854	1864	1873	1883
	4	1835	1845	1855	1865	1875	1884	1894	1904
	3	1856	1866	1876	1885	1895	1905	1915	1925
	2	1876	1886	1896	1906	1916	1926	1936	1946
	1	1897	1907	1917	1927	1937	1947	1957	1968
18	0	1918	1928	1938	1948	1958	1969	1979	1989
17	11	1938	1949	1959	1969	1980	1990	2000	2011
	10	1959	1970	1980	1991	2001	2011	2022	2032
	9	1980	1991	2001	2012	2022	2033	2043	2054
	8	2002	2012	2023	2034	2044	2055	2065	2076
	7	2023	2034	2045	2055	2066	2077	2087	2098
	6	2045	2056	2066	2077	2088	2099	2110	2120
	5	2066	2077	2088	2099	2110	2121	2132	2143
	4	2088	2099	2110	2121	2132	2143	2154	2165
	3	2110	2121	2132	2143	2154	2165	2176	2188
	2	2132	2143	2154	2165	2177	2188	2199	2210
	1	2154	2165	2177	2188	2199	2210	2222	2233
17	0	2176	2188	2199	2210	2222	2233	2245	2256
16	11	2199	2210	2222	2233	2245	2256	2268	2279
	10	2221	2233	2244	2256	2268	2279	2291	2302
	9	2244	2256	2267	2279	2291	2302	2314	2326
	8	2267	2278	2290	2302	2314	2326	2337	2349
	7	2289	2301	2313	2325	2337	2349	2361	2373
	6	2312	2324	2336	2348	2360	2372	2384	2396
	5	2335	2347	2360	2372	2384	2396	2408	2420
	4	2359	2371	2383	2395	2407	2420	2432	2444
	3	2382	2395	2407	2419	2431	2444	2456	2468
	2	2406	2418	2431	2443	2456	2468	2480	2493
	1	2430	2442	2455	2467	2480	2492	2505	2517

TABLE X.

Elévation au dessus du niveau de la mer.

Hauteur du Baromètre		Hauteur du Thermomètre.							
		+ 8°	+ 9°	+10°	+11°	+12°	+13°	+14°	+15°
P	l	tois.	tois.	tois.	tois.	tois.	tois.	tois.	tois.
19	0	1749	1758	1767	1776	1785	1794	1804	1813
18	11	1769	1778	1788	1797	1806	1815	1825	1834
	10	1789	1799	1808	1817	1827	1836	1845	1855
	9	1810	1819	1829	1838	1847	1857	1866	1876
	8	1830	1840	1849	1859	1868	1878	1888	1897
	7	1851	1861	1870	1880	1889	1899	1909	1918
	6	1872	1882	1891	1901	1911	1920	1930	1940
	5	1893	1903	1912	1922	1932	1942	1952	1962
	4	1914	1924	1934	1944	1954	1963	1973	1983
	3	1935	1945	1955	1965	1975	1985	1995	2005
	2	1956	1967	1977	1987	1997	2007	2017	2027
	1	1978	1988	1998	2008	2019	2029	2039	2049
18	0	1999	2010	2020	2030	2041	2051	2061	2071
17	11	2021	2031	2042	2053	2063	2073	2083	2094
	10	2043	2053	2064	2074	2085	2095	2106	2116
	9	2065	2075	2086	2096	2107	2118	2128	2139
	8	2087	2097	2108	2119	2130	2140	2151	2162
	7	2109	2120	2131	2141	2152	2163	2174	2185
	6	2131	2142	2153	2164	2175	2186	2197	2208
	5	2154	2165	2176	2187	2198	2209	2220	2231
	4	2176	2187	2198	2209	2220	2232	2243	2254
	3	2199	2210	2221	2232	2244	2255	2266	2277
	2	2222	2233	2244	2256	2267	2278	2289	2301
	1	2245	2256	2267	2279	2290	2302	2313	2324
17	0	2268	2279	2291	2302	2314	2325	2337	2348
16	11	2291	2302	2314	2326	2337	2349	2360	2372
	10	2314	2326	2337	2349	2361	2373	2384	2396
	9	2337	2349	2361	2373	2385	2396	2408	2420
	8	2361	2373	2385	2397	2409	2421	2432	2444
	7	2385	2397	2409	2421	2433	2445	2457	2469
	6	2408	2421	2433	2445	2457	2469	2481	2493
	5	2432	2445	2457	2469	2481	2493	2506	2518
	4	2456	2469	2481	2493	2506	2518	2530	2543
	3	2481	2493	2506	2518	2531	2543	2556	2568
	2	2505	2518	2530	2543	2555	2568	2581	2593
	1	2530	2543	2555	2568	2580	2593	2606	2619

TABLE X.

Elévation au dessus du niveau de la mer.

Hauteur du Baromètre.		Hauteur du Thermomètre.							
		+16°	+17°	+18°	+19°	+20°	+21°	+22°	+23°
p	l	tois.	tois.	tois.	tois.	tois.	tois.	tois.	tois.
19	0	1822	1831	1840	1850	1859	1868	1877	1886
18	11	1843	1852	1862	1871	1880	1890	1899	1908
	10	1864	1874	1883	1892	1902	1911	1921	1930
	9	1885	1895	1904	1914	1923	1933	1942	1952
	8	1907	1916	1926	1936	1945	1955	1964	1974
	7	1928	1938	1948	1957	1767	1977	1986	1996
	6	1950	1960	1969	1979	1989	1999	2009	2018
	5	1972	1981	1991	2001	2011	2021	2031	2041
	4	1993	2003	2013	2023	2033	2043	2053	2063
	3	2015	2025	2035	2046	2056	2066	2076	2086
	2	2037	2047	2058	2068	2078	2688	2098	2109
	1	2059	2070	2080	2090	2101	2111	2121	2131
18	0	2082	2092	2102	2112	2123	2134	2144	2154
17	11	2104	2115	2125	2135	2146	2157	2167	2177
	10	2127	2137	2148	2158	2169	2180	2190	2201
	9	2149	2160	2171	2181	2192	2203	2213	2224
	8	2174	2184	2194	2204	2215	2226	2237	2247
	7	2195	2206	2217	2228	2239	2249	2260	2271
	6	2218	2229	2240	2251	2262	2273	2284	2295
	5	2242	2253	2264	2275	2286	2297	2308	2319
	4	2265	2276	2287	2298	2309	2320	2331	2343
	3	2288	2300	2311	2322	2333	2344	2356	2367
	2	2312	2323	2335	2346	2357	2369	2370	2381
	1	2336	2347	2359	2370	2381	2393	2404	2416
17	0	2360	2371	2383	2394	2406	2417	2429	2440
16	11	2384	2395	2407	2418	2430	2442	2453	2465
	10	2408	2419	2431	2443	2454	2466	2478	2490
	9	2432	2444	2455	2467	2479	2491	2503	2514
	8	2456	2468	2480	2492	2504	2516	2528	2540
	7	2481	2493	2505	2517	2529	2541	2553	2565
	6	2505	2517	2530	2542	2554	2566	2578	2591
	5	2530	2542	2555	2567	2579	2592	2604	2616
	4	2555	2568	2580	2592	2605	2617	2630	2642
	3	2581	2593	2606	2618	2631	2643	2656	2668
	2	2606	2618	2631	2644	2656	2669	2681	2694
	1	2631	2644	2657	2669	2682	2695	2707	2720

TABLE XI.

Facteurs pour reduire les refultats de ces tables à ceux des formules de LA PLACE, ROY, TREMBLEY, SCHUCKBURGH et DELUC.

a. *Facteur pour la formule de LA PLACE.*

α. Coefficient. 9407,7		β. Coefficient. 9437	
$t - t'$	log. Fact.	$t - t'$	log. Fact.
0°	9, 9984206	0°	9, 9997686
✛ 3	9, 9984466	✛ 3	9, 9997946
6	9, 9985204	6	9, 9998684
9	9, 9986420	9	9, 9999900
12	9, 9988113	12	0, 0001593
15	9, 9990325	15	0, 0003805
18	9, 9993013	18	0, 0006493
21	9, 9996176	21	0, 0009656
24	9, 9999812	24	0, 0013292
27	0, 0003965	27	0, 0017445
30	0, 0008588	30	0, 0022068

b. *Facteur pour la formule de ROY.*

Therm. infer.	Thermomètre fupérieur						
	— 8°	— 4°	0°	✛ 4	✛ 8	✛ 12	✛ 16
— 8	9,99562						
— 4	9,99615	9,99659					
0	9,99676	9,99709	9,99751				
✛ 4	9,99744	9,99768	9,99800	9,99840			
8	9,99821	9,99835	9,99857	9,99887	9,99925		
12	9,99905	9,99909	9,99922	9,99942	9,99970	0,00006	
16	9,99997	9,99992	9,99995	0,00005	0,00023	0,00049	0,00083
20	0,00097	0,00082	0,00075	0,00076	0,00084	0,00100	0,00124
✛24	0,00205	0,00180	0,00163	0,00154	0,00153	0,00159	0,00174

c. *Facteur pour la formule de* TREMBLEY.

Therm. infér.	Thermomètre supérieur.						
	— 8°	— 4°	0°	+ 4°	+ 8°	+ 12°	+ 16°
— 8	9,99616						
— 4	9,99471	9,99715					
0	9,99733	9,99768	9,99811				
+ 4	9,99803	9,99828	9,99862	9,99903			
8	9,99881	9,99897	9,99920	9,99952	9,99991		
12	9,99966	9,99972	9,99986	0,00008	0,00039	0,00075	
16	0,00060	0,00056	0,00061	0,00073	0,00093	0,00119	0,00154
20	0,00161	0,00148	0,00144	0,00145	0,00155	0,00171	0,00197
24	0,00271	0,00248	0,00232	0,00214	0,00225	0,00232	0,00248

d. *Facteur pour la formule de* SCHUCKBURGH.

Therm. infér.	Thermomètre supérieur.						
	— 8°	— 4°	0°	+ 4°	+ 8°	+ 12°	+ 16°
— 8	9,99641						
— 4	9,99688	9,99725					
0	9,99743	9,99770	9,99806				
+ 4	9,99805	9,99823	9,99850	9,99883			
8	9,99876	9,99884	9,99901	9,99925	9,99957		
12	9,99954	9,99953	9,99960	9,99975	9,99997	0,00028	
16	0,00040	0,00030	9,00027	0,00032	0,00045	0,00066	0,00095
20	0,00135	0,00115	9,00102	0,00098	0,00101	0,00112	0,00131
24	0,00237	0,00208	9,00185	0,00171	0,00164	0,00166	0,00175

e. *Facteur pour la formule de* DELUC.

Therm. infér.	Thermomètre supérieur.						
	— 8°	— 4°	0°	+ 4°	+ 8°	+ 12°	+ 16°
— 8	9,98951						
4	9,98960	9,98959					
0	9,98977	9,98967	9,98959				
+ 4	9,99003	9,98984	9,98975	9,98967			
8	9,99037	9,99010	9,98992	9,98975	9,98975		
12	9,99078	0,99044	9,99017	9,98992	9,98983	9,98983	
16	9,99129	9,99086	9,99051	9,99017	9,99000	9,98991	9,98991
20	9,99190	9,99137	9,99094	9,99051	9,99026	9,99008	9,98999
24	9,99260	9,99198	9,99146	9,99094	9,99060	9,99033	9,99016

TABLE XII.

Distance horizontale de deux lieux dont on connoit l'angle de hauteur et la difference de niveau.

Difference de Niveau	*Angle de hauteur.*					
	0° 15′	0° 30′	0° 45′	1° 0′	1° 15′	1° 30′
tois.	tois.	tois.	tois.	tois.	tois.	tois.
200	25927	18078	13483	10622	8716	7369
210	26821	18819	14083	11115	8130	7725
220	27698	19550	14678	11606	9543	8079
230	28558	20270	15268	12094	9954	8432
240	29401	20981	15852	12578	10363	8784
250	30230	21684	16431	13059	10770	9135
260	31044	22377	17005	13538	11176	9485
270	31845	23062	17575	14014	11580	9834
280	32633	23739	18140	14487	11982	10181
290	33408	24408	18700	14957	12382	10527
300	34168	25070	19256	15425	12781	10873
310	34924	25723	19807	15890	13179	11217
320	35665	26370	20354	16352	13575	11560
330	36394	27010	20897	16812	13969	11902
340	37117	27644	21436	17270	14360	12244
350	37830	28270	21971	17725	14750	12584
360	38532	28891	22502	18178	15140	12923
370	39226	29505	23029	18628	15528	13261
380	39912	30114	23552	19076	15914	13599
390	40589	30717	24071	19521	16299	13935
400	41258	31314	24587	19964	16682	14270
410	41920	31906	25100	20405	17064	14604
420	42574	32492	25609	20844	17445	14937
430	43222	33074	26115	21281	17824	15269
440	43861	33650	26617	21715	18202	15601
450	44495	34221	27116	22147	18578	15932
460	45122	34788	27612	22578	18953	16261
470	45743	35350	28105	23007	19326	16589
480	46358	35908	28594	23433	19698	16917
490	46967	36461	29081	23857	20070	17244
500	47570	37010	29565	24279	20440	17570
510	48168	37554	30046	24699	20808	17895
520	48760	38095	30524	25117	21175	18219
530	49346	38631	30999	25535	21540	18542

TABLE XII.

Distance horizontale de deux lieux dont on connait l'angle de hauteur et la difference de niveau.

Difference de Niveau	Angle de hauteur.					
	1° 45'	2° 0'	2° 15'	2° 30'	2° 45'	3° 0'
tois.	tois.	tois.	tois.	tois.	tois.	tois.
200	6374	5610	5008	4520	4118	3781
210	6684	5885	5254	4743	4322	3968
220	6993	6159	5500	4965	4525	4155
230	7302	6433	5745	5188	4728	4342
240	7610	6706	5990	5410	4931	4529
250	7917	6978	6235	5632	5134	4716
260	8224	7250	6479	5854	5336	4902
270	8530	7522	6723	6075	5538	5088
280	8834	7793	6967	6296	5740	5274
290	9138	8064	7210	6517	5942	5460
300	9441	8334	7453	6737	6144	5646
310	9744	8603	7695	6957	6345	5831
320	10046	8872	7937	7177	6546	6016
330	10347	9140	8179	7397	6747	6201
340	10648	9408	8420	7616	6948	6386
350	10948	9676	8661	7835	7149	6571
360	11247	9943	8901	8053	7349	6756
370	11545	10210	9141	8271	7549	6941
380	11843	10476	9381	8489	7749	7125
390	12140	10741	9621	8707	7949	7309
400	12437	11006	9860	8925	8148	7493
410	12733	11270	10099	9143	8347	7677
420	13028	11534	10337	9360	8546	7861
430	13322	11798	10575	9577	8745	8045
440	13616	12061	10813	9793	8944	8228
450	13909	12324	11051	10009	9143	8411
460	14202	12586	11288	10225	9341	8594
470	14494	12848	11525	10441	9539	8777
480	14785	13109	11761	10657	9737	8960
490	15076	13370	11997	10873	9935	9143
500	15366	13630	12233	11088	10133	9326
510	15655	13890	12468	11303	10330	9508
520	15944	14149	12703	11517	10527	9690
530	16232	14408	12938	11731	10724	9872

T A B L E XII.

Distance horizontale de deux lieux dont on connoit l'angle de hauteur et la difference de niveau.

Difference de Niveau	*Angle de hauteur.*					
	3° 15'	3° 30'	3° 45'	4° 0'	4° 15'	4° 30'
tois.	tois.	tois.	tois.	tois.	tois.	tois.
200	3494	3248	3033	2845	2679	2531
210	3668	3409	3184	2987	2812	2657
220	3841	3570	3335	3129	2945	2782
230	4014	3731	3486	3270	3078	2908
240	4187	3892	3636	3411	3211	3034
250	4360	4053	3786	3552	3344	3159
260	4533	4214	3936	3693	3477	3285
270	4705	4374	4086	3834	3610	3411
280	4877	4534	4236	3975	3743	3537
290	5049	4694	4386	4116	3876	3662
300	5221	4854	4536	4257	4009	3788
310	5393	5014	4686	4398	4142	3913
320	5565	5175	4836	4539	4275	4038
330	5737	5334	4986	4680	4408	4164
340	5909	5494	5136	4821	4541	4289
350	6080	5654	5286	4961	4673	4414
360	6251	5814	5435	5101	4805	4539
370	6422	5974	5584	5241	4937	4664
380	6593	6134	5733	5381	5069	4790
390	6764	6293	5882	5521	5201	4915
400	6935	6452	6031	5661	5333	5040
410	7106	6611	6180	5801	5465	5165
420	7276	6770	6329	5941	5597	5290
430	7446	6929	6477	6081	5729	5414
440	7616	7088	6626	6221	5861	5539
450	7786	7247	6775	6361	5993	5664
460	7956	7406	6924	6501	6125	5789
470	8126	7564	7073	6641	6257	5914
480	8296	7722	7221	6780	6389	6038
490	8466	7880	7369	6919	6520	6163
500	8636	8038	7517	7058	6651	6288
510	8805	8196	7665	7197	6782	6412
520	8974	8354	7813	7336	6913	6536
530	9143	8512	7961	7475	7044	6660

TABLE XII.

Distance horizontale de deux lieux dont on connoit l'angle de hauteur et la différence de niveau.

Différence de Niveau	Angle de hauteur.					
	15°	30°	45°	1° 0'	1° 15'	1° 30'
tois.	tois.	tois.	tois.	tois.	tois.	tois.
530	49346	38631	30999	25535	21540	18542
540	49928	39163	31471	25950	21904	18864
550	50505	39692	31941	26363	22268	19185
560	51076	40217	32408	26774	22630	19506
570	51643	40738	32872	27183	22991	19826
580	52205	41255	33334	27591	23351	20145
590	52763	41769	33794	27997	23709	20463
600	53317	42280	34251	28401	24066	20780
610	53866	42787	34706	28803	24422	21096
620	54411	43291	35158	29204	24777	21412
630	54951	43791	35608	29603	25130	21727
640	55488	44288	36055	30000	25482	22041
650	56020	44783	36500	30395	25834	22354
660	56547	45274	36943	30790	26184	22667
670	57069	45762	37384	31183	26534	22978
680		46247	37822	31574	26882	23289
690		46729	38258	31963	27229	23599
700		47208	38690	32351	27575	23909
710		47684	39123	32738	27919	24218
720		48158	39553	33123	28263	24526
730		48629	39981	33507	28606	24832
740		49097	40407	33889	28948	25138
750		49562	40831	34270	29289	25444
760		50025	41253	34649	29629	25749
770		50486	41673	35027	29967	26053
780		50944	42092	35403	30305	26356
790		51400	42508	35778	30642	26659
800		51853	42922	36152	30978	26961
810		52304	43335	36524	31313	27262
820		52752	43746	36895	31646	27563
830		53198	44155	37265	31978	27863
840		53642	44562	37634	32310	28162
850		54083	44966	38001	32641	28461
860		54522	45369	38367	32971	28759

TABLE XII.

Distance horizontale de deux lieux dont on connoit l'angle de hauteur et la différence de niveau.

Différence de Niveau	Angle de hauteur.					
	1° 45'	2° 0'	2° 15'	2° 30'	2° 45'	3° 0'
tois.	tois.	tois.	tois.	tois.	tois.	tois.
530	16232	14408	12938	11731	10724	9874
540	16519	14666	13172	11945	10921	10055
550	16806	14924	13406	12159	11117	10236
560	17092	15182	13640	12372	11313	10417
570	17377	15439	13874	12585	11509	10598
580	17662	15696	14108	12798	11705	10779
590	17946	15952	14341	13011	11901	10960
600	18230	16208	14573	13224	12097	11141
610	18513	16464	14805	13436	12292	11322
620	18796	16719	15036	13648	12487	11503
630	19078	16974	15267	13860	12682	11684
640	19360	17228	15498	14071	12877	11864
650	19641	17482	15729	14282	13072	12044
660	19921	17735	15959	14493	13266	12224
670	20201	17988	16189	14704	13460	12404
680	20480	18240	16419	14914	13654	12584
690	20759	18492	16648	15124	13848	12764
700	21037	18744	16877	15334	14042	12943
710	21315	18995	17106	15544	14235	13122
720	21592	19246	17335	15754	14428	13301
730	21869	19496	17563	15963	14621	13480
740	22145	19746	17791	16172	14814	13659
750	22420	19996	18019	16381	15007	13838
760	22695	20245	18246	16589	15199	14016
770	22969	20494	18473	16798	15391	14194
780	23243	20742	18700	17006	15583	14372
790	23516	20990	18926	17214	15775	14550
800	23789	21238	19152	17422	15967	14728
810	24061	21485	19378	17630	16159	14906
820	24332	21732	19604	17837	16350	15084
830	24603	21978	19829	18044	16541	15262
840	24873	22224	20054	18251	16732	15439
850	25143	22469	20279	18458	16923	15616
860	25413	22714	20503	18664	17114	15793

TABLE XII.

Distance horizontale de deux lieux dont on connoit l'angle de hauteur et la difference de niveau.

Difference de Niveau	Angle de hauteur.					
	3° 15′	3° 30′	3° 45′	4° 0′	4° 15′	4° 30′
tois.	tois.	tois.	tois.	tois.	tois.	tois.
530	9143	8512	7961	7475	7044	6660
540	9312	8669	8108	7614	7176	6785
550	9481	8827	8256	7753	7307	6909
560	9650	8984	8403	7892	7439	7034
570	9818	9142	8551	8031	7570	7158
580	9987	9299	8698	8170	7701	7282
590	10155	9456	8846	8309	7832	7406
600	10323	9614	8993	8447	7963	7530
610	10491	9771	9141	8586	8094	7654
620	10659	9928	9288	8725	8225	7778
630	10827	10085	9435	8863	8356	7902
640	10995	10241	9582	9002	8486	8026
650	11163	10398	9729	9140	8617	8149
660	11330	10554	9876	9279	8747	8273
670	11497	10711	10023	9417	8878	8397
680	11664	10867	10170	9555	9008	8520
690	11831	11023	10316	9693	9139	8644
700	11998	11180	10463	9831	9269	8767
710	12165	11336	10609	9969	9400	8891
720	12332	11492	10756	10107	9530	9014
730	12499	11648	10902	10245	9660	9137
740	12666	11803	11048	10382	9790	9260
750	12832	11959	11195	10520	9920	9384
760	12998	12114	11341	10657	10050	9507
770	13164	12270	11487	10795	10180	9630
780	13330	12425	11633	10932	10310	9753
790	13496	12580	11778	11069	10440	9876
800	13662	12736	11924	11207	10569	9999
810	13828	12891	12069	11344	10699	10122
820	13993	13046	12215	11481	10829	10245
830	14159	13201	12360	11618	10959	10368
840	14324	13356	12506	11755	11088	10491
850	14489	13510	12651	11892	11218	10613
860	14654	13665	12797	12029	11347	10736

TABLE XII.

Distance horizontale de deux lieux dont on connoit l'angle de hautenr et la difference de niveau.

Difference de Niveau	Angle de hauteur					
	15'	30'	45'	3° 0'	1° 15'	1° 30'
tois.	tois.	tois.	tois.	tois.	tois.	tois.
860		54522	45369	38367	32971	28759
870		54959	45771	38732	33300	29056
880		55394	46171	39095	33628	29353
890		55829	46570	39457	33955	29647
900		56258	46968	39818	34282	29942
910		56687	47364	40178	34608	30236
920		57114	47758	40537	34933	30530
930			48150	40895	35257	30823
940			48541	41251	35580	31115
950			48930	41606	35901	31407
960			49318	41960	36222	31698
970			49704	42313	36542	31988
980			50089	42665	36861	32278
990			50472	43015	37179	32567
1000			50853	43364	37497	32856
1010			51233	43712	37814	33144
1020			51612	44059	38130	33432
1030			51990	44405	38445	33719
1040			52367	44750	38760	34005
1050			52742	45094	39074	34291
1060			53116	45437	39387	34576
1070			53488	45779	39699	34860
1080			53859	46120	40010	35144
1090			54229	46460	40320	35427
1100			54597	46799	40630	35710
1110			54964	47137	40939	35992
1120			55330	47474	41247	36273
1130			55694	47810	41554	36554
1140			56057	48145	41861	36834
1150			56419	48479	42167	37114
1160			56780	48812	42472	37393
1170			57139	49144	42777	37672
1180				49475	43081	37950
1190				49805	43384	38227

TABLE XII.

Distance horizontale de deux lieux dont on connoit l'angle de hauteur et la difference de niveau.

Difference de Niveau	Angle de hauteur.					
	1° 45′	2° 0′	2° 15′	2° 30′	2° 45′	3° 0′
tois.	tois.	tois.	tois.	tois.	tois.	tois.
860	25413	22714	20503	18664	17114	15793
870	25683	22959	20727	18870	17305	15970
880	25952	23204	20951	19076	17495	16147
890	26220	23448	21175	19282	17685	16324
900	26487	23692	21398	19487	17875	16500
910	26754	23936	21621	19692	18065	16676
920	27021	24179	21844	19897	18255	16852
930	27287	24422	22066	20102	18444	17028
940	27552	24664	22288	20307	18633	17204
950	27817	24906	22510	20511	18822	17380
960	28082	25147	22732	20715	19011	17556
970	28346	25388	22953	20919	19200	17731
980	28610	25629	23174	21123	19389	17906
990	28873	25869	23394	21326	19577	18081
1000	29136	26109	23614	21529	19765	18256
1010	29398	26349	23834	21732	19953	18431
1020	29660	26589	24054	21935	20141	18606
1030	29921	26828	24274	22138	20329	18781
1040	30182	27067	24493	22340	20517	18956
1050	30442	27306	24712	22542	20704	19131
1060	30702	27544	24931	22744	20891	19305
1070	30962	27782	25149	22946	21078	19479
1080	31221	28019	25367	23147	21265	19653
1090	31480	28256	25585	23348	21452	19827
1100	31738	28492	25803	23549	21638	20001
1110	31996	28728	26020	23750	21824	20174
1120	32254	28964	26237	23951	22010	20347
1130	32511	29199	26454	24151	22196	20520
1140	32767	29434	26671	24351	22382	20693
1150	33023	29669	26887	24551	22568	20866
1160	33278	29904	27103	24751	22754	21039
1170	33533	30138	27319	24951	22939	21212
1180	33788	30372	27535	25150	23124	21385
1190	34042	30606	27750	25349	23309	21558

TABLE XII.

Distance horizontale de deux lieux dont on connoit l'angle de hauteur et la difference de niveau.

Difference de Niveau	Angle de hauteur.					
	3° 15'	3° 30'	3° 45'	4° 0'	4° 15'	4° 30'
tois.	tois.	tois.	tois.	tois.	tois.	tois.
860	14654	13665	12797	12029	11347	10736
870	14819	13820	12942	12166	11476	10859
880	14984	13974	13087	12303	11606	10982
890	15149	14128	13232	12440	11736	11105
900	15314	14282	13377	12577	11865	11228
910	15479	14436	13522	12714	11994	11350
920	15643	14590	13667	12850	12123	11472
930	15807	14744	13812	12987	12252	11595
940	15971	14898	13957	13124	12381	11717
950	16135	15052	14101	13260	12510	11839
960	16299	15206	14245	13396	12639	11961
970	16463	15359	14389	13532	12768	12083
980	16627	15513	14534	13668	12897	12206
990	16791	15666	14678	13804	13026	12328
1000	16955	15819	14822	13940	13155	12450
1010	17118	15972	14966	14076	13284	12572
1020	17281	16125	15110	14211	13412	12694
1030	17444	16278	15254	14347	13541	12816
1040	17607	16431	15398	14483	13669	12938
1050	17770	16584	15542	14619	13797	13060
1060	17933	16737	15686	14754	13925	13182
1070	18095	16889	15829	14889	14053	13303
1080	18257	17042	15973	15025	14181	13425
1090	18420	17195	16117	15161	14309	13547
1100	18582	17347	16260	15296	14437	13669
1110	18745	17499	16403	15431	14565	13790
1120	18907	17651	16546	15566	14693	13912
1110	19069	17803	16689	15702	14821	14033
1140	19231	17955	16832	15837	14949	14155
1150	19393	18107	16975	15972	15077	14276
1160	19555	18259	17118	16107	15205	14397
1170	19716	18411	17261	16242	15333	14518
1180	19877	18563	17404	16377	15461	14640
1190	20039	18715	17547	16512	15589	14761

TÀBLE XII.

Distance horizontale de deux lieux dont on connoit l'angle de hauteur et la difference de niveau.

Difference de Niveau	Angle de hauteur.					
	15'	30'	45'	1° 0'	1° 15'	1° 30'
tois.				tois.	tois.	tois.
1190				49805	43384	38227
1200				50134	43686	38504
1210				50462	43988	38780
1220				50789	44289	39056
1230				51115	44589	39331
1240				51441	44888	39606
1250				51766	45187	39880
1260				52090	45485	40154
1270				52413	45782	40427
1280				52735	46079	40700
1290				53056	46375	40972
1300				53376	46671	41243
1310				53695	46966	41514
1320				54014	47260	41785
1330				54332	47553	42055
1340				54649	47846	42325
1350				54965	48138	42594
1360				55280	48429	42863
1370				55595	48720	43131
1380				55909	49010	43398
1390				56222	49299	43665
1400				56534	49588	43931
1410				56845	49876	44197
1420				57156	50164	44463
1430					50451	44728
1440					50738	44993
1450					51024	45257
1460					51309	45521
1470					51594	45784
1480					51878	46046
1490					52162	46308
1500					52445	46570
1510					52727	46831
1520					53009	47092

TABLE XII.

Distance horizontale de deux lieux dont on connait l'angle de hauteur et la différence de niveau.

Difference de Niveau	Angle de hauteur.					
	1° 45'	2° 0'	2° 15'	2° 30'	2° 45'	3° 0'
tois.	tois.	tois.	tois.	tois.	tois.	tois.
1190	34042	30606	27750	25349	23309	21558
1200	34296	30839	27965	25548	23494	21730
1210	34550	31072	28180	25747	23679	21902
1220	34803	31305	28395	25946	23864	22074
1230	35055	31537	28609	26144	24048	22246
1240	35307	31769	28823	26342	24232	22418
1250	35559	32001	29037	26540	24416	21590
1260	35810	32232	29251	26738	24600	22761
1270	36061	32463	29464	26936	24783	22932
1280	36311	32693	29677	27133	24967	23104
1290	36561	32923	29890	27330	35150	23275
1300	36811	33153	30103	27527	25333	23446
1310	37061	33383	30315	27724	25516	23617
1320	37310	33613	30527	27921	25699	23788
1330	37558	33842	30739	28118	25882	23959
1340	37806	34071	30950	28314	26065	24130
1350	38054	34300	31161	28510	26248	24300
1360	38302	34528	31372	28706	26430	24470
1370	38549	34756	31'583	28902	26612	24640
1380	38795	34983	31793	29097	26794	24810
1390	39041	35210	32003	29292	26976	24980
1400	39287	35437	32213	29487	27158	25150
1410	39533	35664	32423	29682	27339	25319
1420	39778	35890	32633	29877	27520	25488
1430	40022	36116	32842	30071	27701	25658
1440	40266	36342	33051	30265	27882	25827
1450	40510	36567	33260	30459	28063	25996
1460	40754	36792	33469	30653	28244	26165
1470	40997	37017	33677	30846	28425	26334
1480	41239	37241	33885	31040	28605	26503
1490	41481	37465	34093	31233	28785	26672
1500	41723	37689	34301	31426	28965	26841
1510	41965	37913	34509	31619	29145	27009
1520	42207	38137	34716	31812	29325	27177

TABLE XII.

Distance horizontale de deux lieux dont on connoit l'angle de hauteur et la difference de niveau.

Difference de Niveau	*Angle de hauteur.*					
	3° 15′	3° 30′	3° 45′	4° 0′	4° 15′	4° 30′
tois.	tois.	tois.	tois.	tois.	tois.	tois.
1190	20039	18715	17547	16512	15589	14761
1200	20200	18866	17698	16647	15717	14882
1210	20362	19017	17832	16781	15844	15003
1220	20523	19168	17974	16915	15971	15124
1230	20684	19319	18117	17050	16099	15245
1240	20845	19470	18259	17184	16226	15366
1250	21006	19621	18401	17319	16353	15487
1260	21167	19772	18543	17453	16480	15608
1270	21327	19922	18685	17587	16607	15728
1280	21488	20073	18827	17722	16735	15849
1290	21648	20224	18969	17856	16862	15969
1300	21808	20375	19111	17990	16989	16090
1310	21968	20525	18253	18124	17116	16210
1320	22128	20675	19394	18258	17243	16331
1330	22288	20826	19536	18392	17370	16451
1340	22448	20976	19678	18526	17497	16572
1350	22608	21126	19820	18659	17624	16693
1360	22768	21276	19961	18793	17751	16813
1370	22927	21426	20102	18926	17877	16934
1380	23086	21576	20244	19060	18004	17055
1390	23245	21726	20385	19193	18131	17175
1400	23404	21876	20526	19327	18257	17295
1410	23563	22025	20667	19461	18383	17415
1420	23722	22174	20808	19594	18509	17535
1430	23881	22324	20949	19727	18636	17655
1440	24040	22473	21090	19860	18762	17775
1450	24199	22622	21231	19993	18889	17895
1460	24357	22771	21371	20126	19015	18015
1470	24515	22920	21511	20259	19141	18135
1480	24673	23069	21652	20392	19267	18255
1490	24831	23218	21792	20525	19393	18375
1500	24989	23367	21933	20658	19519	18495
1510	25147	23516	22073	20791	19645	18615
1520	25305	23664	22213	20924	19771	18734

TABLE XIII.

Facteur pour corriger les distances horizontales.

Distance horizontale	Angle de hauteur.					
	0° 45'	1° 30'	2° 15'	3° 0'	3° 45'	4° 30'
tois.						
3000	196	102	69	52	41	35
4000	341	179	121	92	73	61
5000	523	276	188	142	114	95
6000	737	393	267	203	163	137
7000	982	529	362	275	221	186
8000	1260	683	469	357	288	242
9000	1563	856	590	449	364	305
10000	1893	1045	722	552	447	375
11000	2248	1252	868	664	538	452
12000	2626	1475	1025	786	637	536
13000	3028	1713	1195	917	744	627
14000	3529	1967	1376	1057	860	724
15000	3892	2236	1569	1208	983	828
16000	4352	2518	1772	1367	1113	939
17000	4835	2818	1989	1535	1252	1055
18000	5327	3127	2213	1712	1397	1181
19000	5841	3449	2448	1898	1549	1310
20000	6368	3786	2695	2092	1710	1446
21000	6913	4135	2951	2294	1877	1588
22000	7468	4497	3217	2505	2051	1737
23000	8037	4869	3494	2724	2233	1891
24000	8618	5254	3779	2950	2420	2053
25000	9216	5649	4073	3186	2616	2219
26000	9821	6054	4377	3428	2817	2392
27000	10442	6472	4690	3678	3026	2570
28000	11069	6898	5011	3936	3240	2754
29000	11712	7336	5342	4200	3462	2944
30000	12358	7782	5680	4473	3689	3139
31000	13021	8239	6028	4752	3923	3341
32000	13686	8704	6382	5039	4163	3547
33000	14360	9180	6745	5332	4409	3759
34000	15049	9662	7117	5633	4662	3977
35000	15739	10153	7495	5941	4920	4200
36000	16444	10654	7882	6254	5183	4428
37000	17150	11162	8275	6575	5455	4661
38000	17862	11680	8675	6902	5731	4900

TABLE XIV.

Conversion des millimètres en lignes.

Millim.	pou.	lig.	Millim.	pou.	lig.	Millim.	pou.	lig.	Millim.	pou.	lig.
770	28	5,34	734	27	1,38	698	25	9,43	662	24	5,48
769	28	4,90	733	27	0,94	697	25	8,99	661	24	5,04
768	28	4,95	732	27	0,49	696	25	8,55	660	24	4,60
767	28	4,01	731	27	0,05	695	25	8,10	659	24	4,16
766	28	3,57	730	26	11,61	694	25	7,66	658	24	3,71
765	28	3,12	729	26	11,16	693	25	7,22	657	24	3,27
764	28	2,68	728	26	10,72	692	25	6,77	656	24	2,83
763	28	2,24	727	26	10,28	691	25	6,33	655	24	2,38
762	28	1,79	726	26	9,84	690	25	5,89	654	24	1,94
761	28	1,35	725	26	9,39	689	25	5,45	653	24	1,50
760	28	0,91	724	26	8,95	688	25	5,00	652	24	1,05
759	28	0,47	723	26	8,51	687	25	4,56	651	24	0,61
758	28	0,02	722	26	8,06	686	25	4,12	650	24	0,17
757	27	11,58	721	26	7,62	685	25	3,67	649	23	11,73
756	27	11,14	720	26	7,18	684	25	3,23	648	23	11,28
755	27	10,69	719	26	6,74	683	25	2,79	647	23	10,84
754	27	10,25	718	26	6,29	682	25	2,34	646	23	10,40
753	27	9,81	717	26	5,85	681	25	1,90	645	23	9,95
752	27	9,36	716	26	5,41	680	25	1,46	644	23	9,51
751	27	8,92	715	26	4,96	679	25	1,02	643	23	9,07
750	27	8,48	714	26	4,52	678	25	0,57	642	23	8,62
749	27	8,04	713	26	4,08	677	25	0,13	641	23	8,18
748	27	7,59	712	26	3,63	676	24	11,69	640	23	7,74
747	27	7,15	711	26	3,19	675	24	11,24	639	23	7,29
746	27	6,71	710	26	2,75	674	24	10,80	638	23	6.85
745	27	6,26	709	26	2,31	673	24	10,36	637	23	6,41
744	27	5,82	708	26	1,86	672	24	9,91	636	23	5,97
743	27	5,38	707	26	1,42	671	24	9,47	635	23	5,52
742	27	4,94	706	26	0,98	670	24	9,03	634	23	5,08
741	27	4,49	705	26	0,53	669	24	8,58	633	23	4,64
740	27	4,05	704	26	0,09	668	24	8,14	632	23	4,19
739	27	3,61	703	25	11,65	667	24	7,70	631	23	3,75
638	27	3,16	702	25	11,20	666	24	7,26	630	23	3.31
737	27	2,72	701	25	10,76	665	24	6,81	629	23	2,87
736	27	2,28	700	25	10,32	664	24	6,37	628	23	2,42
735	27	1,83	699	25	9,88	663	24	5,93	627	23	1,97

TABLE XIV.

Conversion des millimètres en lignes.

Millim.	pou.	lig.	Millim.	pou.	lig.	Millim.	pou.	lig.	Millim.	pou.	lig.
626	23	1,51	590	21	9,55	554	20	5,59	518	19	1,64
625	23	1,07	589	21	9,11	553	20	5,15	519	19	1,18
624	23	0,62	588	21	8,77	552	20	4,70	516	19	0,74
623	23	0,18	587	21	8,23	551	20	4,27	515	19	0,29
622	22	11,74	586	21	7,78	550	20	3,82	514	18	11,85
621	22	11,29	585	21	7,34	549	20	3,37	513	18	11,41
620	22	10,85	584	21	6,89	548	20	2,93	512	18	10,96
619	22	10,41	583	21	6,45	547	20	2,49	511	18	10,52
618	22	9,97	582	21	6,01	546	20	2,05	510	18	10,08
617	22	9,52	581	21	5,56	545	20	1,60	509	18	9,64
616	22	9,08	580	21	5,12	544	20	1,16	508	18	9,19
615	22	8,64	579	21	4,68	543	20	0,72	507	18	8,75
614	22	8,19	578	21	4,24	542	20	0,27	506	18	8,31
613	22	7,75	577	21	3,79	541	19	11,83	505	18	7,86
612	22	7,31	576	21	3,35	540	19	11,39	504	18	7,42
611	22	6,86	575	21	2,91	539	19	10,95	503	18	6,98
610	22	6,42	574	21	2,46	538	19	10,50	502	18	6,54
609	22	5,98	573	21	2,02	537	19	10,06	501	18	6,09
608	22	5,54	572	21	1,58	536	19	9,62	500	18	5,65
607	22	5,09	571	21	1,14	535	19	9,17	499	18	5,21
606	22	4,65	570	21	0,69	534	19	8,73	498	18	4,76
605	22	4,21	569	21	0,25	533	19	8,29	497	18	4,32
604	22	3,76	568	20	11,18	532	19	7,84	496	18	3,88
603	22	3,32	567	20	11,36	531	19	7,40	495	18	3,43
602	22	2,88	566	20	10,92	530	19	6,96	494	18	2,99
601	22	2,45	565	20	10,48	529	19	6,52	493	18	2,55
600	22	1,99	564	20	10,03	528	19	6,07	492	18	2,10
599	22	1,55	563	20	9,59	527	19	5,63	491	18	1,66
598	22	1,11	562	20	9,15	526	19	5,19	490	18	1,22
597	22	0,66	561	20	8,70	525	19	4,74	489	18	0,78
596	22	0,28	560	20	8,26	524	19	4,30	488	18	0,33
595	21	11,78	559	20	7,82	523	19	3,86	487	17	11,89
594	21	11,33	558	20	7,38	522	19	3,41	486	17	11,45
593	21	10,89	557	20	6,93	521	19	2,97	485	17	11,00
592	21	10,45	556	20	6,49	520	19	2,53	484	17	10,56
591	21	10,01	555	20	6,05	519	19	2,08	483	17	10,12

TABLE XIV.

Conversion des millimètres en lignes.

Millim.	pou.	lig.	Millim.	pou.	lig.
482	17	7,67	446	16	5,71
481	17	9,23	445	16	5,27
480	17	8,79	444	16	4,82
479	17	8,35	443	16	4,38
478	17	7,90	442	16	3,94
477	17	7,46	441	16	3,49
476	17	7,02	440	16	3,05
475	17	6,57	449	16	2,61
474	17	6,13	438	16	2,17
473	17	5,69	437	16	1,72
472	17	5,25	436	16	1,28
471	17	4,80	435	16	0,84
470	17	4,36	434	16	0,39
469	17	3,92	433	15	11,95
468	17	3,47	432	15	11,51
467	17	3,03	431	15	11,06
466	17	2,59	430	15	10,62
465	17	2,14	429	15	10,18
464	17	1,70	428	15	9,74
463	17	1,26	427	15	9,29
462	17	0,82	426	15	8,85
461	17	0,37	425	15	8,41
460	16	11,93	424	15	7,96
459	16	11,49	423	15	7,52
458	16	11,04	422	15	7,08
457	16	10,60	421	15	6,63
456	16	10,16	420	15	6,19
455	16	9,71	419	15	5,75
454	16	9,27	418	15	5,31
453	16	8,83	417	15	4,86
452	16	8,38	416	15	4,42
451	16	7,94	415	15	3,98
450	16	7,50	414	15	3,53
449	16	7,06	413	15	3,09
448	16	6,61	412	15	2,65
447	16	6,17	411	15	2,19

TABLE XV.

Conversion de mesures anglaises en mesures françaises.

Baromètr. anglais		Baromètr. français.	
p	l	p	l
30	6	28	7, 42
	5		6, 48
	4		5, 54
	3		4, 61
	2		3, 67
	1		2, 73
30	0		1, 79
29	11	28	0, 85
	10	27	11, 92
	9		10, 98
	8		10, 04
	7		9, 10
	6		8, 16
	5		7, 23
	4		6, 29
	3		5, 35
	2		4, 41
	1		3, 47
29	0		2, 54
28	11		1, 60
	10	27	0, 66
	9	26	11, 72
	8		10, 78
	7		9, 84
	6		8, 91
	5		7, 97
	4		7, 03
	3		6, 09
	2		5, 16
	1		4, 22
28	0		3, 28
27	11		2, 34
	10		1, 40
	9	26	0, 46
	8	25	11, 53
	7		10, 59
27	6	25	9, 64
	5		8, 70
	4		7, 76
	3		6, 83
	2		5, 89
	1		4, 95
27	0		4, 01
26	11		3, 07
	10		2, 14
	9		1, 20
	8	25	0, 26
	7	24	11, 32
	6		10, 38
	5		9, 45
	4		8, 51
	3		7, 57
	2		6, 63
	1		5, 69
26	0		4, 76
25	11		3, 82
	10		2, 88
	9		1, 94
	8		1, 00
	7	24	0, 07
	6	23	11, 13
	5		10, 19
	4		9, 25
	3		8, 31
	2		7, 38
	1		6, 49
25	0		5, 50
24	11		4, 56
	10		3, 62
	9		2, 69
	8		1, 75
	7		0, 81
24	6	22	11, 86
	5		10, 92
	4		9, 98
	3		9, 05
	2		8, 11
	1		7, 17
24	0		6, 23
23	11		5, 29
	10		4, 36
	9		3, 42
	8		2, 48
	7		1, 54
	6	22	0, 60
	5	21	11, 67
	4		10, 73
	3		9, 79
	2		8, 85
	1		7, 91
23	0		6, 98
22	11		6, 04
	10		5, 10
	9		4, 16
	8		3, 22
	7		2, 29
	6		1, 35
	5	21	0, 41
	4	20	11, 47
	3		10, 53
	2		9, 60
	1		8, 66
22	0		7, 72
21	11		6, 78
	10		5, 84
	9		4, 91
	8		3, 97
	7		3, 03

TABLE XV.

Conversion de mesures anglaises en mesures françaises.

Baromèt. anglais.		Baromètr. français.		Baromèt. anglais.		Baromètr. français.	
p	l	p	l	p	l	p	l
21	6	20	2, 08	18	6	17	4, 31
	5		1, 14		5		3, 37
	4	20	0, 20		4		2, 43
	3	19	11, 27		3		1, 50
	2		10, 33		2	17	0, 56
	1		9, 39		1	16	11, 62
21	0		8, 45	18	0		10, 68
20	11		7, 51	17	11		9, 74
	10		6, 58		10		8, 81
	9		5, 64		9		7, 87
	8		4, 70		8		6, 93
	7		3, 76		7		5, 99
	6		2, 82		6		5, 05
	5		1, 88		5		4, 12
	4		0, 95		4		3, 18
	3	19	0, 01		3		2, 24
	2	18	11, 07		2		1, 30
	1		10, 13		1	16	0, 36
20	0		9, 20	17	0	15	11, 43
19	11		8, 26	16	11		10, 49
	10		7, 32		10		9, 55
	9		6, 38		9		8, 61
	8		5, 44		8		7, 67
	7		4, 51		7		6, 74
	6		3, 57		6		5, 80
	5		2, 63		5		4, 86
	4		1, 69		4		3, 92
	3	18	0, 75		3		2, 98
	2	17	11, 82		2		2, 05
	1		10, 88		1		1, 11
19	0		9, 94	16	0	15	0, 17
18	11		9, 00	15	11	14	11, 23
	10		8, 06		10		10, 29
	9		7, 13		9		9, 36
	8		6, 19		8		8, 42
	7		5, 25		7		7, 48

T A B L E XVI.

Table de comparaiſon du Thermomètre de FAHRENHEIT au Thermomètre de REAUMUR.

Fahrenheit		Réaumur	Fahrenh.	Réaumur
32°	32°	0,°0	65°	14,°65
31	33	0, 44	66	15, 10
30	34	0, 89	67	15, 54
29	35	1, 33	68	15, 98
28	36	1, 78	69	16, 43
27	37	2, 22	70	16, 87
26	38	2, 66	71	17, 32
25	39	3, 11	72	17, 76
24	40	3, 55	73	18, 20
23	41	4, 00	74	18, 65
22	42	4, 44	75	19, 09
21	43	4, 88	76	19, 54
20	44	5, 33	77	19, 98
19	45	5, 77	78	20, 42
18	46	6, 22	79	20, 87
17	47	6, 66	80	21, 31
16	48	7, 10	81	21, 76
15	49	7, 55	82	22, 20
14	50	7, 99	83	22, 64
13	51	8, 44	84	23, 09
12	52	8, 88	85	23, 53
11	53	9, 32	86	23, 98
10	54	7, 77	87	24, 42
9	55	10, 21	88	24, 86
8	56	10, 66	89	25, 31
7	57	11, 10	90	25, 75
6	58	11, 54	91	26, 20
5	59	11, 99	92	26, 64
4	60	12, 43	93	27, 08
3	61	12, 88	94	27, 53
2	62	13, 32	95	27, 97
1	63	13, 76	96	28, 42
0	64	14, 21	97	28, 86

Quand les nombres de FAHRENHEIT ſont au deſſous de 32° le degré de REAUMUR est négatif.

TABLE XVII.

Table de comparaifon du Thermomètre centéfimal au Thermomètre de REAUMUR.

Centéf.	Réaum.	Centéf.	Réaum.
0°	0°	19	15, 2
1	0, 8	20	16 0
2	1, 6	21	16, 8
3	2, 4	22	17, 6
4	3, 2	23	18, 4
5	4 0	24	19, 2
6	4, 8	25	20 0
7	5, 6	26	20, 8
8	6, 4	27	21, 6
9	7, 2	28	22, 4
10	8, 0	29	23, 2
11	8, 8	30	24 0
12	9, 6	31	24, 8
13	10, 4	32	25, 6
14	11, 2	33	26, 4
15	12 0	34	27, 2
16	12, 8	35	28 0
17	13, 6	36	28, 8
18	14, 4	37	29, 6

E R R A T A.

Page IV   ligne 3   au lieu de ouvrage   lisez   ouvrage.
— XXIX   —   1   . . . . . dilations   —   dilatations.
— XXXV   — 30 1808   —   1806.
—   1   —   7   1,4628   —   1,4620.
—   —   —   9   1,462   —   460.
—   —   — 23   1,467   —   1,461.
—   —   — 29   1,450   —   1,458.
—   2   — 16   1,452   —   1,462.
—   —   — 17   1,459   —   1,458.
—   4   — 17   1,456   —   1,457.
—   —   — 20   1,4565   —   1,4563.
—   6   — 27   1,480   —   1,450.
—   7   —   6   4,4   —   1,4.
— 14   — 14   1,4343814   —   1,4343874.
— 19   —   4   1,4254   —   1,4255.
— 30   —   8   1,497   —   1,397.
—   —   — 15   1,376   —   1,396.
— 36   — 29   1,3815   —   1,38 3.
—   —   — 30   1,38123   —   1,38125.
— 59   — 10   1,2244   —   1,3244.
— 80   —   2   1,35   —   1,25.
— 81   — 17   1,35   —   1,25.
—   —   — 30   1,255316   —   1,255318.
— 86   — 13   1,234   —   1,235.
—   —   — 14   1,234   —   1,235.
— 87   — 27   1,237073   —   1,237072.
—   —   — 31   1,228436   —   1,228438.
— 115-128 — 3 0,058   —   0 0558.
— 119   —   5   4050   —   1050.
— 120   —   5   1051   —   1050.
— 136   — 41   . . . . . 414, 417, 420, 424, 427, 431, 437
            lisez : 514, 517, 520, 524, 527, 531, 537
— 154   —   5   au lieu de 15° 30° 45° lisez : 15' 30' 45'.